普通高等教育"十四五"规划教材

# MATLAB 高等数学实验

孙玺菁　司守奎　主编

国防工业出版社
·北京·

# 内 容 简 介

理工科高等院校"高等数学"课程多以理论教学为主,对学生借助计算机实现科学计算的能力培养不足。本书作者常年从事"高等数学"和"数学建模"课程的教学工作,基于各大高校广泛使用的教材——《高等数学》(第七版),选取典型例题和课后习题作为案例和习题,编写了《MATLAB 高等数学实验》,以实现对《高等数学》中常见数学问题的程序设计和计算,本书是软件零基础的大一学员非常适合的入门级书籍,降低了学生学习软件的难度。

本书内容体系完整,涵盖《高等数学》的全部内容,主要内容包括 MATLAB 程序设计基础、函数与极限、导数与微分、微分中值定理与导数的应用、函数的积分、定积分的应用、常微分方程、向量代数与空间解析几何、多元函数微分法及其应用、重积分、曲线积分与曲面积分、无穷级数 12 章的内容,并附有每一章课后习题的详细解答和程序设计,本书所有程序均在 MATLAB 2022a 下调试通过,适用于"高等数学"课程同步开设的"数学实验"课程,适合大一学生自学 MATLAB 软件,也是一般工程技术、经济管理人员学习 MATLAB 软件的入门级书籍。

图书在版编目(CIP)数据

MATLAB 高等数学实验/孙玺菁,司守奎主编.—北京:国防工业出版社,2024.1
ISBN 978-7-118-13090-4

Ⅰ.①M… Ⅱ.①孙… ②司… Ⅲ.①Matlab 软件–应用–高等数学–高等教育–教材 Ⅳ.①O13

中国国家版本馆 CIP 数据核字(2023)第 248479 号

※

*国防工业出版社* 出版发行
(北京市海淀区紫竹院南路 23 号 邮政编码 100048)
三河市天利华印刷装订有限公司印刷
新华书店经销

\*

开本 787×1092 1/16 印张 17½ 字数 403 千字
2024 年 1 月第 1 版第 1 次印刷 印数 1—3000 册 定价 68.00 元

**(本书如有印装错误,我社负责调换)**

国防书店:(010)88540777　　书店传真:(010)88540776
发行业务:(010)88540717　　发行传真:(010)88540762

# 前　言

近年来，"高等数学"课程的改革一直致力于从知识传授向学生素质能力培养的转变，2016年后，中国已经把人工智能技术提升到了国家发展战略的高度，这也说明，计算能力已经成为未来人才所必备的基本能力。目前，传统的"高等数学"课程，更加注重基本概念、理论、方法的讲解，以及对学生人工计算方法、技巧和能力的培养，而缺乏对学生借助计算机实现科学计算能力的培养，已经不能满足人才培养的需求。

"高等数学"课程的改革势在必行，学生科学计算能力是不能忽视的培养目标。本书作者多年来从事"高等数学"与"数学建模"课程教学，在数学实验和MATLAB软件教学方面积累了丰富的经验，为了结合"高等数学"课程更好地开展一年级学生的"数学实验"课程，作者基于地方高校使用广泛的经典教材——《高等数学》（第七版）（高等教育出版社出版，同济大学数学系编写），专门编写了配套的《MATLAB高等数学实验》一书，是与"高等数学"课程适配性非常高的数学实验教材。同时，该书也可以作为软件零基础低年级学生"数学建模"实操课程或MATLAB软件教学的辅导书籍，适合于零基础低年级具备高等数学知识的学生自学，也可以作为具备大学数学基础知识的工程技术、经济管理人员MATLAB软件学习的入门级书籍。

本书除了第1章讲解MATLAB程序设计基础以外，还有11章，分别是函数与极限、导数与微分、微分中值定理与导数的应用、函数的积分、定积分的应用、常微分方程、向量代数与空间解析几何、多元函数微分法及其应用、重积分、曲线积分与曲面积分、无穷级数，涵盖了高等数学的全部内容。本书的案例与课后习题选自《高等数学》（第七版）的经典例题和典型习题，以及较为简单的数学建模题目，附有全部课后习题的详细解答和程序设计。

本书各章有一定的独立性，便于教师和学生按需要进行选择。本书的MATLAB程序在MATLAB 2022a下全部调试通过，在使用过程中如有问题可以加入QQ群915387551和作者进行交流。需要本书源程序电子文档的读者，可以到国防工业出版社网站"资源下载"板块下载，也可发送电子邮件索取：896369667@qq.com，sishoukui@163.com。

十分感谢国防工业出版社对本书出版所给予的大力支持，尤其是责任编辑丁福志的热情支持和帮助。

作者
2023年10月

# 目 录

## 第一部分 高等数学实验

### 第1章 MATLAB 程序设计基础 ......1
1.1 MATLAB 变量和数据类型 ......1
    1.1.1 变量 ......1
    1.1.2 数据类型 ......2
1.2 运算符和标点符号 ......9
1.3 矩阵运算简单介绍 ......11
1.4 MATLAB 流程控制结构 ......15
    1.4.1 条件结构 ......15
    1.4.2 循环结构 ......16
    1.4.3 try 试探结构 ......19
1.5 MATLAB 脚本文件和函数 ......20
    1.5.1 脚本文件 ......20
    1.5.2 函数 ......21
1.6 MATLAB 绘图 ......23
    1.6.1 散点图 ......23
    1.6.2 基于 plot 函数的散点图和平面曲线绘制 ......26
    1.6.3 三维绘图 ......28
    1.6.4 四维绘图 ......31
1.7 动画 ......36
    1.7.1 电影方式动画制作 ......36
    1.7.2 对象方式动画制作 ......37
    1.7.3 其他方式动画制作 ......40
1.8 视频读写 ......40
1.9 数据文件的读取与存储 ......43
    1.9.1 文件读写的底层方法 ......43
    1.9.2 交互式导入数据 ......46
    1.9.3 通过函数读取数据 ......47
    1.9.4 数据存储 ......49
习题 1 ......50

## 第 2 章　函数与极限 ······················································································· 54

### 2.1　函数的 MATLAB 表示与计算 ··························································· 54
#### 2.1.1　函数的 MATLAB 表示 ························································· 54
#### 2.1.2　奇函数与偶函数 ····································································· 57
### 2.2　极限 ················································································································ 57
#### 2.2.1　数列的极限 ················································································· 57
#### 2.2.2　函数的极限 ················································································· 59
### 2.3　非线性方程（组）的求解 ····································································· 60
#### 2.3.1　求非线性方程（组）的数值解 ······································· 60
#### 2.3.2　求非线性方程（组）的符号解 ······································· 62
### 习题 2 ································································································································ 64

## 第 3 章　导数与微分 ······················································································· 66

### 3.1　MATLAB 求符号函数的导数 ······························································ 66
#### 3.1.1　MATLAB 符号函数的求导命令 ··································· 66
#### 3.1.2　隐函数的导数 ············································································ 67
#### 3.1.3　参数方程的导数 ······································································· 69
### 3.2　导数在经济学中的应用 ··········································································· 70
#### 3.2.1　边际分析 ······················································································· 70
#### 3.2.2　弹性分析 ······················································································· 74
### 习题 3 ································································································································ 75

## 第 4 章　微分中值定理与导数的应用 ······················································ 77

### 4.1　微分中值定理和洛必达法则 ································································· 77
#### 4.1.1　微分中值定理 ············································································ 77
#### 4.1.2　洛必达法则 ················································································· 78
### 4.2　泰勒公式 ····································································································· 79
### 4.3　函数的单调性与曲线的凹凸性 ··························································· 80
#### 4.3.1　函数单调性的判定法 ·························································· 80
#### 4.3.2　曲线的凹凸性与拐点 ·························································· 81
### 4.4　函数的极值与最大值最小值 ································································· 82
#### 4.4.1　函数的极值 ················································································· 82
#### 4.4.2　最大值和最小值 ······································································· 83
#### 4.4.3　MATLAB 求一元函数极小值数值解 ·························· 84
### 4.5　飞行员对座椅的压力问题 ······································································ 86
### 4.6　方程的近似解 ···························································································· 88
#### 4.6.1　二分法求根 ················································································· 88
#### 4.6.2　牛顿迭代法求根 ······································································· 89
#### 4.6.3　牛顿分形图案 ············································································ 90
#### 4.6.4　一般迭代法求根 ······································································· 92
### 4.7　MATLAB 求非线性方程数值解的函数 ·········································· 94

习题 4 ································································································· 94

# 第 5 章 函数的积分 ··················································································· 96
## 5.1 MATLAB 符号积分函数 int ································································· 96
### 5.1.1 不定积分 ························································································ 96
### 5.1.2 定积分 ··························································································· 97
## 5.2 有理函数的部分分式展开 ····································································· 98
## 5.3 特殊函数 ···························································································· 100
### 5.3.1 Γ 函数 ···························································································· 100
### 5.3.2 Beta 函数 ······················································································· 101
### 5.3.3 贝塞尔函数 ···················································································· 101
## 5.4 一重积分的数值解 ·············································································· 103
习题 5 ································································································ 104

# 第 6 章 定积分的应用 ················································································ 106
## 6.1 定积分在几何学上的应用 ····································································· 106
### 6.1.1 平面图形的面积 ·············································································· 106
### 6.1.2 体积 ······························································································ 107
### 6.1.3 平面曲线的弧长 ·············································································· 108
## 6.2 定积分在物理学上的应用 ····································································· 109
## 6.3 定积分在经济学中的应用 ····································································· 111
### 6.3.1 总成本、总收益与总利润 ································································ 111
### 6.3.2 资金现值和终值的近似计算 ····························································· 112
习题 6 ································································································ 114

# 第 7 章 常微分方程 ··················································································· 116
## 7.1 常微分方程的符号解 ··········································································· 116
## 7.2 常微分方程的数值解 ··········································································· 118
### 7.2.1 常微分数值解函数介绍 ···································································· 118
### 7.2.2 常微分方程数值解求解举例 ····························································· 121
## 7.3 常微分方程的应用 ·············································································· 125
## 7.4 降落伞空投物资问题 ··········································································· 128
习题 7 ································································································ 132

# 第 8 章 向量代数与空间解析几何 ································································ 133
## 8.1 向量和矩阵的范数 ·············································································· 133
## 8.2 数量积、向量积和混合积 ····································································· 135
### 8.2.1 数量积 ··························································································· 135
### 8.2.2 向量积 ··························································································· 136
### 8.2.3 混合积 ··························································································· 136
## 8.3 平面方程和直线方程 ··········································································· 137
### 8.3.1 平面方程 ························································································ 137
### 8.3.2 直线方程 ························································································ 138

8.4 曲面及其方程 ……………………………………………………………………… 139
8.5 空间曲线及其方程 ………………………………………………………………… 141
8.6 创意平板折叠桌 …………………………………………………………………… 142
习题 8 ……………………………………………………………………………………… 145

## 第 9 章 多元函数微分法及其应用 …………………………………………………… 147
9.1 偏导数及多元复合函数的导数 …………………………………………………… 147
9.1.1 偏导数 ……………………………………………………………………… 147
9.1.2 多元复合函数的导数 ……………………………………………………… 150
9.2 隐函数的求导 ……………………………………………………………………… 150
9.3 多元函数微分学的几何应用 ……………………………………………………… 152
9.4 多元函数的极值及其求法 ………………………………………………………… 154
9.5 最小二乘法 ………………………………………………………………………… 157
9.5.1 最小二乘拟合 ……………………………………………………………… 157
9.5.2 线性最小二乘法的 MATLAB 实现 ……………………………………… 159
9.6 抢渡长江 …………………………………………………………………………… 162
9.6.1 问题描述 …………………………………………………………………… 162
9.6.2 基本假设 …………………………………………………………………… 163
9.6.3 模型的建立与求解 ………………………………………………………… 163
9.6.4 竞渡策略短文 ……………………………………………………………… 167
9.6.5 模型的推广 ………………………………………………………………… 167
习题 9 ……………………………………………………………………………………… 168

## 第 10 章 重积分 …………………………………………………………………………… 169
10.1 重积分的符号解和数值解 ………………………………………………………… 169
10.1.1 重积分的符号解 …………………………………………………………… 169
10.1.2 重积分的数值解 …………………………………………………………… 172
10.2 重积分的应用 ……………………………………………………………………… 174
10.3 储油罐的容积计算 ………………………………………………………………… 179
习题 10 …………………………………………………………………………………… 181

## 第 11 章 曲线积分与曲面积分 ………………………………………………………… 183
11.1 向量场的散度和旋度 ……………………………………………………………… 183
11.2 曲线积分 …………………………………………………………………………… 184
11.3 格林公式及其应用 ………………………………………………………………… 185
11.4 曲面积分 …………………………………………………………………………… 186
11.5 飞越北极问题 ……………………………………………………………………… 188
习题 11 …………………………………………………………………………………… 192

## 第 12 章 无穷级数 ………………………………………………………………………… 194
12.1 级数求和 …………………………………………………………………………… 194
12.2 无穷级数的收敛性判定 …………………………………………………………… 196
12.2.1 根据定义判定级数的收敛性 ……………………………………………… 196

|  |  |  |
|---|---|---|
| 12.2.2 | 正向级数的收敛性判定 | 196 |
| 12.2.3 | 交错级数的收敛性判定 | 197 |
| 12.2.4 | 幂级数的收敛半径 | 198 |

12.3 函数展开成幂级数 198
12.4 傅里叶级数 200
 习题 12 204
**参考文献** 206

## 第二部分 习题解答

第1章 MATLAB 程序设计基础习题解答 207
第2章 函数与极限习题解答 218
第3章 导数与微分习题解答 222
第4章 微分中值定理与导数的应用习题解答 226
第5章 函数的积分习题解答 231
第6章 定积分的应用习题解答 234
第7章 常微分方程习题解答 239
第8章 向量代数与空间解析几何习题解答 246
第9章 多元函数微分法及其应用习题解答 251
第10章 重积分习题解答 258
第11章 曲线积分与曲面积分习题解答 262
第12章 无穷级数习题解答 267
**参考文献** 271

# 第一部分 高等数学实验

## 第1章 MATLAB 程序设计基础

MATLAB 是美国 MathWorks 公司出品的功能非常强大的商业科学计算软件,它提供了一种用于算法开发、数据可视化、数据分析以及数值计算的科学计算语言和交互式环境。其显著优点如下:

(1) 数值计算能力强。

(2) 语言简单。允许用户以数学形式的语言编写程序。

(3) 系统开放可扩充。MATLAB 作为开放的系统能简洁地与 FORTRAN、C/C++、Java 等语言接口协同运作。

(4) 编程简单效率高。

(5) 工具箱众多。MATLAB 软件提供了众多工具箱,其中包括最新的不同领域顶尖成果的实现。这为众多科研爱好者节省了大量时间,同时大大推广了成果的应用范围。

MATLAB 所拥有的功能强大的工具箱使它在数学计算、数据分析等领域具有明显优势。因具有以上诸多优点,MATLAB 在数学建模中应用最为广泛。

### 1.1 MATLAB 变量和数据类型

#### 1.1.1 变量

MATLAB 语言不需要对变量进行事先声明,也不需要指定变量类型,它会自动根据赋予变量的值或对变量所进行的操作来确定变量的类型。其命名规则为:

(1) 变量名长度最大 63 个字符,对超过的字符,系统忽略不计。

(2) 变量名以字母开头,且只能由字母、下画线和数字混合组成。

(3) 变量名区分大小写。

(4) 变量名不要与 MATLAB 中已有的函数名、变量名和关键字相同。

MATLAB 中的主要关键字包括 break、case、catch、classdef、continue、else、elseif 等,可以通过 iskeyword 指令获得这些关键字。

MATLAB 中有一些特定的变量，不需要用户定义，它们已经被预定义了某个特定的值，这些变量称作系统变量（有些系统变量也称为常量）。系统变量在 MATLAB 启动时就产生了。MATLAB 常用的系统变量如表 1.1 所示。

表 1.1　MATLAB 常用的系统变量

| 系统变量 | 变量功能 | 系统变量 | 变量功能 |
| --- | --- | --- | --- |
| ans | 运算结果的默认变量名 | intmax | 特定整数类型的最大值 |
| pi | 圆周率 | flintmax | 浮点格式的最大连续整数 |
| eps | 浮点数相对精度 | realmax | 最大的正浮点数 |
| inf | 无穷大 | realmin | 最小的正浮点数 |
| NaN | 不定数 | nargin | 函数输入参数个数 |
| i 或 j | 虚单位 $i=j=\sqrt{-1}$ | nargout | 函数输出参数个数 |

### 1.1.2　数据类型

MATLAB 数据类型有以下几种：数值类型，字符串，日期和时间，结构体数组，单元数组（元胞数组），表数据，函数句柄，Java 对象，逻辑类型等。下面介绍其中的几类数据类型。

**1. 数值型数据**

数值型数据包括双精度浮点型、单精度浮点型、整型数据。MATLAB 中变量默认的类型为双精度浮点型（double）。

科学计数法使用字母 e 来指定 10 次方的缩放因子。例如，2e3、2e-3 分别表示 $2\times 10^3$ 和 $2\times 10^{-3}$。

在 MATLAB 语言中，最基本的数据类型就是矩阵，最重要的功能就是进行各种矩阵的运算，所有的数值功能都是以矩阵为基本单位来实现的。

1）数值矩阵

在 MATLAB 中，矩阵的建立方式有多种。比较常用的建立方式有直接输入矩阵、通过语句和函数建立矩阵和从外部数据文件中导入矩阵 3 种。

（1）直接输入矩阵。直接输入矩阵是最简单的矩阵构建方式。直接输入矩阵应遵循如下几条规则：

① 矩阵元素应当在方括号内；
② 同行内的元素，用逗号或空格隔开；
③ 行与行之间，用分号或回车分隔；
④ 元素可以是数值或表达式。

（2）通过语句和函数建立矩阵。

t=[0:0.1:5]　　%产生从 0 到 5 的行向量，元素之间间隔为 0.1

t=linspace(n1,n2,n)　　%产生 n1 和 n2 之间线性均匀分布的 n 个数（默认 n 时，产生 100 个数）

t=logspace(n1,n2,n)　　%在 $10^{n1}$ 和 $10^{n2}$ 之间按照对数距离等间距产生 n 个数（默认 n 时，产生 50 个数）

(3) 从外部数据文件中导入矩阵。

例如,从外部文本文件导入矩阵的函数有 load,从文本文件和 Excel 文件导入矩阵的函数有 readmatrix。

2) 复数

复数由实部和虚部两部分构成,在 MATLAB 中,字符 i 或 j 默认作为虚数单位,关于复数的相关函数见表 1.2。

表 1.2 MATLAB 常用的系统变量

| 函 数 | 说 明 | 函 数 | 说 明 |
| --- | --- | --- | --- |
| complex(a,b) | 构造以 a 为实部、以 b 为虚部的实数 | conj(z) | 返回复数 z 的共轭复数 |
| real(z) | 返回复数 z 的实部 | abs(z) | 返回复数 z 的模 |
| imag(z) | 返回复数 z 的虚部 | angle(z) | 返回复数 z 的幅角 |

**例 1.1** 已知三角形 $\triangle ABC$ 三点的坐标 $A(12,10)$,$B(2,6)$,$C(4,-10)$,求三角形 $\triangle ABC$ 的面积。

**解法一** 利用复数运算的命令计算得到三角形的面积:

$$S = \frac{1}{2}|AB||AC|\sin\angle A = 84.$$

**解法二** 若三角形三个顶点 $(x_1,y_1)$,$(x_2,y_2)$,$(x_3,y_3)$ 呈逆时针排列,则三角形的面积为

$$S = \frac{1}{2}\begin{vmatrix} x_1 & y_1 & 1 \\ x_2 & y_2 & 1 \\ x_3 & y_3 & 1 \end{vmatrix}.$$

```
%程序文件 gex1_1.m
clc, clear
a=12+10i; b=2+6i; c=4-10i;        %输入三角形三个顶点对应的复数
plot([a,b,c,a])                    %画出三角形
theta=angle((b-a)/(c-a))           %利用复数运算求两个向量夹角
S1=1/2*abs(b-a)*abs(c-a)*abs(sin(theta))   %第一种方法

t=[12 10 1; 2 6 1; 4 -10 1];       %输入矩阵
S2=1/2*abs(det(t))                 %不考虑顶点的排列,加上绝对值函数 abs
```

**2. 符号型数据**

MATLAB 还定义了符号型变量,以区别于常规的数值型变量,可以用于公式推导和数学问题的解析解法。进行解析运算前需要首先将采用的变量声明为符号变量,这需要用 syms 命令实现。该语句的用法为

```
syms var1 ... varN                        %定义多个符号变量
syms var1 ... varN [nrow ncol] matrix     %定义符号变量矩阵
syms f(var1,...,varN)                     %定义符号函数
syms f(var1,...,varN) [nrow ncol] matrix  %定义符号函数矩阵
```

注意：声明多个符号变量 var1 ... varN 时，中间只能用空格分隔，而不能用逗号等其他符号分隔。

如果需要，还可以声明变量的其他属性，如限制变量为 positive（正数）、integer（整数）、real（实数）、rational（有理数）等。例如

  syms a b positive     %定义两个正数的符号变量 a, b

符号变量的类型可以由 assumptions 函数读出。

MATLAB 符号运算工具箱提供了函数 symvar，可以从符号表达式中提出符号变量列表。vpa 函数以指定的有效数字位数显示符号数，默认显示 32 位浮点格式的符号数。例如

  vpa(pi, 100)     %显示圆周率 π 的前 100 位数字

**例 1.2** 符号变量和符号函数示例。

```
%程序文件 gex1_2.mlx
clc, clear
syms a [2,3]              %声明符号矩阵 a
syms b [1,3]              %声明符号向量
syms f(x,y)               %声明符号函数
f(x,y) = x*sin(y)         %定义符号函数
fsurf(f)                  %画出曲面图形
class(f)                  %显示 f 的类型
symvar(f)                 %显示 f 中的符号变量
A = diag(b,-1)            %定义符号矩阵 A
```

**3. 字符串数据**

1) 字符数组与字符串

MATLAB 使用单引号建立字符数组，字符数组实际存储的是字符的 ASCII 码，函数 abs 可以获得字符数组的 ASCII 码。

从 R2017A 版本开始，可以使用双引号创建字符串标量和字符串数组，使用 string 函数将字符数组转换为字符串数组，使用 char 函数将字符串转换为字符数组。

**例 1.3** 字符数组和字符串对比。

```
%程序文件 gex1_3.m
clc, clear
a1 = 'I', b1 = 'Love', c1 = 'You'
s1 = [a1,b1,c1]           %字符数组拼接
a2 = "I", b2 = "Love", c2 = "You"
s2 = [a2,b2,c2]           %构造字符串数组
s3 = string(s1)           %转换为字符串标量
s4 = char(s3)             %转换为字符数组
n = abs(s4)               %显示每个字符的 ASCII 码
```

在一些数据处理中，需要对字符数组和数值进行转换，表 1.3 给出了常见的转换函数。

表 1.3 数据类型转换函数

| 函 数 | 说 明 | 函 数 | 说 明 |
|---|---|---|---|
| char | 转换成字符数组 | str2num | 字符数组转换为数值 |
| int2str | 整数转换为字符数组 | str2double | 字符数组转换为浮点数 |
| num2str | 数值转换为字符数组 | eval | 将字符数组转换为 MATLAB 可执行语句 |

**例 1.4** 求矩阵

$$A = \begin{bmatrix} a_{11} & a_{12} & a_{13} \\ a_{21} & a_{22} & a_{23} \\ a_{31} & a_{32} & a_{33} \end{bmatrix}$$

中各元素 $a_{ij}(i,j=1,2,3)$ 的代数余子式,并写出伴随矩阵 $A^*$。

**解** $A$ 的伴随矩阵

$$A^* = \begin{bmatrix} A_{11} & A_{21} & A_{31} \\ A_{12} & A_{22} & A_{32} \\ A_{13} & A_{23} & A_{33} \end{bmatrix},$$

其中 $A_{ij}(i,j=1,2,3)$ 为元素 $a_{ij}$ 的代数余子式。具体的求解结果不再赘述。

```
%程序文件 gex1_4.mlx
syms a 3                        %声明3阶符号矩阵a
for i=1:3
    for j=1:3
        %删除矩阵的第i行和第j列
        aij=a; aij(i,:)=[]; aij(:,j)=[]
        str=['A',int2str(i),int2str(j),'=',...
            num2str((-1)^(i+j)),'*det(aij)']
        eval(str)               %执行str对应的执行语句
        As(j,i)=(-1)^(i+j)*det(aij);
    end
end
As                              %显示得到的伴随矩阵
```

**2) 字符串的操作**

字符串的操作命令很多,有字符串查找命令 findstr,字符串匹配命令 matches。在命令窗口运行

doc strfun

可以看到大多数的字符串操作函数名称。

**例 1.5** 某计算机机房的一台计算机经常出故障,研究者每隔 15 分钟观察一次计算机的运行状态,收集了 24 小时的数据(共作 97 次观察)。用 1 表示正常状态,用 0 表示不正常状态,所得的数据序列如下:

1110010011111100111101111100111111110001101101
1110110101011101110111011111100110111111100111

统计上述 97 个 0 或 1 构造的字符串中子串"00""01""10""11"出现的次数，另外再统计"0→0""0→1""1→0""1→1"的次数。

```
%程序文件 gex1_5.m
clc, clear, f=fopen("data1_5.txt");
a=textscan(f,"%c")              %a 为字符单元数组
b=[a{:}']                       %构造一个大的字符数组
s=["00","01";"10","11"];
for i=1:2
    for j=1:2
        c1(i,j)=count(b,s(i,j));
        c2(i,j)=length(strfind(b,s(i,j)));
    end
end
c1, c2                          %显示子串的个数和变化的次数
```

### 4. 单元数组

单元数组是一种广义矩阵，其存储格式类似于普通矩阵，矩阵的每个元素不是数值，可以认为是存储任意类型数据的信息，每个元素称为"单元"(cell)。

**例 1.6** 将 6 个不同数据结构的变量构成一个 6×1 的单元数组。

```
%程序文件 gex1_6.m
clc, clear, syms F(x,y)         %声明符号函数
F(x,y)=x^2*cos(y);
A={rand(3);[1,2];1.6;"abc";'abc';F}
```

在单元数组 A 中，单元和单元中的内容属于不同范畴，使用 A(m,n) 可以获取单元数组中第 m 行第 n 列单元的数据存储情况，而 A{m,n} 可以获取单元数组中第 m 行第 n 列单元中的内容。

MATLAB 提供的与单元数组有关函数如表 1.4 所示。

表 1.4 单元数组的有关函数

| 函　数 | 说　明 |
| --- | --- |
| cell2struct(cellArray,field,dim) | 将单元数组转换为结构数组 |
| iscell(c) | 判断指定数组是否是单元数组 |
| struct2cell(s) | 将 m×n 的结构数组 s（带有 p 个字段）转换为 p×m×n 的单元数组 |
| mat2cell(A,m,n) | 将矩阵拆分成单元数组矩阵 |
| cell2mat(c) | 将单元数组合并成矩阵 |
| num2cell(A) | 将数值数组转换为单元数组 |
| celldisp(c) | 显示单元数组内容 |
| cellplot(c) | 显示单元数组结构图 |

**例1.7** 单元数组索引示例。
```
%程序文件 gex1_7.m
clc,clear
a={[1;2],[2 3 4];[5;9],[6 7 8;10 11 12]}    %建立单元数组
b1=a(1)                                      %索引得到一个单元
b2=a{1}                                      %索引得到一个单元内容——列向量
b3=a(:,1)                                    %索引得到2×1的单元数组
[b4,b5]=a{:,1}                               %索引得到两个列向量
```

**例1.8** 单元数组存取示例。
```
%程序文件 gex1_8.m
clc,clear
a={'张三','李四','王五';12,15,16}
b1=[a{2,:}]                                  %提出其中的数值矩阵
b2=cell2mat(a(2,:))                          %提出其中的数值矩阵
[r1c1,r2c1,~,~,r1c3,r2c3]=a{:}               %逐列展开并赋值给其他变量
c=[a;{'M','M','F'}]                          %单元数组垂直方向拼接
```

**5. 结构体数组**

结构体数组和单元数组非常类似,因为它们都能将不同数据类型的数据组织在单一变量中。与元胞数组的不同之处在于,结构体数组的数据是由称作字段(field)的名称指定的,而不是由数字索引指定的。它使用圆点表示法,而不是用花括号{}索引来访问其中的数据。

MATLAB 提供两种方法建立结构数组,用户可以直接给结构体数组字段赋值建立结构体数组,也可以利用函数 struct 建立结构体数组。

MATLAB 提供的与结构体数组有关函数如表1.5所示。

表1.5 结构数组的有关函数

| 函 数 名 | 作 用 |
| --- | --- |
| struct | 生成结构体数组 |
| fieldnames(s) | 获取指定结构体数组 s 所有字段名 |
| getfield(s,'field') | 获取指定字段的值 |
| isfield(s,'field') | 判断是否是指定结构体数组 s 的字段 |
| orderfields(s) | 对结构体数组 s 字段名按首字符重新排序 |
| setfield(s,'field',value) | 设置结构体数组 s 指定字段的值 |
| rmfield(s,'field') | 删除指定结构体数组 s 的字段 |
| isstruct | 检查数组是否为结构体类型 |

**例1.9** 利用赋值建立结构体数组。
```
%程序文件 gex1_9.m
clc,clear
stu(1).name='LiMing'; stu(1).number='0101';
```

stu(1). sex='f'; stu(1). score=[90,80];
stu(2). name='LiHong'; stu(2). number='0102';
stu(2). sex='m'; stu(2). score=[88,80];
stu                          %显示结构体数组的结构
stu(1)                       %显示结构体数组第1个元素
stu(2)                       %显示结构体数组第2个元素

**例1.10** 利用struct函数构造结构体数组。

%程序文件 gex1_10.m
clc, clear
stu1(1:3)=struct            %建立3个元素的无字段结构体数组
[stu1.name]=deal('张三','李四','王五六');
str={'202201','202202','202203'};
[stu1.id]=deal(str{:});
[stu1.age]=deal(19, 18, 20)

stu2=struct("name",{'张三','李四','王五六'},...
"id",{'202201','202202','202203'},...
"age",{19, 18, 20})          %第二种方法构造结构体数组
MATLAB 语句
f=dir('*.m')

可以显示当前目录下所有后缀名为m的文件信息，返回值f是一个结构体数组，包括5个域：name、date、bytes、isdir、datenum。通过结构体数组的元素个数就可以知道当前目录下m文件的个数，通过name域可以知道当前目录下所有m文件的名称。

dir命令可以读出所有类型文件的信息。

**6. 表（table）类型数据**

MATLAB中table类型数据专门用于处理表格或数据库的存储。表中的变量可以具有不同的数据类型和大小，但必须具有相同的行数。可以通过readtable和writetable两个函数进行table类型数据的读写。

table类型数据的引用要注意以下四点：

（1）花括号"{ }"、圆括号"( )"、圆点"."对table类型数据的作用都是引用数据，但是存在较为明显的使用上的差异。

（2）"{ }"的作用是{Rows,Columns}模式提取变量，形成数组。这里有一个基本要求，即所有按照行列提取的数据要求是相互兼容的类型，不能一列是浮点数，另一列是字符串。

（3）"( )"的作用是(Rows,Columns)模式生成新的table。注意：table是一种新的数据类型，MATLAB定义的数学运算都是在数组的层面上进行的，所以如果要进行运算，需要用"{ }"引用数据，但是要生成新表，需要用"( )"。

（4）"."引用数据每次只能引用一列。

**例 1.11** table 类型数据的构造。
```
%程序文件 gex1_11.m
clc, clear
Name={'张三';'李四';'王五六'};
Id={'202201';'202202';'202203'};
T=table(Name,Id)              %构造两个变量的表格
Age=[19;18;20];
T.Age=Age                     %表中添加一个变量
```

**例 1.12** 把矩阵转换为 table 类型数据。
```
%程序文件 gex1_12.m
clc, clear
a=randi(6,10,3)               %生成 10×3 的[1,6]上的随机整数矩阵
b=randi([0,6],10,4)           %生成 10×4 的[0,6]上的随机整数矩阵
T1=array2table(a)             %矩阵转换为 table 类型数据
T2=array2table(b,'VariableNames',{'x1','x2','x3','y'})
summary(T2)                   %对表中数据进行统计
```

## 1.2 运算符和标点符号

MATLAB 提供了丰富的运算符,主要包括算术运算、关系运算和逻辑运算。算术运算用于数值计算,关系运算和逻辑运算的返回值为逻辑型变量,其中 1 代表逻辑真,0 代表逻辑假。

**1. 算术运算符**

MATLAB 提供的基本算术运算有加(+)、减(-)、乘(*)、除(/或\)和乘方(^)。常用的算术运算符如表 1.6 所示。

表 1.6 算术运算符

| 运 算 符 | 功 能 |
| --- | --- |
| + | 标量或矩阵加法 |
| - | 标量或矩阵减法 |
| * | 标量或矩阵乘法 |
| .* | 数组的逐个元素相乘 |
| / | 标量或矩阵的右除(相当于右边乘以广义逆阵) |
| ./ | 数组的逐个元素右除 |
| \ | 标量或矩阵的左除(相当于左边乘以广义逆阵) |
| .\ | 数组的逐个元素左除 |
| ^ | 标量或矩阵的乘方 |
| .^ | 数组的逐个元素的乘方 |
| ' | 矩阵的共轭转置 |
| .' | 矩阵的转置 |

## 2. 关系运算符

关系运算符用于比较两个操作数的大小,返回值为逻辑型变量。在 MATLAB 中,关系运算符如表 1.7 所示。

表 1.7 关系运算符

| 关系运算符 | 说　明 | 函　数 |
| --- | --- | --- |
| < | 小于 | lt |
| <= | 小于或等于 | le |
| > | 大于 | gt |
| >= | 大于或等于 | ge |
| == | 恒等于 | eq |
| ~= | 不等于 | ne |

**例 1.13** 关系运算符操作实例。

```
%程序文件 gex1_13.m
clc, clear
a=4*rand(4), b=randi([0,4],4)          %生成两个4阶方阵
s11=a<b, s12=lt(a,b)                    %两种表示结果是一样的
s21=b<=2, s22=le(b,2)                   %两种表示结果是一样的
```

## 3. 逻辑运算符

在 MATLAB 中,逻辑运算分为两类,分别为基本逻辑运算和逐位逻辑运算。基本逻辑运算有四种,分别为逻辑与(&)、逻辑或(|)、逻辑非(~)和逻辑异或,如表 1.8 所示,逻辑与和逻辑或为双目运算符,逻辑非为单目运算符。

表 1.8 基本的逻辑运算

| 运　算　符 | 函　数 | 说　明 | 运　算　符 | 函　数 | 说　明 |
| --- | --- | --- | --- | --- | --- |
| & | and | 逻辑与 | ~ | not | 逻辑非 |
| \| | or | 逻辑或 |  | xor | 逻辑异或 |

**例 1.14** 基本逻辑运算实例。

```
%程序文件 gex1_14.m
clc, clear
a=3*rand(3,4), b=unifrnd(0,3,3,4)
s1=a>1, s2=gt(b,1.2)
s31=s1 & s2, s32=and(s1,s2)             %逻辑与运算,两种表示结果是一样的
s4=xor(s1,s2)                            %逻辑异或运算
```

在 MATLAB 中,可以对二进制数进行逐位逻辑运算,并将运算的结果转换为十进制数。MATLAB 中逐位逻辑运算函数如表 1.9 所示。

表 1.9 逐位逻辑运算函数

| 函 数 | 说 明 | 函 数 | 说 明 |
|---|---|---|---|
| bitand(a,b) | 逐位逻辑与 | bitcmp(a) | 逐位逻辑非 |
| bitor(a,b) | 逐位逻辑或 | bitxor(a,b) | 逐位逻辑异或 |

**例 1.15** 逐位逻辑运算实例。

```
%程序文件 gex1_15.m
clc,clear
a=imread('data1_15.bmp');       %读取一幅 BMP 图像
b=bitand(a,240);                %原图像与 11110000(二进制)=240(十进制)逐位与运算,提出原图像的高 4 位数据
c=bitand(a,15);                 %原图像与 00001111(二进制)=15(十进制)逐位与运算,提出原图像的低 4 位数据
imshow(a)                       %显示原图像
figure,imshow(b)                %显示原图像的高 4 位数据的图像
figure,imshow(c)                %显示原图像的低 4 位数据的图像
```

**4. 标点符号**

MATLAB 中不同的标点符号有着不同的用处,用不好这些标点符号可能会增加程序运行时间,也可能会导致错误的运行结果。其中常用标点符号介绍如下:

(1) 分号与逗号:MATLAB 中的每条命令行后面可用逗号或分号,逗号时显示命令的结果,如果是分号,则不显示该行结果。

(2) "..." 表示续行符,当一行写不下完整的指令时可使用续行符,当表达式中有运算符时,续行符要写在运算符的后面。

x = 1−1/2+1/3−1/4+1/5−1/6+...
1/7−1/8+1/9−1/10+1/11

(3) 注释从"%"开始,注释可以放在程序的任何部分。注释可以是汉字,注释是对程序的说明,增加了程序的可读性。在执行程序时,MATLAB 不理会"%"后直到行末的全部文字。

## 1.3 矩阵运算简单介绍

在 MATLAB 中,矩阵之间的运算通常涉及加法(+)、减法(−)、乘法(*)、除法(左广义逆\ 或右广义逆/)、幂(^)和逆阵(inv),且幂运算的级别高于乘除法。

在 MATLAB 中矩阵还有".*"“./”“.\”“.^”运算,表示逐个对应元素进行相应的运算,例如对同型矩阵 A 和 B,A.*B 表示它们的对应元素逐个相乘,生成同型的矩阵。

**例 1.16** 计算

$$\begin{bmatrix} 1 & 1 \\ 2 & 2 \\ 3 & 3 \end{bmatrix} + \begin{bmatrix} 1 & 2 \\ 1 & 2 \\ 1 & 2 \end{bmatrix}.$$

**解** 在 MATLAB 中 $\begin{bmatrix} 1 \\ 2 \\ 3 \end{bmatrix} + \begin{bmatrix} 1 & 2 \end{bmatrix}$，相当于做运算 $\begin{bmatrix} 1 & 1 \\ 2 & 2 \\ 3 & 3 \end{bmatrix} + \begin{bmatrix} 1 & 2 \\ 1 & 2 \\ 1 & 2 \end{bmatrix} = \begin{bmatrix} 2 & 3 \\ 3 & 4 \\ 4 & 5 \end{bmatrix}$，这里利

用了 MATLAB 矩阵运算的广播功能。

```
%程序文件 gex1_16.m
a=[1;2;3]; b=[1,2]; s=a+b      %利用矩阵广播进行矩阵加法运算
aa=repmat(a,1,2)                %把列向量 a 行复制 1 次，列复制 2 次构造矩阵
bb=repmat(b,3,1)                %把行向量 b 行复制 3 次，列复制 1 次构造矩阵
ss=aa+bb                        %老版本的矩阵加法运算
```

**例 1.17** 已知

$$A = \begin{bmatrix} 1 & 2 & 3 & 4 \\ 5 & 6 & 7 & 8 \\ 9 & 10 & 11 & 12 \\ 13 & 14 & 15 & 16 \end{bmatrix}, \quad B = \begin{bmatrix} 11 & 15 & 19 & 23 \\ 12 & 16 & 20 & 24 \\ 13 & 17 & 21 & 25 \\ 14 & 18 & 22 & 26 \end{bmatrix}.$$

(1) 求 $AB$（矩阵乘法），$A.*B$（借用 MATLAB 的运算符号，两个矩阵的对应元素相乘）；

(2) 求 $A^2(=AA)$，$A.\wedge 2$（借用 MATLAB 的运算符号，矩阵的逐个元素平方）；

(3) 求矩阵 $A$ 逐列元素的和、逐行元素的和，以及所有元素的和；

(4) 把 $A$ 矩阵第 1 行的所有元素都加上 1，第 2 行的所有元素都加上 2，第 3 行的所有元素都加上 3，第 4 行的所有元素都加上 4，求得到的矩阵 $C$；

(5) 把 $A$ 矩阵第 1 列的所有元素都乘以 2，第 2 列的所有元素都乘以 3，第 3 列的所有元素都乘以 4，第 4 列的所有元素都乘以 5，求得到的矩阵 $D$。

**解** (1) 求得

$$AB = \begin{bmatrix} 130 & 170 & 210 & 250 \\ 330 & 434 & 538 & 642 \\ 530 & 698 & 866 & 1034 \\ 730 & 962 & 1194 & 1426 \end{bmatrix}, \quad A.*B = \begin{bmatrix} 11 & 30 & 57 & 92 \\ 60 & 96 & 140 & 192 \\ 117 & 170 & 231 & 300 \\ 182 & 252 & 330 & 416 \end{bmatrix}.$$

(2) 求得

$$A^2 = \begin{bmatrix} 90 & 100 & 110 & 120 \\ 202 & 228 & 254 & 280 \\ 314 & 356 & 398 & 440 \\ 426 & 484 & 542 & 600 \end{bmatrix}, \quad A.\wedge 2 = \begin{bmatrix} 1 & 4 & 9 & 16 \\ 25 & 36 & 49 & 64 \\ 81 & 100 & 121 & 144 \\ 169 & 196 & 225 & 256 \end{bmatrix}.$$

(3) 求得矩阵 $A$ 逐列元素的和为行向量 $[28,32,36,40]$，矩阵 $A$ 逐行元素的和为列向量 $[10,26,42,58]^T$，所有元素的和为 136。

(4) 求得

$$C = \begin{bmatrix} 1 & 2 & 3 & 4 \\ 5 & 6 & 7 & 8 \\ 9 & 10 & 11 & 12 \\ 13 & 14 & 15 & 16 \end{bmatrix} + \begin{bmatrix} 1 & 1 & 1 & 1 \\ 2 & 2 & 2 & 2 \\ 3 & 3 & 3 & 3 \\ 4 & 4 & 4 & 4 \end{bmatrix} = \begin{bmatrix} 2 & 3 & 4 & 5 \\ 7 & 8 & 9 & 10 \\ 12 & 13 & 14 & 15 \\ 17 & 18 & 19 & 20 \end{bmatrix}.$$

(5) 求得

$$D = \begin{bmatrix} 2 & 6 & 12 & 20 \\ 10 & 18 & 28 & 40 \\ 18 & 30 & 44 & 60 \\ 26 & 42 & 60 & 80 \end{bmatrix}.$$

```
%程序文件 gex1_17.m
clc,clear
a = reshape([1:16],[4,4])'          %矩阵变形并转置
b = reshape([11:26],[4,4])
s11 = a*b, s12 = a.*b
s21 = a^2, s22 = a.^2
s31 = sum(a)                        %求矩阵 a 逐列元素的和,结果为行向量
s32 = sum(a,2)                      %求矩阵 a 逐行元素的和,结果为列向量
s33 = sum(a,"all")                  %求矩阵 a 所有元素的和
c = a+[1:4]', d = a.*[2:5]
```

**例 1.18** 分块矩阵、矩阵变形、提出元素、删除元素等操作。

```
%程序文件 gex1_18.m
clc,clear
rng(1);                             %控制随机数生成器,进行一致性比较
a1=randi(5,2,3);                    %生成 2×3 的[1,5]上的随机整数矩阵
a2=randi([0,6],2,3);                %生成 2×3 的[0,6]上的随机整数矩阵
a3=randi(5,3);                      %生成 3×3 的[1,5]上的随机整数矩阵
a4=randi([0,6],3);                  %生成 3×3 的[0,6]上的随机整数矩阵
a=[a1,a2;a3,a4]                     %构造分块矩阵
b=a(:,[end:-1:1])                   %对矩阵的列进行逆序变换
b(end,:)=[]                         %删除矩阵 b 的最后一行
c=b(:)                              %逐列展开矩阵 b 的列形成一个长的列向量
d=triu(a4,1)                        %截取主对角线以上元素构成的矩阵
```

**例 1.19** 求解矩阵方程。设 $A,B$ 满足关系式 $BA = 2B+A$,且 $A = \begin{bmatrix} 3 & 0 & 1 \\ 1 & 1 & 0 \\ 0 & 1 & 4 \end{bmatrix}$,求 $B$。

**解** 解矩阵方程得

$$B(A-2E)=A \quad ,B=A(A-2E)^{-1}=\begin{bmatrix} 5 & -2 & -2 \\ 4 & -3 & -2 \\ -2 & 2 & 3 \end{bmatrix}.$$

```
%程序文件 gex1_19.m
clc, clear
A=[3,0,1;1,1,0;0,1,4];              %第一种方法,用逆阵求 B
B1=A*inv(A-2*eye(3))
%下面给出第二种方法
prob=eqnproblem;                    %定义方程问题
B=optimvar('B',3,3);                %定义符号变量矩阵
prob.Equations=B*A==2*B+A;          %构造方程
s=solve(prob)                       %解方程组,返回值 s 为结构体数组
B2=s.B                              %显示 B 矩阵的取值
%下面给出第 3 种解法
syms b 3                            %定义符号矩阵
B31=solve(b*A==2*b+A,b)
B32=reshape(struct2array(B31),[3,3])
```

**例 1.20** 把向量[1,2,3,2,2]转换为字符串数组,计算字符串数组的长度并统计数字"2"出现的次数。

```
%程序文件 gex1_20.m
clc, clear
a=[1,2,3,2,2]; b=num2str(a)   %把数值向量转换为字符串
n=length(b)                   %计算字符串的长度,任意两个数字间有两个空格
b(isspace(b))=[]              %删除每两个数字之间的空格
n1=sum(b=='2')                %计算 2 出现的次数
n2=length(strfind(a,2))       %直接计算 2 出现的次数
```

**例 1.21** 已知矩阵

$$A=\begin{bmatrix} 1 & 2 & \infty \\ 1 & 2 & 4 \\ 6 & 8 & 10 \\ 2 & \infty & \infty \end{bmatrix},$$

找出 A 中含有∞的行,并将含∞的行删除。

```
%程序文件 gex1_21.m
a = [1,2,inf;1,2,4;6,8,10;2,inf,inf]
ind = any(isinf(a),2)         %判断每行是否存在 inf
a(ind,:) = []                 %删除存在 inf 的行
```

## 1.4 MATLAB 流程控制结构

MATLAB 为用户提供了 4 种流程控制结构：条件结构、循环结构、开关结构和试探结构。用户可以根据某些判断结果来控制程序流的执行次序。与其他程序语言相比，除了试探结构为 MATLAB 所特有外，其他结构与用法与其他计算机语言十分相似。

### 1.4.1 条件结构

**1. if 条件结构**

if 条件结构是实现分支结构程序最常用的一种语句，其使用方式如下：
if 表达式 1
　　语句组 1
elseif 表达式 2
　　语句组 2
else
　　语句组 3
end

**2. switch-case 开关结构**

switch-case 开关结构的使用格式为：
switch 开关表达式
　　case 表达式 1
　　　　语句组 1
　　case 表达式 2
　　　　语句组 2
　　……
　　case 表达式 n
　　　　语句组 n
　　otherwise
　　　　语句组 n+1
end

**例 1.22** 通过键盘输入百分制成绩，输出成绩的等级，其中 90~100 分等级为 A，80~79 分等级为 B，70~79 分等级为 C，60~69 分等级为 D，60 分以下等级为 E。

下面使用三种方式编写 MATLAB 程序。

（1）使用 if 语句。
%程序文件 gex1_22_1.m
clc,clear
n=input('请输入百分制成绩 n=？\n')
if n<0 | n>100

```
        disp('输入有误,请重新输入百分制成绩\n')
elseif n>=90 & n<=100, disp('A')
elseif n>=80 & n<=89, disp('B')
elseif n>=70 & n<=79, disp('C')
elseif n>=60 & n<=69, disp('D')
else, disp('E')
end
```

(2) 使用逻辑语句。

```
%程序文件 gex1_22_2.m
clc, clear
n=input('请输入百分制成绩 n=? \n')
m=65*(n>=90 & n<=100)+66*(n>=80 & n<=89)+67*(n>=70 & n<=79)+...
    68*(n>=60 & n<=69)+69*(n<=59);   %把分数转换成 ABCDE 对应的 ASCII 码
disp(char(m))                         %显示 ASCII 码对应的字符
```

(3) 使用 switch-case 开关结构。

```
%程序文件 gex1_22_3.m
clc, clear
n=input('请输入百分制成绩 n=? \n')
if n<0 | n>100
    disp('输入有误,请重新输入百分制成绩\n')
else
    switch floor(n/10)
        case {9,10}, disp('A')
        case 8, disp('B')
        case 7, disp('C')
        case 6, disp('D')
        otherwise, disp('E')
    end
end
```

### 1.4.2 循环结构

MATLAB 提供了两种循环语句,分别是 for 循环和 while 循环。如果循环次数是确定的,通常采用 for 循环。在循环次数不确定的情况下可采用 while 语句。对于具体使用哪一种循环语句没有强制约束,但考虑到程序的运行效率,可选择性地使用不同的循环语句。在 MATLAB 程序设计中,为了提高效率,应尽量少使用循环语句。

**1. for 循环结构**

for 语句的格式如下:

for index = values
    语句组
end

values 可以为一个向量或矩阵，当 values 为一个向量时，循环变量 index 每次从 values 中依次取一个数值，并执行下面的语句组内容，再返回 for 语句，将 values 向量中的下一个分量提取出来赋给 index，再次执行下面的语句组。这样的过程一直进行下去，直至执行完 values 向量中的所有分量，则自动结束循环的执行。当 values 是一个矩阵时，循环变量 index 每次从 values 中依次取一个列向量，第一次执行时，index 取 values 的第一列 values(:,1)，依次类推。

**例 1.23** 已知斐波那契（Fibonacci）数列可以由式 $a_k = a_{k-2} + a_{k-1}$，$k = 3, 4, 5, \cdots$ 产生，其中初值为 $a_1 = a_2 = 1$，试生成数列的前 50 项，并显示最后的 5 项。

```
%程序文件 gex1_23.m
clc, clear
format longG                %设置长小数的显示格式
a = [1, 1];
for k = 3:50
    a(k) = a(k-2) + a(k-1);
end
disp(a(end-4:end))
format short                %恢复到短小数的显示格式
```

**例 1.24** 编写依次显示数字 1,2,5,2,3 的小程序，要求显示一个数字后，停顿该数字所表示的秒数。

```
%程序文件 gex1_24.m
clc, clear
for i = [1 2 5 2 3]
    disp(i), pause(i)
end
```

**例 1.25** 依次显示 4 个 4 维单位坐标向量。

```
%程序文件 gex1_25.m
clc, clear
for a = eye(4)
    disp(a)    %循环变量依次取矩阵的各列，第 1 次执行循环变量取第 1 列
end
```

在算法设计中，对于变量取值个数有限的问题，若问题规模较小，可以考虑使用枚举法来求解。有时为了提高算法的效率，减少枚举计算量，可以挖掘问题隐含的约束条件，这样的方法称为隐枚举法。

**例 1.26** 一筐鸡蛋，1 个 1 个拿，正好拿完；2 个 2 个拿，剩 1 个；3 个 3 个拿，正好拿完；4 个 4 个拿，剩 1 个；5 个 5 个拿，剩 4 个；6 个 6 个拿，剩 3 个；7 个 7 个拿，正好拿完；8 个 8 个拿，剩 1 个；9 个 9 个拿，正好拿完。问筐里最少有多少个

鸡蛋?

**解** 设鸡蛋数量为 $n$,该题没有给定 $n$ 的上限,可以试着取其上界为 $10^4$。下面使用枚举法来求解最少的鸡蛋数量。为了减少枚举次数,需要讨论 $n$ 满足的一些条件。

"1个1个拿""3个3个拿""7个7个拿""9个9个拿"正好拿完,意味着 $n$ 为 3、7、9 的倍数,即 $n$ 为 63 的倍数。"2个2个拿,剩1个"意味着 $n$ 为奇数,即 $n$ 为 63 的奇数倍,枚举时可以从 63 开始,以 63×2 作为步长进行搜索。"4个4个拿,剩1个""5个5个拿,剩4个""6个6个拿,剩3个""8个8个拿,剩1个",分别说明 $n$ 满足 $\mod(n,4)=1$,$\mod(n,5)=4$,$\mod(n,6)=3$,$\mod(n,8)=1$;并且 $\mod(n,4)=1$ 对于 $\mod(n,8)=1$ 来说,是冗余的约束条件。这里 mod 为取余函数。

```
%程序文件 gex1_26.m
clc, clear, N = 1e4              %N 为鸡蛋数量的上界
s = [];                          %将所有满足条件的结果保存到变量 s 中
for n = 63:63*2:N
    if all([mod(n,8)==1,mod(n,5)==4,mod(n,6)==3])
        s = [s,n];
    end
end
s                                %显示枚举结果
```

输出的 s = [1449　3969　6489　9009],即在 10000 以内共有 4 个解,最小值为 1449。

**2. while 循环结构**

while 循环结构的使用格式如下:

while 表达式
　　语句组
end

**例 1.27** 文本文件 data1_20.txt 中存放如下 5 行字符串。

1. aggcacggaaaaacgggaataacggaggaggacttggcacggcattacacggagg

2. cggaggacaaacgggatggcggtattggaggtggcggactgttcgggga

3. gggacggatacggattctggccacggacggaaaggaggacacggcggacataca

4. atggataacggaaacaaaccagacaaacttcggtagaaatacagaagctta

5. cggctggcggacaacggactggcggattccaaaaacggaggaggcggacggaggc

试统计整个文本文件中字符 a、c、g、t 出现的频数。

使用 while 循环编写的程序如下:

```
%程序文件 gex1_27_1.m
clc, clear
f=fopen("data1_27.txt");
s="";                            %初始化
while ~feof(f)                   %判断是否为文件尾
    row=fgetl(f);                %从文件中读入一行,并删除换行符
```

```
        fprintf('row=%s\n',row)        %显示读入的一行字符
        s=append(s,row);                %连接字符
end
disp(s)                                 %显示读取的全部字符串
T=[];                                   %统计数据初始化
for c='acgt'
    T=[T,count(s,c)];
end
T                                       %显示统计数据
```

不使用循环语句的 MATLAB 程序如下：

```
%程序文件 gex1_27_2.m
clc,clear
a=readcell("data1_27.txt");             %读入字符串的单元数组
b=[a{:}];                               %拼接为一个大的字符数组
n=[count(b,'a'),count(b,'c'),count(b,'g'),count(b,'t')]
```

**3. break 和 continue 语句**

与循环结构相关的语句还有 break 语句和 continue 语句，一般与 if 语句配合使用。

break 语句用于终止循环的执行。当在循环体内执行到该语句时，程序将跳出循环，继续执行循环语句的下一语句。

continue 语句控制跳过循环体中的某些语句。当在循环体内执行到该语句时，程序将跳过循环体中所有剩下的语句，继续下一次循环。

**例 1.28** 求[100, 200]之间第一个能被 21 整除的整数。

```
%程序文件 gex1_28.m
clc,clear
for n=100:200
    if mod(n,21)~=0, continue, end
    break
end
disp(['第一个能被 21 整除的整数是:',int2str(n)])
```

### 1.4.3 try 试探结构

try 试探结构的一般使用格式如下：

```
try
    语句组 1
catch
    语句组 2
end
```

说明：试探结构首先试探性地执行指令语句组 1，如果在此语句组执行过程中出现错误，则将错误信息赋给保留的 lasterr 变量，并放弃这组语句，转而执行语句组 2 中的

语句。若语句组 2 执行过程中又出现错误，则 MATLAB 终止该结构。

**例 1.29** 由两个子矩阵 $a$ 和 $b$ 构成一个大矩阵 $c$，当 $a$ 和 $b$ 的维数不匹配时，生成单元数组 $c$。

```
%程序文件 gex1_29.m
clc, clear
a=rand(3), b=randi([1,5],4)
try
    c=[a,b]
catch
    disp(lasterr)         %显示出错原因
    c={a,b}               %构造单元数组
end
```

## 1.5　MATLAB 脚本文件和函数

MATLAB 能够创建的文件类型有很多种，主要包括：
（1）m 文件，它是 MATLAB 中常用的文本文件，后缀为 m。
（2）model 文件，它是 MATLAB 通过 Simulink 组件建立的模型文件，后缀为 mdl。
（3）figure 文件，它是绘图后产生的图形窗口文件，后缀为 fig。
（4）data 文件，它是标准的 MATLAB 二进制数据文件，后缀为 mat。
（5）stateflow 文件，它是 MATLAB 状态流文件，后缀为 cdr。
（6）report generator 文件，它是 MATLAB 生成的报表文件，后缀为 rpt。
（7）mlx 文件，它是 MATLAB 的实时脚本文件，后缀为 mlx。

其中，mat 文件是 MATLAB 以标准二进制格式保存的数据文件，可将工作空间中有用的数据变量保存下来。mat 文件的生成和调用是由函数 save 和 load 完成的。

本节介绍 MATLAB 的脚本文件和函数文件。

### 1.5.1　脚本文件

**1. m 文件**

m 文件分为两种：一种是脚本文件，由一系列 MATLAB 的命令组成，可以直接运行；另一种是函数文件，必须由其他 m 文件或者在命令窗口中调用执行。

我们通常编写的程序文件都是脚本文件，文件名的命名规则与变量名一致，具体如下：
（1）文件名要用英文字母、数字或下画线命名，第一个字符必须是字母，不能是数字或下画线。
（2）避免使用过于简单的文件名，如 a，否则可能与已知变量发生冲突，发生一些莫名其妙的错误。
（3）命名前应该确定 MATLAB 中的一些路径中没有同名的文件，否则编写这个脚

本文件后可能屏蔽掉其他的命令或函数，导致不可遇见的错误。在实际应用中应该如何做这样的确认呢？可以选择一个文件名，如 myfun.m，然后运行 which myfun 命令，看看能不能找到结果，如果找不到，则说明这个文件名可用。

**2. mlx 文件**

要在实时脚本编辑器中创建实时脚本 mlx 文件，需转到主页选项卡并单击"新建实时脚本"选项。如果进行符号运算，建议使用实时脚本，因为在实时脚本下，公式的显示格式为 LaTeX 格式。

### 1.5.2 函数

可以将 MATLAB 函数看成是一个信息处理单元，它把实现某种功能的一组语句封装在一起。如果函数定义在一个单独文件中，那么函数名和文件名必须一致。

**1. 函数的基本结构**

函数由 function 语句引导，其基本结构为：

function 输出形参表 = 函数名(输入形参表)
注释说明部分
函数体语句组
end

函数名的命名规则与变量名的命名规则相同。输入形参为函数的输入参数，输出形参为函数的输出参数，当输出形参多于一个时，应该用方括号括起来。

除非使用 global 命令声明函数中的变量为全局变量，否则函数中的变量均为局部变量，函数调用完成后，函数中的变量不保存在工作空间中。

注意：在新版本的 MATLAB 中，函数定义中的最后一条语句必须是 end。

**2. 函数调用**

函数调用的一般格式是：

[输出实参表] = 函数名(输入实参表)

要注意的是，函数调用时各实参出现的顺序、个数，应与函数定义时形参的顺序、个数一致，否则会出错。函数调用时，先将实参传递给相应的形参，从而实现参数传递，然后执行函数的功能。

**例 1.30** 编写求质数的函数，并求 [100,200] 上的全部质数。

编写的判断一个数是否为质数的函数如下：

```
function s=fun301(x)
for i=2:sqrt(x)
    if mod(x,i)==0,s=0;break
    else, s=1; end   %返回值为1表示质数
end
end
```

上述函数存放在文件 fun301.m 中。调用上述函数的 MATLAB 程序如下：

```
%程序文件 gex1_30_1.m
clc, clear
```

```
n1 = [ ];                        %存放质数数组的初始化
for i = 100:200
    if fun301(i), n1=[n1,i]; end
end
n1                               %显示求得的质数
m=[100:200];
n2=m(isprime(m))                 %直接调用工具箱函数求质数
```

在新版本的 MATLAB 中，不需要定义主函数，函数和调用该函数的语句放在同一个脚本文件中，但函数的定义要放在脚本文件的最后部分。编写的 MATLAB 程序如下：

```
%程序文件 gex1_30_2.m
clc, clear
n = [ ];                         %存放质数数组的初始化
for i = 100:200
    if fun302(i), n=[n,i]; end
end
n                                %显示求得的质数

function s=fun302(x)
for i=2:sqrt(x)
    if mod(x,i)==0,s=0;break
    else, s=1; end               %返回值为 1 表示质数
end
end
```

### 3. 匿名函数

匿名函数可以让用户编写简单的只有一个返回值的函数而不需要创建 m 文件，也没有函数名，只有表示式和输入、输出参数。并且匿名函数允许直接使用 MATLAB 工作空间中的变量。

匿名函数的创建方法为：

f = @(形参列表)函数表达式;

其中，@是句柄操作符，f 是返回该匿名函数的句柄。通过函数句柄可以实现对函数的间接调用，提高运行速度。其调用方式为 f(形参列表)，使用非常方便。

**例 1.31**（续例 1.30） 编写求质数的匿名函数，并求[100,200]上的全部质数。

```
%程序文件 gex1_31.m
clc, clear
myp=@(x)all(mod(x,[2:sqrt(x)]));    %判定质数的匿名函数
n=[ ];                              %存放质数数组的初始化
for i = 100:200
    n=[n,i(myp(i))];
```

```
end
n                                    %显示求得的质数
```

**4. 分段函数**

MATLAB 中符号分段函数 piecewise 的调用格式为

pw = piecewise(cond1,val1,cond2,val2,…)

pw = piecewise(cond1,val1,cond2,val2,…,otherwiseVal)

在第一种调用格式中，当条件 cond1 为真时，函数取值为 val1；当条件 cond2 为真时，函数取值为 val2，依次类推。

在第二种调用格式中，当所有的条件 cond1、cond2……都为假时，函数的取值为 otherwiseVal。

**例 1.32** 画出下列分段函数的图形。

$$f(x)=\begin{cases}-2, & x\leqslant -2,\\ x, & -2<x<2,\\ 2, & x\geqslant 2.\end{cases}$$

```
%程序文件 gex1_32.m
syms x
y = piecewise(x <= -2,-2,-2 < x < 2,x,x >= 2,2)
fplot(y)
```

## 1.6 MATLAB 绘图

我们经常要绘制散点图、二维平面的曲线、三维空间的曲线、曲面甚至是四维空间的图形，本节介绍 MATLAB 绘制散点图、曲线图、曲面图和其他一些特殊图形。

### 1.6.1 散点图

**1. 基于 scatter 函数的二维散点图**

给定平面上的 $n$ 个不同点的直角坐标 $(x_i,y_i)$ ($i=1,2,\cdots,n$)，两个坐标分量组成的向量分别用向量 $\boldsymbol{x}=[x_1,x_2,\cdots,x_n]^\mathrm{T}$ 和 $\boldsymbol{y}=[y_1,y_2,\cdots,y_n]^\mathrm{T}$ 表示。使用 scatter 函数绘制散点图，常用的 3 种格式如下：

scatter(x,y),scatter(x,y,sz),scatter(x,y,sz,c)

每个离散点默认用圆圈表示。在第二种格式中，sz 表示圆圈的大小，若 sz 为标量，则所有圆圈大小相同；若 sz 为 $n$ 维向量，则其分量值越大，圆圈越大。在第三种格式中，c 表示颜色，当 c 为 $n$ 维向量时，其分量取值越大，对应圆圈的颜色越红，反之越蓝；当 c 为 1×3 维向量时，它的分量分别表示 R、G、B 的值，这里 RGB 分别表示 3 种颜色 red、green、blue。

**例 1.33** seamount.mat 是 MATLAB 自带的某海山数据，其中向量 $\boldsymbol{x}$ 表示 294 个点的纬度（单位为°），向量 $\boldsymbol{y}$ 表示经度（单位为°），$z$ 是取值为负的深度向量（单位为 m）。绘出平面散点图（不考虑深度），圆圈颜色用深度向量 $z$ 来表示。

为了对比,我们绘制了两种散点图如图 1.1 所示。

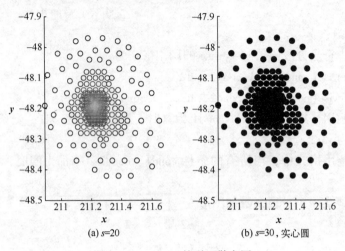

图 1.1　seamount 的平面散点图

%程序文件 gex1_33.m
clc,clear,close all
load seamount                    %加载 MATLAB 内置文件 seamount.mat
subplot(121),scatter(x,y,20,z)   %圆圈大小为 20
title('(A)s=20'),xlabel('$x$','Interpreter','Latex')
ylabel('$y$','Interpreter','Latex','Rotation',0)
subplot(122),scatter(x,y,30,'filled')  %圆圈大小为 30 且为实心
title('(B)s=30,实心圆'),xlabel('$x$','Interpreter','Latex')
ylabel('$y$','Interpreter','Latex','Rotation',0)

**2. 基于 scatter3 函数的三维散点图**

在三维空间中,$n$ 个点构成的横坐标、纵坐标和竖坐标向量分别为 x,y,z,则绘制散点图的函数为 scatter3,它的常用格式为

scatter3(x,y,z),scatter3(x,y,z,sz),scatter3(x,y,z,sz,c)

其中 sz 和 c 的意义与 scatter 中的意义相同。

**例 1.34**　绘制 seamount.mat 的三维空间散点图。

绘制的三维散点图如图 1.2 所示。

%程序文件 gex1_34.m
clc,clear,close all
load seamount                    %加载 MATLAB 内置文件 seamount.mat
scatter3(x,y,z,30,z,'filled')
xlabel('$x$','Interpreter','Latex'),ylabel('$y$','Interpreter','Latex')
zlabel('$z$','Interpreter','Latex','Rotation',0)

**3. 基于 gplotmatrix 和 gscatter 函数的分组数据散点图绘制**

gplotmatrix 可以绘制分组数据变量对之间的散点图;gscatter 绘制分组数据的散点图。

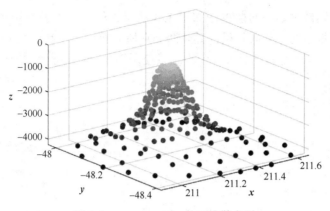

图 1.2 seamount.mat 的三维散点图

**例 1.35** fisheriris 数据集（fisheriris.csv 或 fisheriris.mat）由 Fisher 于 1936 收集整理。数据集包含 150 条数据，分为 3 类，每类 50 条数据，每条数据包含 4 个属性和一个类别标签值，数据格式如表 1.10 所示。

表 1.10 fisheriris 数据集数据（全部数据见数据文件 fisheriris.csv 或 fisheriris.mat）

|  | SepalLength | SepalWidth | PetalLength | PetalWidth | Species |
| --- | --- | --- | --- | --- | --- |
| 1 | 5.1 | 3.5 | 1.4 | 0.2 | setosa |
| 2 | 4.9 | 3 | 1.4 | 0.2 | setosa |
| ⋮ | ⋮ | ⋮ | ⋮ | ⋮ | ⋮ |
| 149 | 6.2 | 3.4 | 5.4 | 2.3 | virginica |
| 150 | 5.9 | 3 | 5.1 | 1.8 | virginica |

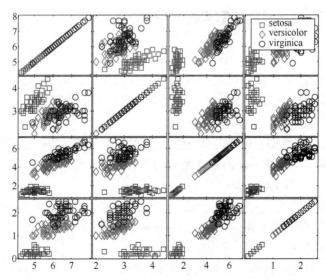

图 1.3 根据 species 绘制的 4 个属性两两之间的散点图矩阵

绘制的4个属性对之间的散点图如图1.3所示，粗略观察散点图可以看出，setosa类与其他两类非常不同。与此相反，其余两类在所有散点图中都存在大量重合。使用第3个属性和第4个属性的散点图重合较小。只使用第3个属性和第4个属性画出的散点图如图1.4所示。

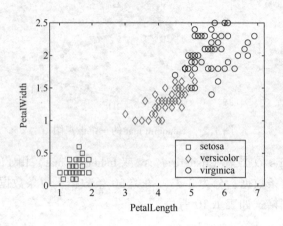

图1.4 根据属性PetalLength和PetalWidth绘制的散点图

```
%程序文件gex1_35.m
clc, clear, close all
load fisheriris
tabulate(species)                    %频数表
gplotmatrix(meas,meas,species,'rgb','sdo')
figure, gscatter(meas(:,3),meas(:,4),species,'rgb','sdo')
xlabel('PetalLength'), ylabel('PetalWidth')
```

### 1.6.2 基于plot函数的散点图和平面曲线绘制

已知二维平面上的$n$个点$(x_1,y_1),(x_2,y_2),\cdots,(x_n,y_n)$，构成的$x$坐标和$y$坐标向量分别为$x$，$y$，把这$n$个点按照先后顺序用线段相连，就得到过这$n$个点的折线图。MATLAB无法绘制真正意义上的曲线，实际绘制的都是折线图；如果相邻两点之间不连线段，则绘制出散点图。

plot函数是绘制二维图形的最基本函数，它是针对向量或矩阵的列来绘制曲线的，可以绘制线段和曲线。函数plot的最典型调用方式是三元组形式：

plot(x, y, 'Color|Linestyle|Marker')

其中x，y为同维数的向量（或矩阵），x为点的横坐标，y为点的纵坐标，plot命令用直线连接相邻两数据点绘制图形。Color、Linestyle和Marker分别是颜色、线型和数据点标记，它们之间没有先后顺序。

常用的颜色、线型和数据点符号如表1.11所示。

表 1.11 颜色、线型、数据点符号

| 颜色符号 | 颜 色 | 线型符号 | 线 型 | 数据点符号 | 标 记 |
|---|---|---|---|---|---|
| b（默认） | 蓝色 | -（默认） | 实线 | + | 十字 |
| r | 红色 | : | 短虚线 | * | 星号 |
| y | 黄色 | -- | 长虚线 | o | 圆圈 |
| g | 绿色 | -. | 点画线 | x | 叉号 |
| c | 蓝绿色 | | | s | 正方形 |
| m | 紫红色 | | | d | 菱形 |
| k | 黑色 | | | p | 五角星 |
| w | 白色 | | | h | 六角形 |

画二维曲线图，当知道曲线的函数表达式时，可以使用2种方式绘图：
（1）用描点画图命令 plot。
（2）用数值函数或符号函数画图命令 fplot。

**例 1.36** （续例 1.33）分别使用 plot 和 plot3 命令绘制数据集 seamount.mat 的二维散点图和三维散点图。

绘制的散点图如图 1.5 所示。

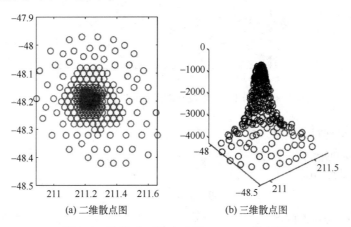

(a) 二维散点图　　(b) 三维散点图

图 1.5　基于 plot 和 plot3 的 seamount 散点图

```
%程序文件 gex1_36.m
clc, clear, close all
load seamount
subplot(121), plot(x,y,'ro')            %绘制二维散点图
title('(A)二维散点图')
subplot(122), plot3(x,y,z,'bo')         %绘制三维散点图
title('(B)三维散点图')
```

**例 1.37** 绘制单位圆 $x^2+y^2=1$。单位圆的参数方程为
$$\begin{cases} x=\cos t, \\ y=\sin t, \end{cases} t\in[0,2\pi].$$

```
%程序文件 gex1_37.m
clc, clear, close all
t=linspace(0,2*pi);                      %等间距取100个值
x=cos(t); y=sin(t);
plot(x,y), axis("equal")
figure, fplot(@sin,@cos),axis("square")  %第2种方法
syms f(x,y)                              %定义符号函数
f(x,y)=x^2+y^2-1
figure, fimplicit(f), axis("square")     %第3种方法
```

**例1.38** 画出单位圆的内接正8边形。

所画出的图形如图1.6所示。

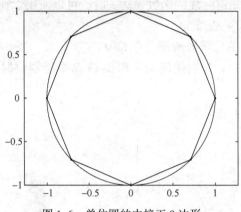

图1.6 单位圆的内接正8边形

```
%程序文件 gex1_38.m
clc, clear, close all
fplot(@sin,@cos)
hold on                                  %图形保持
t2=linspace(0,2*pi,9)                    %等间距取9个不同点,0和2*pi对应的点重合
x2=cos(t2); y2=sin(t2);
plot(x2,y2,'.k-'), axis("equal")
```

### 1.6.3 三维绘图

MATLAB也提供了一些三维基本绘图命令,如三维曲线命令plot3、三维网格图命令mesh和三维表面图命令surf。

plot3(x,y,z)通过描点连线画出曲线,这里x, y, z都是n维向量,分别表示该曲线上点集的横坐标、纵坐标、竖坐标。

命令mesh(x,y,z)画网格曲面。这里x, y, z分别表示数据点的横坐标、纵坐标、竖坐标,如果x和y是向量,x是m维向量,y是n维向量,则z是n×m的矩阵。x, y, z也可以都是同维数的矩阵。命令mesh(x,y,z)将该数据点在空间中描出,并连成网格。

命令 surf(x,y,z)画三维表面图，这里 x，y，z 分别表示数据点的横坐标、纵坐标、竖坐标。

已知曲线或曲面的函数关系，提倡使用 fplot3、fmesh、fsurf 等命令画图。

三维空间隐函数绘图命令为 fimplicit3。

**例 1.39**　画出三维螺旋线 $x=t\cos t$，$y=t\sin t$，$z=t$ 的图形。

用 plot3 和 fplot3 绘制的图形如图 1.7 所示。

%程序文件 gex1_39.m
clc, clear, close all
t=0:0.01:100; x=t.*cos(t); y=t.*sin(t);
subplot(121), plot3(x,y,t)
x=@(t)t.*cos(t); y=@(t)t.*sin(t);
z=@(t)t; subplot(122), fplot3(x,y,z,[0,100])

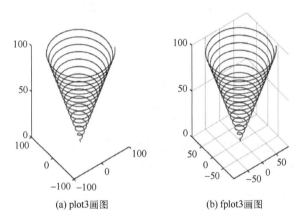

(a) plot3画图　　(b) fplot3画图

图 1.7　plot3 和 fplot3 画图对比

**例 1.40**　绘制椭圆锥面 $\dfrac{x^2}{4}+\dfrac{y^2}{2}=z^2$ 的网格曲面图。它的参数方程为

$$\begin{cases} x=2z\cos t, \\ y=\sqrt{2}z\sin t, \\ z=z. \end{cases}$$

用参数方程绘图和隐函数直接绘图得到的图形如图 1.8 所示。

%程序文件 gex1_40.m
clc, clear, close all
subplot(121), x1=@(t,z)2*z.*cos(t); y1=@(t,z)sqrt(2)*z.*sin(t);
z1=@(t,z)z; fsurf(x1,y1,z1,[0,2*pi,-5,5])
subplot(122), syms f(x,y,z)
f(x,y,z)=x^2/4+y^2/2-z^2
fimplicit3(f,[-10,10,-10,10,-5,5])

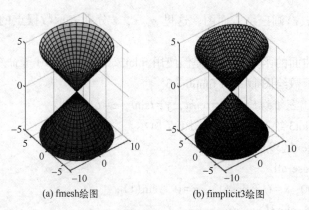

(a) fmesh绘图　　　　　　(b) fimplicit3绘图

图1.8　参数方程和隐函数绘图比较

**例1.41**　莫比乌斯带是一种拓扑学结构，它只有一个面和一个边界，是1858年由德国数学家、天文学家莫比乌斯和约翰·李斯丁发现的。其参数方程为

$$\begin{cases} x = \left(2+\dfrac{s}{2}\cos\dfrac{t}{2}\right)\cos t, \\ y = \left(2+\dfrac{s}{2}\cos\dfrac{t}{2}\right)\sin t, \\ z = \dfrac{s}{2}\sin\dfrac{t}{2}, \end{cases}$$

其中，$-1 \leqslant s \leqslant 1$，$0 \leqslant t \leqslant 2\pi$。绘制莫比乌斯带。

绘制的图形如图1.9所示。

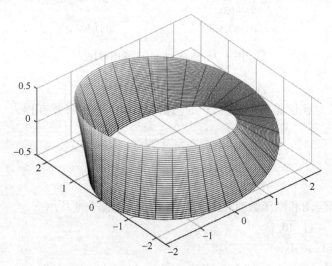

图1.9　莫比乌斯带

```
%程序文件 gex1_41.m
clc, clear, close all, syms s t
x(s,t)=(2+s/2*cos(t/2))*cos(t);
y(s,t)=(2+s/2*cos(t/2))*sin(t);
```

z(s,t)=s/2*sin(t/2);
fmesh(x,y,z,[-1,1,0,2*pi])
view(-40,60)           %设置视角

**例 1.42** 已知平面区域 $0 \leq x \leq 1400$，$0 \leq y \leq 1200$，步长间隔为 100 的网格节点高程数据见表 1.12（单位：m）。

表 1.12 高程数据表

| y/x | 0 | 100 | 200 | 300 | 400 | 500 | 600 | 700 | 800 | 900 | 1000 | 1100 | 1200 | 1300 | 1400 |
|---|---|---|---|---|---|---|---|---|---|---|---|---|---|---|---|
| 1200 | 1350 | 1370 | 1390 | 1400 | 1410 | 960 | 940 | 880 | 800 | 690 | 570 | 430 | 290 | 210 | 150 |
| 1100 | 1370 | 1390 | 1410 | 1430 | 1440 | 1140 | 1110 | 1050 | 950 | 820 | 690 | 540 | 380 | 300 | 210 |
| 1000 | 1380 | 1410 | 1430 | 1450 | 1470 | 1320 | 1280 | 1200 | 1080 | 940 | 780 | 620 | 460 | 370 | 350 |
| 900 | 1420 | 1430 | 1450 | 1480 | 1500 | 1550 | 1510 | 1430 | 1300 | 1200 | 980 | 850 | 750 | 550 | 500 |
| 800 | 1430 | 1450 | 1460 | 1500 | 1550 | 1600 | 1550 | 1600 | 1600 | 1600 | 1550 | 1500 | 1500 | 1550 | 1550 |
| 700 | 950 | 1190 | 1370 | 1500 | 1200 | 1100 | 1550 | 1600 | 1550 | 1380 | 1070 | 900 | 1050 | 1150 | 1200 |
| 600 | 910 | 1090 | 1270 | 1500 | 1200 | 1100 | 1350 | 1450 | 1200 | 1150 | 1010 | 880 | 1000 | 1050 | 1100 |
| 500 | 880 | 1060 | 1230 | 1390 | 1500 | 1500 | 1400 | 900 | 1100 | 1060 | 950 | 870 | 900 | 936 | 950 |
| 400 | 830 | 980 | 1180 | 1320 | 1450 | 1420 | 400 | 1300 | 700 | 900 | 850 | 810 | 380 | 780 | 750 |
| 300 | 740 | 880 | 1080 | 1130 | 1250 | 1280 | 1230 | 1040 | 900 | 500 | 700 | 780 | 750 | 650 | 550 |
| 200 | 650 | 760 | 880 | 970 | 1020 | 1050 | 1020 | 830 | 800 | 700 | 300 | 500 | 550 | 480 | 350 |
| 100 | 510 | 620 | 730 | 800 | 850 | 870 | 850 | 780 | 720 | 650 | 500 | 200 | 300 | 350 | 320 |
| 0 | 370 | 470 | 550 | 600 | 670 | 690 | 670 | 620 | 580 | 450 | 400 | 300 | 100 | 150 | 250 |

（1）画出该区域的等高线。
（2）画出该区域的三维表面图。

%程序文件 gex1_42.m
clc, clear, close all
a=load('data1_42.txt');
x0=0:100:1400; y0=1200:-100:0;
subplot(1,2,1), c=contour(x0,y0,a,6); clabel(c)    %画6条等高线，并标注等高线
title('等高线图')
subplot(1,2,2), surf(x0,y0,a), title('三维表面图')
绘制的图形如图 1.10 所示。

### 1.6.4 四维绘图

在实际问题中，可能会涉及高维数据的可视化问题。一般地，第四维数据用图形的颜色属性来表达。

**1. mesh、surf 等命令的四维应用**

mesh 和 surf 等命令除了使用三维数据外，还使用了一个第四维的颜色数据。在未给出颜色数据的情况下，调用格式 mesh(x,y,z)等价于 mesh(x,y,z,z)；第四维颜色也

可以由其他数据来决定，即调用格式为 mesh(x,y,z,w)，其中 w 为对应 x，y，z 点的颜色数据。

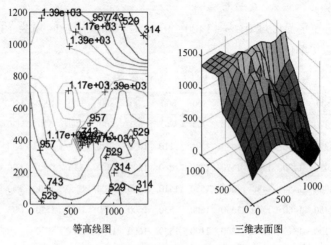

图 1.10  等高线图及三维表面图

MATLAB 表达四维图形的方式正是采用颜色来表现第四维数据。这样通过不同的颜色就能够很好地将四维数据在二维平面上表现出来。

**例 1.43**  已知二次曲面 $z=x^2+xy+y^2$ 上某物质的浓度 $u=xy+\cos(yz)$，画出浓度分布的示意图。

```
%程序文件 gex1_43.m
clc, clear
x=-6:0.1:6;[x,y]=meshgrid(x);
z=x.^2+x.*y+y.^2;u=x.*y+cos(y.*z);
mesh(x,y,z,u),colorbar
```

所画出的图形如图 1.11 所示。

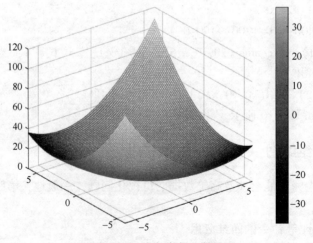

图 1.11  浓度分布示意图

**2. slice 函数的切片图**

在 MATLAB 中对四维数据的显示可以用切片图表现，用 slice 命令。slice 函数的一般调用格式如下。

1) slice(X,Y,Z,V,sx,sy,sz)

绘制向量 sx，sy，sz 中的点沿 x，y，z 方向的切片图，V 为 (X，Y，Z) 对应的体数据，V 的大小决定了每一点的颜色．

2) slice(…,'method')

其中，'method' 为插值方法，有线性插值 linear（默认）、三次插值 cubic 和最近邻插值 nearest 三种。

**例 1.44** 创建穿过 $v=xe^{-x^2-y^2-z^2}$ 所定义的三维体的切平面，其中 $x$、$y$ 和 $z$ 的范围是 $[-2,2]$。创建在值 -1.2、0.8 和 2 处与 $x$ 轴正交的切片平面，以及在值 0 处与 $z$ 轴正交的切片平面。不要创建与 $y$ 轴正交的切片平面，方法是指定空数组。

```
%程序文件 gex1_44.m
clc, clear, close all
[X,Y,Z] = meshgrid(-2:0.2:2);
V = X.*exp(-X.^2-Y.^2-Z.^2);
xs = [-1.2,0.8,2]; ys = []; zs = 0;
slice(X,Y,Z,V,xs,ys,zs), colorbar
xlabel("$x$","Interpreter","latex")
ylabel("$y$","Interpreter","latex")
zlabel("$z$","Interpreter","latex","Rotation",0)
```

所画的图形如图 1.12 所示。

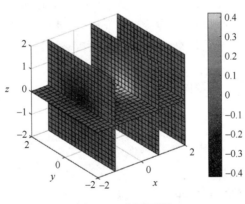

图 1.12 切平面图

**例 1.45** 根据 $v=xe^{-x^2-y^2-z^2}$ 定义的三维体创建三维体数组 $V$，其中 $x,y$ 和 $z$ 的范围是 $[-5,5]$。然后，沿 $z=x^2-y^2$ 定义的曲面显示三维体数据的一个切片。

```
%程序文件 gex1_45.m
clc, clear, close all
[X,Y,Z] = meshgrid(-5:0.2:5);
```

V = X.*exp(-X.^2-Y.^2-Z.^2);
[xs,ys] = meshgrid(-2:0.2:2);
zs = xs.^2-ys.^2;
slice(X,Y,Z,V,xs,ys,zs), colorbar
所画的图形如图1.13所示。

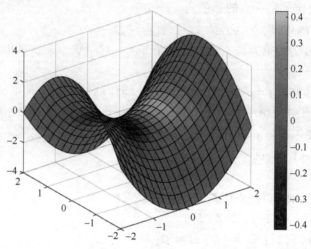

图1.13 沿曲面的切片图

**3. 复变函数绘图**

MATLAB表现复变函数（四维）的方法是用三维空间坐标再加上颜色，类似于地球仪用颜色表示海洋和高山。MATLAB画复变函数的图形的命令主要有2个：构造极坐标的复数网格数据命令cplxgrid和复变函数画图命令cplxmap。

1）构造极坐标的复数网格数据命令cplxgrid

z=cplxgrid(m); %产生极坐标下(m+1)*(2*m+1)的复数网格数据，其中的复数最大模为1

cplxgrid.m文件定义的函数内容如下：

function z = cplxgrid(m)
r = (0:m)'/m;
theta = pi*(-m:m)/m;
z = r * exp(i*theta);

2）复变函数画图命令cplxmap

cplxmap(z,f(z)) % z为cplxgrid构造的复数网格数据，f(z)为关于z的复变函数表达式

cplxmap做图时，以xy平面表示自变量所在的复平面，以z轴表示复变函数的实部，颜色表示复变函数的虚部。

**例1.46** 画复变函数$f(z)=z^3$的图形。记
$$f(z)=u+iv=(x+iy)^3=x^3-3xy^2+(3x^2y-y^3)i,$$
$f(z)$的实部$u=x^3-3xy^2$，虚部$v=3x^2y-y^3$。

下面分别使用复变函数画图命令 cplxmap 和实变函数画图命令 surf 画图。

```
%程序文件 gex1_46.m
clc, clear, close all
z=2*cplxgrid(30);                          %生成网格数据,最大模为2
subplot(121),cplxmap(z,z.^3),colorbar      %直接用复变函数画图命令
title('cplxmap 命令画图效果')
%以下使用实函数 surf 命令画图,和上面对比
r=linspace(0,2,50);t=linspace(0,2*pi,50);
[t,r]=meshgrid(t,r);                       %生成极坐标的网络数据
[x,y]=pol2cart(t,r);                       %极坐标转化为直角坐标
u=x.^3-3*x.*y.^2;v=3*x.^2.*y-y.^3;         %计算复函数的实部和虚部
subplot(122),surf(x,y,u,v),colorbar        %使用实函数画图
title('surf 命令画图效果')
```

所画的图形见图 1.14。

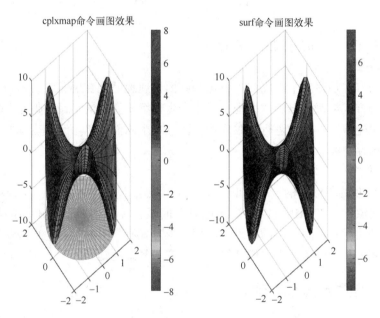

图 1.14　$z^3$ 的图形

**例 1.47**　绘出 $\cos z$ 的图形。

```
%程序文件 gex1_47.m
clc, clear, close all, z=2*cplxgrid(20);   %生成网格数据,最大半径为2
cplxmap(z,cos(z)),colorbar
```

所画的图形见图 1.15。

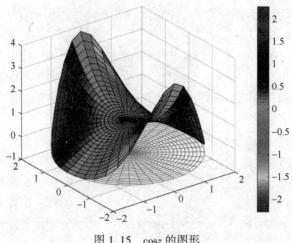

图 1.15 cosz 的图形

## 1.7 动　　画

MATLAB 产生动画的方式主要有两种：

**1. 电影方式**

以影像的方式预存多个画面，再将这些画面快速地呈现在屏幕上，就可以得到动画的效果。此种方式类似于电影的原理，可以产生很缤纷亮丽的动画，但是其缺点是每个画面都必需事先备妥，无法进行实时成像，而且每个画面，以至于整套动画，都必须占用相当大的内存空间。

**2. 对象方式**

在 MATLAB 的图形句柄（Handle Graphics）概念下，所有的点、曲线或曲面均可被视为一个对象；MATLAB 可以很快地抹去旧曲线，并产生相似但不同的新曲线，此时就可以看到曲线随时间变换的效果，使用对象方式所产生的动画，可以呈现实时的变化，也不需要太高的内存需求，但其缺点是难产生复杂的动画。

### 1.7.1　电影方式动画制作

电影动画的制作步骤：

（1）使用 getframe 命令来选取图形作为电影的画面，每个画面都是以结构体数组的一个元素的方式存放于代表整个电影的结构体数组中。

（2）使用 movie 指令来播放电影，并可指定播放的重复次数及每秒播放的画面帧数。

电影动画的使用格式一般为

```
for j=1:n
    plot_command
    M(j) = getframe;
end
movie(M,m,k)
```

其中 M(j)=getframe 将当前图形窗口中的画面作为第 j 帧存入结构体数组 M 的第 j 个元素，movie(M,m,k)将按顺序放映结构体数组 M 中存储的画面，并重复 m 次，每秒播放 k 帧画面。

**例 1.48** 球的动画演示。

```
%程序文件 gex1_48.m
clc,clear,close all
[x,y,z]=sphere(30);
h=surf(x,y,z);                    %创建图像句柄
for i=1:10
    rotate(h,[0,0,1],30);         %图像绕 z 轴旋转 30°
    mm(i)=getframe;               %获取当前窗口图像数据
end
movie(mm,8,10)                    %以每秒 10 帧速度播放 8 次
```

### 1.7.2 对象方式动画制作

在 MATLAB 中，可以用 animatedline 生成动画的点或线对象，用 clearpoints 清除旧点对象，用 addpoints 加入新点对象，用 drawnow 刷新图形。

animatedline 的调用格式为

h=animatedline(x,y)    %利用 x 和 y 作为坐标所定义的数据点生成动画线图形句柄 h

h=animatedline(x,y,z)    %利用 x、y 和 z 作为坐标所定义的数据点生成三维动画线图形句柄 h

addpoints 的调用格式为

addpoints(h,x,y)        %在图形句柄 h 中加入由 x 和 y 作为坐标定义的数据点
addpoints(h,x,y,z)      %在图形句柄中加入由 x、y 和 z 作为坐标所定义的数据点

**例 1.49** 布朗运动。

（1）先确定布朗运动的点数 $n$ 和一个温度 $s$（或速度）。比如 $n=20$，$s=0.02$。在以原点为中心、边长为 1 的正方形内产生 $n$ 个位置随机分布的点。

（2）用 for 循环实现动画效果，在每一次循环中给点的坐标加上正态分布的噪声。清除旧点对象，然后加入新点对象，并对图形进行刷新。

```
%程序文件 gex1_49.m
clc,clear,close all
n=30;                             %布朗运动的点数
s=0.02;                           %温度或速率
x=rand(n,1)-0.5;y=rand(n,1)-0.5;  %产生 n 个随机点(x,y),处于-0.5~0.5
h=animatedline('Marker','.','LineStyle','none','MarkerSize',20);  %生成点的句柄
axis([-1 1 -1 1]);
axis square
addpoints(h,x,y);                 %添加新点
```

```
for i=1:500                          %循环500次,产生动画效果
    x=x+s*randn(n,1);y=y+s*randn(n,1);
    clearpoints(h)                   %清除旧点
    addpoints(h,x,y);                %添加新点
    drawnow                          %刷新图形句柄
end
```

**例1.50** 制作一幅钻石沿着圆周运动2周的动画。

```
%程序文件 gex1_50.m
clc, clear, close all
t=0:pi/200:pi*2;
x=sin(t);y=cos(t);n=length(t);
plot(x,y,'b')                        %画单位圆
axis square
h=animatedline('color','red','marker','diamond','LineStyle','none');  %生成点的句柄
addpoints(h,x(1),y(1))               %添加一个新点
for j=1:2                            %循环两圈
    for i=1:n-1
        clearpoints(h)               %清除旧点
        addpoints(h,x(i+1),y(i+1))   %添加一个新点
        pause(0.01),drawnow          %停顿0.01s后,刷新点
    end
end
```

**例1.51** Galton钉板试验是英国生物统计学家Galton设计的。在一板上钉有 $n$（这里 $n=9$）排钉子,如图1.16所示。图中 $(1+9) \times 9/2 = 45$ 圆点表示45颗钉子,在钉子的下方有10个格子,分别编号为 $0,1,\cdots,9$。从Galton钉板的上方扔进一个小球任其自由下落,在下落的过程中当小球碰到钉子时,从左边落下与从右边落下的机会相等。碰到下一排钉子时又是如此,最后落入底板中的某一个格子。用计算机仿真扔100个球后落在各格子内的球的个数。

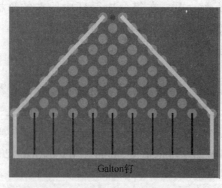

图1.16  Galton钉板示意图

```matlab
%程序文件 gex1_51.m
clc, clear, close all
n=9; m=100;                              %n 为钉板层数,m 为扔球次数
f=zeros(1,n+1);                          %各个格子小球数的初始值
hold on, axis off                        %图形保持,不显示坐标轴
mw=6;                                    %挡板高度
axis([-n-1,n+1,-n-mw,1])                 %图形范围
title('Galton 钉板','FontSize',12)        %标题
for i=1:n                                %按层循环
    plot(2*(1:i)-i-1,ones(1,i)*(-i+1),'.','MarkerSize',16)     %画点
end                                      %结束循环
x=-n-1:2:n+1;                            %隔板横坐标
w=8;                                     %一层小球个数
s=0;                                     %小球计数器初始化
plot([x;x],[-n+0.7;-(n+mw)],'k','LineWidth',5)     %画隔板
plot([-n-1,n+1],[-n-mw,-n-mw],'k','LineWidth',5)   %画底板
h=animatedline('color','red','marker','.','MarkerSize',16,'LineWidth',2);
addpoints(h,0,1);
ht=text(-n,0,'小球数:0','FontSize',12);    %小球数句柄
pause;                                   %暂停,按任意键继续
yy=1:-1:-n+1;                            %各层 y 坐标
while s<m
    s=s+1;                               %小球数加 1
    xx=0;                                %小球初始横坐标
    nr=rand(1,n);                        %取 n 个随机数
    j=1+sum(nr>=0.5);    %计算小球落入的格子编号,随机数大于等于 0.5 向右
    jj=cumsum((nr>=0.5)-(nr<0.5));       %计算各层累积向左或向右偏离次数
    xx=[xx,jj];                          %计算小球在各层的 x 坐标
    f(j)=f(j)+1;                         %最后一层格子中小球数加 1
    t=f(j);                              %取小球数
    iy=floor((t-1)/w);                   %计算小球叠放的层数
    ix=t-w*iy;                           %计算小球叠放的列数
    x=2*j-n-2.9+ix*0.2;                  %小球叠放的横坐标
    y=-n-mw+iy*0.2+0.3;                  %小球叠放的纵坐标
    plot(x,y,'r.','MarkerSize',16)       %画小球
    clearpoints(h);
    addpoints(h,[xx,x],[yy,y]);          %设置坐标显示轨迹
    delete(ht);
    ht=text(-n,0,['小球数:',num2str(s)],'FontSize',12);    %显示小球数
```

```
            drawnow                              %刷新屏幕
            pause(0.05)                          %延时时间
        end
        delete(h)                                %删除最后的轨迹路径
        figure(2),bar(f)                         %画各个格子中小球个数的柱状图
```
**注 1.1**  程序运行后，按任意键开始动画演示。

### 1.7.3 其他方式动画制作

**例 1.52**  模拟 6 个移动物体（1995 年全国大学生数学建模竞赛 A 题的 6 架飞机）。
```
%程序文件 gex1_52.m
clc,clear,close all
x0 = [150 85 150 145 130 0];                     %6 架飞机初始位置的 x 坐标
y0 = [140 85 155 50 150 0];                      %6 架飞机初始位置的 y 坐标
q = [243 236 220.5 159 230 52] * pi/180;         %6 架飞机的初始飞行方向角
t = 0:0.05:2*pi;                                 %画圆的参数取值
for i = 0:1018
    pause(0.01);                                 %停顿 0.01s
    for j = 1:5
        axis([0 160 0 160]);
        fill(x0(j)+2/9*i*cos(q(j))+4*cos(t),...
            y0(j)+2/9*i*sin(q(j))+4*sin(t),'b')
        hold on;
    end
    fill(x0(6)+2/9*i*cos(q(6))+4*cos(t),...
        y0(6)+2/9*i*sin(q(6))+4*sin(t),'r')
    hold off;
end
```

## 1.8 视频读写

视频是由若干帧图像组成的。对于视频文件 filename，MATLAB 读视频文件的调用格式：

  v = VideoReader(filename);

其中，变量 v 的类型为 VideoReader。文件 filename 的一些属性保存在变量 v 中，例如，v.Height 和 v.Width 分别为每帧图像的高和宽，v.FrameRate 为视频每秒播放的帧数，v.NumFrames 为视频包含图像的帧数。

命令 read 用于读取一个或多个视频帧，使用格式为

video = read(v);                    %读入全部视频帧

对于 RGB 彩色视频，得到的 video 是 4D 数组，大小为 v.Height×v.Width×3× v.NumFrames，数据类型一般为 uint8 类型。

video = read(v,1);                  %读取第一个视频帧
video = read(v,inf);                %读取最后一个视频帧
video = read(v,[5,10]);             %读取第 5 帧到第 10 帧

在视频写入时，先使用 VideoWriter 命令创建视频写入目标文件：

obj = VideoWriter(filename)

再用 open 命令打开所创建的目标 open(obj)，接着使用 writeVideo 命令将当前图像 (frame)写入视频：

writeVideo(obj,frame);

最后关闭视频 close(obj)。

**例 1.53** MATLAB 图像处理工具箱中包含视频文件 rhinos.avi，其中 avi 是视频的类型。完成下列实验：

(1) 读取该视频，得到四维数组；

(2) 由读取的每帧图像演示视频，把每帧图像保存到提前建好的目录 obj1 中，并把演示的视频保存到文件 rhinos2.avi 中。

```
%程序文件 gex1_53.m
clc, clear, close all
A = VideoReader('rhinos.avi')        %读取视频文件
B = read(A);                         %从 A 中读取全部视频帧，B 为四维数组
disp(size(B))         %输出 B 的维数为 240×320×3×114，即视频由 114 帧图像组成
n = A.NumFrames                      %视频帧数：114

obj2 = VideoWriter('rhinos2.avi');   %创建目标文件，用于写入视频
obj2.FrameRate = A.FrameRate;        %设置视频每秒的帧数
open(obj2);                          %打开文件
for i = 1:n
    C = read(A,i); imshow(C)         %读取并显示第 i 帧图像
    str = ['obj1\',int2str(i),'.jpg'];   %构造文件名字符数组
    imwrite(C,str);                  %把第 i 帧图像保存到 jpg 文件
    frame = getframe(gcf);           %获取当前图像
    writeVideo(obj2,frame)           %把当前图像写入 obj2 中
end
close(obj2);                         %关闭文件
```

**例 1.54** 对单位圆 $x^2+y^2=1$ 作 $n$ 条直径，其中第 $i$ 条直径与 $x$ 轴正向夹角为 $\alpha_i = (i-1)\pi/n$，$i=1,2,\cdots,n$。对于第 $i$ 条直径，选某点在该直径上做简谐振动，其运动方程为

$$\begin{cases} x_i(t) = \cos\dfrac{(i-1)\pi}{n} \cdot \sin\left[t+\dfrac{(i-1)\pi}{n}\right], \\ y_i(t) = \sin\dfrac{(i-1)\pi}{n} \cdot \sin\left[t+\dfrac{(i-1)\pi}{n}\right], \end{cases}$$

其中 $t \in [0, 2\pi]$ 为时间变量。将 $n$ 个点的运动轨迹制作成视频，名称为 ex1_54.avi。

**解** 在绘图时，需要先绘制单位圆域和 $n$ 条直线。圆的参数方程为

$$\begin{cases} x = \cos\theta, \\ y = \sin\theta, \end{cases} \theta \in [0, 2\pi].$$

将参数 $\theta$ 等间隔离散化，得到 $k_1$ 个分点。使用 fill 命令来填充圆域对应的多边形（$k_1$ 条边，即单位圆的近似），并用 plot 命令绘制直径。将时间 $t \in [0, 2\pi]$ 进行等分，得到 $k_2$ 个分点，即视频帧数为 $k_2$。

在实验中取 $n=8$，$k_1=200$，$k_2=500$，每秒播放的帧数为 15。

```
%程序文件 gex1_54.m
clc, clear, close all
n=8; k1=200; k2=500;
theta=linspace(0,2*pi,k1);
xt=cos(theta); yt=sin(theta);                    %单位圆上的离散点坐标
obj=VideoWriter('ex1_54.avi');                   %创建空的待写入的视频文件
obj.FrameRate=15;                                %设置视频每秒的帧数
open(obj);                                       %打开视频文件
for t=linspace(0,2*pi,k2)                        %将时间离散化
    fill(xt,yt,'r')
    axis equal off, hold on
    for i=1:n
        X=cos((i-1)*pi/n); Y=sin((i-1)*pi/n);
        plot([X,-X],[Y,-Y],'k-','LineWidth',2)   %绘制n条直线
    end
    %给定时间t,n条直径上点的x坐标分量
    x=cos([0:n-1]*pi/n).*sin(t+[0:n-1]*pi/n);
    %给定时间t,n条直线上点的y坐标分量
    y=sin([0:n-1]*pi/n).*sin(t+[0:n-1]*pi/n);
    %t时刻,n个点的散点图
    scatter(x,y,100,[1:n],'filled','MarkerEdgeColor','g')
    hold off                                     %关闭图形保持功能
    frame=getframe;                              %获取当前图像
    writeVideo(obj,frame);                       %将获取图像写入obj中
end
close(obj);
```

在上述程序中，使用 scatter 命令绘制 $n$ 个点的散点图，并将每次绘制的图形以图像

形式保存到结构体变量 frame 中,图 1.17 给出了 $t=6.2832$ 时的图形。

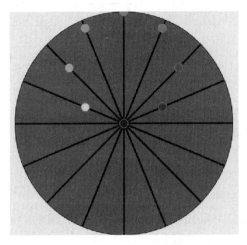

图 1.17　$t=6.2832$ 时的图形

## 1.9　数据文件的读取与存储

根据数据的组织形式,MATLAB 中的文件可分为 ASCII 文件和二进制文件。ASCII 文件又称文本文件,它的每一个字节存放一个 ASCII 代码,代表一个字符。二进制文件是把内存中的数据按其在内存中的存储形式原样输出到磁盘上存放。

MATLAB 可以处理的数据文件类型很多,本节首先介绍 MATLAB 文件读写的底层方法,然后主要介绍文本文件、Excel 文件和 CSV 文件等数据文件的操作。

### 1.9.1　文件读写的底层方法

类似 C 语言,MATLAB 提供了一整套文件读写的底层函数,见表 1.13。

表 1.13　MATLAB 的文件操作命令

| 函数分类 | 函数名 | 作用 |
| --- | --- | --- |
| 打开和关闭文件 | fopen | 打开文件 |
|  | fclose | 关闭文件 |
| 读写二进制文件 | fread | 读二进制文件 |
|  | fwrite | 写二进制文件 |
| 格式 I/O | fscanf | 从文件中读格式数据 |
|  | fprintf | 写格式数据 |
|  | fgetl | 从文件中读行,不返回行结束符 |
|  | fgets | 从文件中读行,返回行结束符 |
| 读写字符串 | sprintf | 把格式数据写入字符串 |
|  | sscanf | 格式读入字符串 |

(续)

| 函数分类 | 函数名 | 作用 |
|---|---|---|
| 文件定位 | feof | 检验是否为文件结尾 |
| | fseek | 设置文件定位 |
| | ftell | 获取文件定位 |
| | frewind | 返回到文件的开头 |

**1. 文件的打开和关闭**

对文件读写之前应该"打开"该文件，在使用结束之后应"关闭"该文件。

函数 fopen 用于打开文件，其调用格式为：

fid = fopen(filename, permission)

fid 是文件标识符（file identifier），fopen 指令执行成功后就会返回一个正的 fid 值，如果 fopen 指令执行失败，fid 就返回-1。

filename 是文件名。

permission 是文件允许操作的类型，可设为以下几个值：

'r'　　　只读

'w'　　　只写

'a'　　　追加（append）

'r+'　　　可读可写

与 fopen 对应的指令为 fclose，它用于关闭文件，其指令格式为：

status = fclose(fid)

如果成功关闭文件，status 返回的值就是 0。

**注 1.2**　一定要养成好的编程习惯，文件操作完之后，要关闭文件，即释放文件句柄，如果不关闭句柄，则占用内存空间，如果打开的文件数量太多，则内存会溢出。

**2. 二进制文件的操作**

写二进制文件的函数 fwrite，其调用格式为

fwrite(fileID, A, precision);

其中 fileID 为文件句柄，A 是要写入文件的数组，precision 控制所写数据的精度，默认的是无符号整数"uint8"格式．

读二进制文件的函数 fread，其调用格式为

[A, count] = fread(fileID, sizeA, precision);

其中，A 是用于存放读取数据的矩阵，count 是返回所读取的数据元素个数；fileID 是文件句柄；sizeA 为可选项，若不选用则读取整个文件内容，若选用则它的值可以是 N（读取 N 个元素到一个列向量）、inf（读取整个文件）、[m, n]（读数据到 m×n 矩阵中，数据按列存放）；precision 控制所读数据的精度。

**例 1.55**　把向量[1, 2, …, 9]写入二进制文件，然后读出来。

%程序文件 gex1_55. m

clc, clear

f1 = fopen('data1_55. bin', 'w')　　　%新建二进制文件，返回句柄 f1

```
fwrite(f1,[1:9])                    %写入整数1,2,…,9
s=fclose(f1)                        %关闭文件
f2=fopen('data1_55.bin','r')        %以只读的格式打开已经建立的二进制文件
A1=fread(f2)                        %读取二进制文件中的全部数据
%frewind(f2)                        %返回到文件开头
fseek(f2,0,'bof');                  %返回到文件开头
A2=fread(f2,[2,2])                  %读取4个数据并构成2×2矩阵
```

**3. 文本文件的操作**

把数据写入文本文件的函数为 fprintf，其调用格式为

fprintf(fileID,format,A1,...,An);

其中 fileID 为文件句柄，A1,...,An 是要写入文件的数组，format 控制所写数据的格式。

fprintf(format,A1,...,An)

把数组 A1,...,An 以 format 指定的格式显示在屏幕上。

从文本文件读数据的函数为 fscanf，其调用格式为

A=fscanf(fileID,formatSpec,sizeA);

该函数从句柄 fileID 所指向的文本文件，按照指定的格式 formatSpec，读入 SizeA 大小的数据，赋给数组 A。

**例 1.56**  把温度数据字符串'78°F，72°F，64°F，66°F，49°F，50°F'写入文本文件 data1_56.txt 中，然后读取其中的数值数据。

```
%程序文件 gex1_56.m
clc, clear
str='78°F,72°F,64°F,66°F,49°F,50°F';
fid1=fopen('data1_56.txt','w');     %新建文本文件
fprintf(fid1,'%s',str);             %向所建文本文件写入字符串数据
fclose(fid1);
fid2=fopen('data1_56.txt','r');     %以只读的格式打开文件
data=fscanf(fid2,'%d°F,')           %读取其中的数值数据
```

**例 1.57**  把数据加上表头，以表格的形式写到纯文本文件中，然后读取其中的数值数据。

```
%程序文件 gex1_57.m
clc, clear
x=0:0.1:1; A=[x;exp(x)];
fid1 = fopen('data1_57.txt','w');              %新建文本文件
fprintf(fid1,'%6s %12s\r\n','x','exp(x)');     %\r\n 表示新换一行
fprintf(fid1,'%6.2f %12.8f\r\n',A);            %把矩阵 A 写入文本文件中
fclose(fid1);                                   %关闭文件句柄
fid2=fopen('data1_57.txt','r');                %以只读的方式打开文本文件
fgetl(fid2)                                     %读出第一行的字符串
```

```
a=fscanf(fid2,'%f %f\n',[2,inf])        %读入数值数据的行赋给 a 的列
%下面给出另一种读入数据的方式
b=importdata('data1_57.txt');           %读入文本文件中的全部数据
c=b.data                                %提出数值数据
```

下面介绍一些其他的把数据文件导入 MATLAB 的方法。

### 1.9.2 交互式导入数据

使用"导入向导"交互式地导入数据时，可以使用如下方式的任意一种。

(1) 在"主页"(Home) 选项卡的"变量"(Variable) 功能区中，单击"导入数据"。

(2) 在命令窗口中调用函数 uiimport。

对初学者而言，导入向导非常有用，它能根据数据的性质提供不同的导入方式，在数据导入过程中给予各种帮助。我们能够进行多种类型文件（包括图片、音频、视频数据等）的导入。导入向导能够显示文件内容，可供用户选择导入的数据，去掉不需要的数据。

在导入向导中使用的命令可以被存入一个 MATLAB 函数或脚本文件中。用户可以保存这个文件，在导入相似的文件时，可以重复使用它。

**例 1.58** 导入 data1_55.txt 中的数据。

通过导入向导导入文件数据的步骤如下：

(1) 通过单击"导入向导"按钮，打开"导入数据"对话框，然后双击要导入的文件"data1_55.txt"，打开如图 1.18 所示的界面。

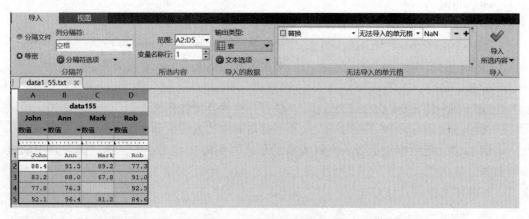

图 1.18 导入向导界面

(2) 设置列分隔符，选定导入工作空间的数据范围，选择输出数据类型，双击默认的输出变量名称，定义输出变量的新名称，最后单击"导入所选内容"选项卡，把数据导入工作空间，并生成导入数据的脚本文件或函数文件。

当数据被正确导入 MATLAB 后，就能使用这些数据进行相关的运算了。

### 1.9.3 通过函数读取数据

根据需要读取的数据类型，常使用表 1.14 中的函数读取文件中的数据。

表 1.14 MATLAB 读取文件数据的常用函数

| 读取文件类型 | 函数 | 输出数据类型 |
| --- | --- | --- |
| 文本文件、mat 文件 | load | load 文本文件输出数值数组；load mat 文件，输出原来保存的各种类型的数据 |
| 文本文件、电子表格、图像、音频文件 | importdata | 数值数组或结构体数组 |
| 文本文件、电子表格文件 | readmatrix | 数值数组 |
| 文本文件、电子表格文件 | readcell | 单元数组 |
| 文本文件、电子表格文件 | readvars | 分离的列向量 |
| 文本文件、电子表格文件、XML 文件 | readtimetable | 时间表 |
| 文本文件、电子表格文件、XML 文件、Word 文件、HTML 文件 | readtable | 表 |
| 文本文件 | textscan | 单元数组 |

下面给出一些读取文件数据的例子。

**例 1.59** 试读入文本文件 data1_59.txt 中的如下数据：

| 日期 | 开盘 | 最高 | 最低 | 收盘 | 交易量 | 交易额 |
| --- | --- | --- | --- | --- | --- | --- |
| 2007/06/04 | 33.76 | 33.99 | 31.00 | 32.44 | 282444.00 | 921965312.00 |
| 2007/06/05 | 31.90 | 33.00 | 29.20 | 32.79 | 329276.00 | 1032631552.00 |
| 2007/06/06 | 31.90 | 32.86 | 31.00 | 32.27 | 236677.00 | 756290880.00 |
| 2007/06/07 | 32.41 | 34.00 | 32.16 | 32.73 | 255289.00 | 845447232.00 |
| 2007/06/08 | 32.70 | 32.70 | 31.18 | 31.60 | 272817.00 | 862057728.00 |

```
%程序文件 gex1_59.m
clc,clear
fid = fopen('data1_59.txt');
fgetl(fid)          %读第 1 行的表头
A=textscan(fid,'%s %f %f %f %f %f %f','CollectOutput',true)    %读数据,A 为 1×2 的单元数组
fclose(fid);
B=A{1,2}            %提取需要的数据矩阵
```

**例 1.60** 试读入文本文件 data1_60.txt 中的如下数据：

Sally 09/12/2005 12.34 45 Yes
Larry 10/12/2005 34.56 54 Yes
Tommy 11/12/2005 67.89 23 No

```
%程序文件 gex1_60.m
clc,clear
fid=fopen('data1_60.txt');
```

A1 = textscan(fid, '%s %s %f %d %s')　　%不合并单元数组相邻同类型数据
frewind(fid)　　%返回文件头部，准备重新读入数据
A2 = textscan(fid, '%s %s %f %d %s','CollectOutput', true)　　%合并单元数组相邻同类型数据
B1 = A2{1,2}, B2 = A2{1,3}　　%提取需要的数值数据
fclose(fid);

**例 1.61** 试读取文本文件 data1_61.txt 中的数据。

begin
v1 = 12.67
v2 = 3.14
v3 = 6.778
end
begin
v1 = 21.78
v2 = 5.24
v3 = 9.838
end

%程序文件 gex1_61.m
clc, clear
fid = fopen('data1_61.txt');
c = textscan(fid, '% *s v1 =%f v2 =%f v3 =%f % *s', 'Delimiter', ...
　　'\n', 'CollectOutput', true)
d = cell2mat(c)　　%把单元数组转换为数值矩阵
fclose(fid);

**注 1.3** 这里的"*"表示跳过一个字符串的数据域。

**例 1.62** 读入 MATLAB 内置文件 outages.csv 中的数据。

outages.csv 中存放如下格式的数据：
Region, OutageTime, Loss, Customers, RestorationTime, Cause
SouthWest, 2002-02-01 12:18, 458.9772218, 1820159.482, 2002-02-07 16:50, winter storm
SouthEast, 2003-01-23 00:49, 530.1399497, 212035.3001, , winter storm
SouthEast, 2003-02-07 21:15, 289.4035493, 142938.6282, 2003-02-17 08:14, winter storm
West, 2004-04-06 05:44, 434.8053524, 340371.0338, 2004-04-06 06:10, equipment fault

%程序文件 gex1_62.m
clc, clear
opts = detectImportOptions('outages.csv');　　%创建导入选项对象
preview('outages.csv', opts)　　%预览文件内容
T1 = readtable('outages.csv')　　%读取文件内容
T1.Duration = T1.RestorationTime-T1.OutageTime;　　%增加新变量

head(T1,5)                                          %显示前5条数据
[a1,a2,a3,a4,a5,a6] = readvars('outages.csv');      %分别读取6个变量值

**例1.63** 读入 MATLAB 内置文件 bigfile.txt 中的数据。

%程序文件 gex1_63.m
clc, clear, N = 12;
formatSpec = '%D %f %f %f %s';
fileID = fopen('bigfile.txt');
C = textscan(fileID,formatSpec,N,'CommentStyle','##',...
    'Delimiter','\t','DateLocale','en_US','CollectOutput',true)
D = c{2}              %提出数值型数据

**例1.64** 读入 MATLAB 内置文件 airlinesmall_subset.xlsx 中的数据。

%程序文件 gex1_64.m
clc, clear
opts = detectImportOptions('airlinesmall_subset.xlsx');
preview('airlinesmall_subset.xlsx',opts)
M = readmatrix('airlinesmall_subset.xlsx',...
    'Sheet','2007','Range','A2:E11')   %导入表'2007'中前5个变量的10行数据

**例1.65** （续例1.63）用 readtimetable 函数读取 MATLAB 内置文件 outages.csv 中的数据。

%程序文件 gex1_65.m
clc, clear
opts = detectImportOptions('outages.csv');      %创建导入选项对象
opts.VariableOptions
%修改选项对象,把'Region','Cause'修改为类别变量
opts = setvartype(opts,{'Region','Cause'},{'categorical','categorical'});
TT = readtimetable('outages.csv',opts)
summary(TT)

### 1.9.4 数据存储

常用的把数据保存到文件函数如表 1.15 所列。

表 1.15 MATLAB 存储数据的函数

| 函数 | 基本语法 | 含义 |
| --- | --- | --- |
| save | save data a b c | 把变量 a、b、c 保存到 mat 文件 data.mat 中 |
| writematrix | writematrix(A,filename) | 把矩阵 A 写入文件 filename，文件类型可以为文本文件和 Excel 文件 |
| writecell | wrietcell(B,filename) | 把单元数组写入文件 filename，文件类型可以为文本文件和 Excel 文件 |
| writetable | writetable(T,filename) | 把表 T 写入文件 filename，文件类型可以为文本文件、Excel 文件和 XML 文件 |
| writetimetable | writetimetable(TT,filename) | 把时间表 TT 写入文件 filename，文件类型可以为文本文件、Excel 文件和 XML 文件 |

**例 1.66** 将数据写入各种文件的示例。
```
%程序文件 gex1_66.m
clc, clear, A=1000*rand(6,8);
writematrix(A,"data1_66_1.txt")
writematrix(A,"data1_66_2.csv")
writematrix(A,"data1_66_3.xlsx")

B=mat2cell(A,[1,2,3],[2,4,2])    %转换为单元数组
writecell(B,"data1_66_4.csv")
writecell(B,"data1_66_5.xlsx")

C=array2table(A)                 %转换为表
writetable(C,"data1_66_6.txt")
writetable(C,"data1_66_7.csv")
writetable(C,"data1_66_8.xlsx")

D=array2timetable(A,'SampleRate',1)  %转换为时间表
writetimetable(D,"data1_66_9.txt")
writetimetable(D,"data1_66_10.xlsx")
```

# 习 题 1

1.1 输入如下数值矩阵:

(1) $A_{10\times10}=\begin{bmatrix} 1 & -2 & 4 & \cdots & (-2)^9 \\ 0 & 1 & -2 & \cdots & (-2)^8 \\ 0 & 0 & 1 & \cdots & (-2)^7 \\ \vdots & \vdots & \vdots & \ddots & \vdots \\ 0 & 0 & 0 & 0 & 1 \end{bmatrix}$; (2) $B_{4\times6}=\begin{bmatrix} 1 & 2 & -3 & 0 & 0 & 0 \\ 0 & 1 & 2 & -3 & 0 & 0 \\ 0 & 0 & 1 & 2 & -3 & 0 \\ 0 & 0 & 0 & 1 & 2 & -3 \end{bmatrix}.$

1.2 输入如下符号矩阵:

$A_{10\times10}=\begin{bmatrix} 1 & 0 & \cdots & 0 & 0 \\ 0 & 1 & \cdots & 0 & 0 \\ \vdots & \vdots & \ddots & \vdots & \vdots \\ 0 & 0 & \cdots & 1 & 0 \\ a_1 & a_2 & \cdots & a_9 & a_{10} \end{bmatrix}.$

1.3 对于矩阵

$$A = \begin{bmatrix} 1 & 5 & 8 & 9 & 12 \\ 2 & 4 & 6 & 15 & 3 \\ 18 & 7 & 10 & 8 & 16 \end{bmatrix},$$

（1）求每一列的最小值，并指出该列的哪个元素取该最小值。
（2）求每一行的最大值，并指出该行的哪个元素取该最大值。
（3）求矩阵所有元素的最大值。

1.4 已知 $A = \begin{bmatrix} 1 & 2 & 3 & 4 \\ \inf & \inf & \inf & \inf \\ \inf & 5 & 6 & 7 \\ 8 & 9 & \text{NaN} & \text{NaN} \end{bmatrix}$.

（1）求 $A$ 中哪些位置的元素为 inf；
（2）求 $A$ 中哪些行含有 inf；
（3）将 $A$ 中的 NaN 替换成 $-1$；
（4）将 $A$ 中元素全为 inf 的行删除。
（5）将 $A$ 所有的 inf 和 NaN 元素删除。

1.5 求解线性方程组

$$\begin{bmatrix} 8 & 1 & & & \\ 1 & 8 & \ddots & & \\ & \ddots & \ddots & 1 & \\ & & & 1 & 8 \end{bmatrix}_{10 \times 10} \begin{bmatrix} x_1 \\ x_2 \\ \vdots \\ x_{10} \end{bmatrix} = \begin{bmatrix} 1 \\ 2 \\ \vdots \\ 10 \end{bmatrix}.$$

1.6 设计九九乘法表，输出形式如下所示：

1×1＝1
1×2＝2    2×2＝4
1×3＝3    2×3＝6    3×3＝9
1×4＝4    2×4＝8    3×4＝12    4×4＝16
……
1×9＝9    2×9＝18    3×9＝27    4×9＝36    5×9＝45    6×9＝54    …    9×9＝81

1.7 用图解的方式求解下面方程组的近似解：

$$\begin{cases} x^2 + y^2 = 3xy^2, \\ x^3 - x^2 = y^2 - y. \end{cases}$$

1.8 画出二元函数

$$z = f(x,y) = -20\exp\left(-0.2\sqrt{\frac{x^2+y^2}{2}}\right) - \exp(0.5\cos(2\pi x)) + 0.5\cos(2\pi y)$$

的图形，并求出所有极大值，其中 $x \in [-5,5]$，$y \in [-5,5]$。

1.9 已知正弦函数 $y = \sin(wt)$，$t \in [0, 2\pi]$，$w \in [0.01, 10]$，试绘制当 $w$ 变化时正弦函数曲线的动画。

1.10 已知 4×15 维矩阵 $B$ 的数据如表 1.16 所列，其第一行表示 $x$ 坐标，第二行表示 $y$ 坐标，第三行表示 $z$ 坐标，第四行表示类别。

表1.16　矩阵 **B** 的数据

| 7.7 | 5.1 | 5.4 | 5.1 | 5.1 | 5.5 | 6.1 | 5.5 | 6.7 | 7.7 | 6.4 | 6.2 | 4.9 | 5.4 | 6.9 |
|---|---|---|---|---|---|---|---|---|---|---|---|---|---|---|
| 2.8 | 2.5 | 3.4 | 3.4 | 3.7 | 4.2 | 3 | 2.6 | 3 | 2.6 | 2.7 | 2.8 | 3.1 | 3.9 | 3.2 |
| 6.7 | 3 | 1.5 | 1.5 | 1.5 | 1.4 | 4.6 | 4.4 | 5.2 | 6.9 | 5.3 | 4.8 | 1.5 | 1.7 | 5.7 |
| 3 | 2 | 1 | 1 | 1 | 1 | 2 | 2 | 3 | 3 | 3 | 3 | 1 | 1 | 3 |

（1）使用 scatter3 绘制散点图。对于类别为 1、2、3 的点，圆圈大小分别为 40、30、20；不同类别的点，其颜色不同。

（2）使用 $x,y$ 坐标利用 gscatter 绘制散点图，对于类别为 1、2、3 的点，对应点分别用圆圈、正方形、三角形表示，颜色分别为红色、绿色和蓝色。

1.11　绘制平面 $3x-4y+z-10=0$，$x \in [-5,5]$，$y \in [-5,5]$。

1.12　绘制瑞士卷曲面

$$\begin{cases} x=t\cos t, \\ 0 \leq y \leq 3, \quad t \in [\pi, 9\pi/2]. \\ z=t\sin t, \end{cases}$$

1.13　附件 1：区域高程数据 .xlsx 给出了某区域 43.65×58.2（km）的高程数据，画出该区域的三维网格图和等高线图，在 A（30，0）点和 B（43，30）（单位：km）点建立了两个基地，在等高线图上标注出这两个点，并求该区域地表面积的近似值。

1.14　数据文件"B 题_附件_通话记录 .xlsx"取自 2017 年第 10 届华中地区大学生数学建模邀请赛 B 题：基于通信数据的社群聚类。该文件包括某营业部近三个月的内部通信记录，内容涉及通话的起始时间、主叫、时长、被叫、漫游类型和通话地点等，共 10713 条记录，每条数据有 7 列，部分数据如表 1.17 所列。

表1.17　某营业部近三个月的内部通信记录

| 序　号 | 起始时间 | 主　叫 | 时长/s | 被　叫 | 漫游类型 | 通话地点 |
|---|---|---|---|---|---|---|
| 1 | 2016/09/01 10:08:51 | 涂蕴知 | 431 | 孙翼茜 | 本地 | 武汉 |
| 2 | 2016/09/01 10:17:37 | 毕婕靖 | 351 | 潘立 | 本地 | 武汉 |
| 3 | 2016/09/01 10:18:29 | 张培芸 | 1021 | 梁茵 | 本地 | 武汉 |
| 4 | 2016/09/01 10:23:22 | 张培芸 | 983 | 文芝 | 本地 | 武汉 |
| ⋮ | ⋮ | ⋮ | ⋮ | ⋮ | ⋮ | ⋮ |
| 10713 | 2016/12/31 9:36:15 | 柳谓 | 327 | 张荆 | 本地 | 武汉 |

（1）主叫和被叫分别有多少人？主叫和被叫是否是同一组人？

（2）统计主叫和被叫之间的呼叫次数和总呼叫时间。

(3) 将日期中"2016/09/01"视为第 1 天,"2016/09/02"视为第 2 天,依此类推,将所有日期按上述方法转化。

(4) 已知 2016/09/01 为星期四,将日期编码为数字。编码规则为:星期日对应"0",星期一对应"1",……,星期六对应"6"。

(5) 假设周六和周日不上班,不考虑法定节假日,周一到周五上班时间为上午 8:00~12:00 和下午 14:00~18:00。计算任意两人在上班时间的通话次数。

# 第 2 章 函数与极限

函数与极限是整个微积分学的重要研究对象,学习函数与极限的表示方法与计算方法是学习整个积分学的基础。

## 2.1 函数的 MATLAB 表示与计算

### 2.1.1 函数的 MATLAB 表示

**定义 2.1** 设数集 $D \subset \mathbf{R}$,则称映射 $f:D \to \mathbf{R}$ 为定义在 $D$ 上的函数,通常简记为
$$y=f(x), \quad x \in D,$$
其中 $x$ 称为自变量,$y$ 称为因变量,$D$ 称为定义域。

**1. 一般函数的 MATLAB 表示**

对于一般的函数 $y=f(x)$,在 MATLAB 中有两种表示方法,一种方法是用符号函数表示,另一种方法是用数值函数(或匿名函数)表示。

**例 2.1** 试用 MATLAB 画出下列函数的曲线图形。
$$y = x^2 \sin(\pi x).$$

使用符号函数画图的 MATLAB 程序如下:

```
%程序文件 gex2_1_1.mlx
clc, clear, syms f(x)
f(x)=x^2*sin(pi*x)
fplot(f), xlabel("$x$","Interpreter","latex")
ylabel("$y$","Interpreter","latex","Rotation",0)
```

使用匿名函数的 MATLAB 程序如下:

```
%程序文件 gex2_1_2.m
clc, clear
f=@(x)x.^2.*sin(pi*x)
fplot(f), xlabel("$x$","Interpreter","latex")
ylabel("$y$","Interpreter","latex","Rotation",0)
```

**2. 反函数**

**定义 2.2** 设函数 $f:D \to f(D)$ 是单射,则它存在逆映射 $f^{-1}:f(D) \to D$,称此映射 $f^{-1}$ 为函数 $f$ 的反函数。

按此定义,对每个 $y \in f(D)$ 有唯一的 $x \in D$,使得 $f(x)=y$,于是有
$$f^{-1}(y)=x.$$

这就是说，反函数 $f^{-1}$ 的对应法则是完全由函数 $f$ 的对应法则确定的。

例如，函数 $y=x^3$，$x\in\mathbf{R}$ 是单射，所以它的反函数存在，其反函数为 $x=y^{\frac{1}{3}}$，$y\in\mathbf{R}$。由于习惯上用 $x$ 表示自变量，用 $y$ 表示因变量，于是 $y=x^3$，$x\in\mathbf{R}$ 的反函数通常写作 $y=x^{\frac{1}{3}}$，$x\in\mathbf{R}$。

MATLAB 函数 finverse 可以求出一些给定函数的反函数。

**例 2.2** 试求函数 $f(x)=2+\ln(x+1)$ 的反函数。

**解** 求得的反函数为 $y=\mathrm{e}^{x-2}-1$。

%程序文件 gex2_2.mlx

clc，clear，syms x

f(x)=2+log(x+1)，g=finverse(f)

**3. 复合函数**

**定义 2.3** 设函数 $y=f(u)$ 的定义域为 $D_f$，函数 $u=g(x)$ 的定义域为 $D_g$，且其值域 $R_g \subset D_f$，则由式

$$y=f[g(x)], \quad x\in D_g$$

确定的函数称为由函数 $u=g(x)$ 与函数 $y=f(u)$ 构成的复合函数，它的定义域为 $D_g$，函数 $u$ 称为中间变量。

**例 2.3** 已知函数 $f(x)=\mathrm{e}^x\cos x$，$g(x)=x^2$，试求复合函数 $f(g(x))$ 和 $g(f(x))$。

%程序文件 gex2_3.mlx

clc，clear，syms x

f(x)=exp(x)*cos(x)，g(x)=x^2

F1=compose(f,g,x)，G1=compose(g,f,x)

F2=f(g)，G2=g(f)   %第 2 种求法

**4. 分段函数**

**定义 2.4** 如果某函数在不同的自变量取值范围函数的表达式也是不同的，则这类函数称为分段函数。

**例 2.4** 设

$$f(x)=\begin{cases}1, & |x|<1,\\0, & |x|=1,\\-1, & |x|>1,\end{cases} \quad g(x)=\mathrm{e}^x,$$

求 $f[g(x)]$ 和 $g[f(x)]$，并作出这两个函数的图形。

**解** $f[g(x)]=f(\mathrm{e}^x)=\begin{cases}1, & x<0,\\0, & x=0,\\-1, & x>0.\end{cases}$ $g[f(x)]=\mathrm{e}^{f(x)}=\begin{cases}\mathrm{e}, & |x|<1,\\1, & |x|=1,\\\mathrm{e}^{-1}, & |x|>1.\end{cases}$

$f[g(x)]$ 与 $g[f(x)]$ 的图形如图 2.1 所示。MATLAB 绘出的图形如图 2.2 所示。

%程序文件 gex2_4_1.mlx

clc，clear，close all，syms x real

f(x)=piecewise(abs(x)<1,1,abs(x)>1,-1,0)

g(x)=exp(x)

$F(x) = \text{compose}(f,g)$, $G(x) = \text{compose}(g,f)$
subplot(121), fplot(F,'r','LineWidth',2)
subplot(122), fplot(G,'r','LineWidth',2)

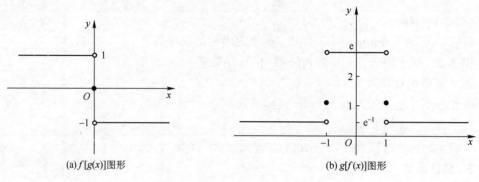

(a) $f[g(x)]$图形　　　　　　　　(b) $g[f(x)]$图形

图 2.1　$f[g(x)]$ 和 $g[f(x)]$ 图形

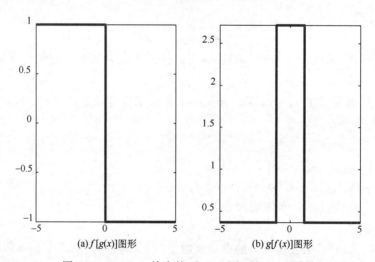

(a) $f[g(x)]$图形　　　　　　　　(b) $g[f(x)]$图形

图 2.2　MATLAB 绘出的 $f[g(x)]$ 和 $g[f(x)]$ 图形

**5. 隐函数**

在实际应用中经常会遇到一类函数，满足 $f(x,y)=0$，但没有办法将其写出 $y=g(x)$ 的显式形式，这类函数称为隐函数。

**例 2.5**　试用 MATLAB 画出下列隐函数的曲线图形。
$$(x^2+y^2-1)^3 = x^2 y^3.$$
使用符号函数和匿名函数画图的 MATLAB 程序如下：

```
%程序文件 gex2_5.mlx
clc, clear, syms f(x,y)
f(x,y) = (x^2+y^2-1)^3-x^2*y^3
fimplicit(f)
xlabel("$x$","Interpreter","latex")
ylabel("$y$","Interpreter","latex","Rotation",0)
```

```
figure                     %创建新的图形窗口
ff=matlabFunction(f)       %符号函数转换为匿名函数
fimplicit(ff)
xlabel("$x$","Interpreter","latex")
ylabel("$y$","Interpreter","latex","Rotation",0)
```
所画出的图形如图2.3所示。

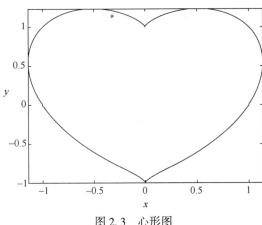

图2.3 心形图

### 2.1.2 奇函数与偶函数

**定义2.5** 假设函数$f(x)$的定义域$D$关于原点对称。对于任意$x \in D$,如果$f(-x)=f(x)$,则$f(x)$为偶函数;如果$f(-x)=-f(x)$,则$f(x)$为奇函数。

利用MATLAB的符号运算功能可以很容易判定出一个给定的函数是奇函数还是偶函数,只需计算$f(x)+f(-x)$与$f(x)-f(-x)$,观察哪个为零就可以了。如果前者为零,则$f(x)$为奇函数;若后者为零,则$f(x)$为偶函数;如果都非零,则$f(x)$既不是奇函数也不是偶函数。

**例2.6** 试判定函数$f(x)=x(x-1)(x+1)$的奇偶性。

**解** 由MATLAB计算得到$f(x)+f(-x)=0$,所以$f(x)$为奇函数。

```
%程序文件 gex2_6.mlx
clc, clear, syms x
f(x)=x*(x-1)*(x+1)
s1=f(x)+f(-x), s2=f(x)-f(-x)
fplot(f), hold on, plot([0,0],[-120,120])
```

## 2.2 极 限

### 2.2.1 数列的极限

极限概念是在探求某些实际问题的精确解答过程中产生的。例如,我国古代数学家刘徽利用圆内接正多边形来推算圆面积的方法——割圆术，就是极限思想在几何学上的应用。

先说明数列的概念，并研究数列的极限。如果按照某一法则，对每个 $n \in \mathbf{N}_+$，对应一个确定的实数 $x_n$，这些实数 $x_n$ 按照下标 $n$ 从小到大排列得到的序列

$$x_1, x_2, \cdots, x_n, \cdots$$

就叫作数列，简记为数列 $\{x_n\}$。

数列中的每一个数叫做数列的项，第 $n$ 项 $x_n$ 叫做数列的一般项（或通项）。

**例 2.7** 试研究数列

$$x_n = \left(-\frac{2}{3}\right)^n, \quad n = 1, 2, 3, \cdots$$

的变化趋势。

画出的数列前 20 项的火柴杆图如图 2.4 所示，数列变化的动态演示见程序运行结果。

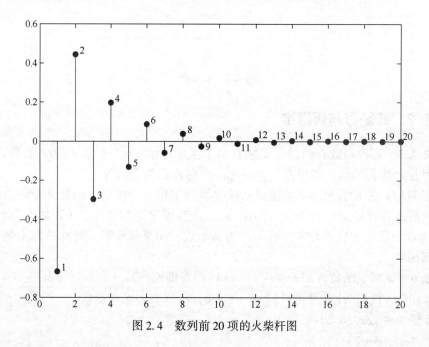

图 2.4 数列前 20 项的火柴杆图

```
%程序文件 gex2_7.m
clc, clear, close all
n=[1:20]; xn=(-2/3).^n, stem(n,xn,"filled")
text(n+0.1,xn,int2str(n'))

figure, hold on, scatter(0,0,"r")
xlim([-1,1]),plot([-1,1],[0,0],"LineWidth",1.5)
h=animatedline("Marker",".","MarkerSize",30,"LineStyle","none")
```

```
for i=1:30
    addpoints(h,(-2/3)^i,0);
    pause(0.5); clearpoints(h)
end
```

### 2.2.2 函数的极限

MATLAB 计算符号函数极限的命令为 limit，其一般格式如下：
limit(f,x,a)    %计算当自变量 x 趋于常数 a 时，符号函数 f(x) 的极限值
limit(f,x,a,'left')    %计算当 x 从左侧趋于 a 时，符号函数 f(x) 的左极限值
limit(f,x,a,'right')   %计算当 x 从右侧趋于 a 时，符号函数 f(x) 的右极限值

**例 2.8** 求下列极限：

(1) $\lim\limits_{x\to 0}x^x$；　　(2) $\lim\limits_{x\to 0}\dfrac{\tan x-\sin x}{x^3}$.

**解** 求得 $\lim\limits_{x\to 0}x^x=1$，$\lim\limits_{x\to 0}\dfrac{\tan x-\sin x}{x^3}=\dfrac{1}{2}$.

```
%程序文件 gex2_8.mlx
clc, clear, syms x
f(x)=x^x, g(x)=(tan(x)-sin(x))/x^3
s1 = limit(f)    %求 x 趋于 0 时的极限
s2 = limit(g)
```

**例 2.9** 求极限 $\lim\limits_{x\to 0}\left(\dfrac{a_1^x+a_2^x+\cdots+a_{10}^x}{10}\right)^{1/x}$，其中 $a_1,a_2,\cdots,a_{10}$ 为常数。

**解** 求得 $\lim\limits_{x\to 0}\left(\dfrac{a_1^x+a_2^x+\cdots+a_{10}^x}{10}\right)^{1/x}=\sqrt[10]{a_1a_2\cdots a_{10}}$.

```
%程序文件 gex2_9.mlx
clc, clear, syms x, syms a [1,10]    %a 后面必须有空格
f(x)=sum(a.^x/10)^(1/x)
s=limit(f)                            %求 x 趋于 0 时的极限
```

**例 2.10** 研究重要极限 $\lim\limits_{x\to\infty}\left(1+\dfrac{1}{x}\right)^x$，绘制函数 $y=\left(1+\dfrac{1}{x}\right)^x$ 的图形，观察当 $x\to\infty$ 时的函数变化趋势，并计算其极限。

**解** 首先使用 fplot 函数进行符号函数绘图，输出图形如图 2.5 所示，从图形中观察函数变化趋势，然后使用 limit 函数求得

$$\lim_{x\to\infty}\left(1+\dfrac{1}{x}\right)^x=\mathrm{e}.$$

```
%程序文件 gex2_10.mlx
clc, clear, syms x
f(x)=(1+1/x)^x
fplot(f), s=limit(f,x,inf)
```

MATLAB 中级数求和函数为 symsum，其调用格式为

symsum(f,k,a,b)   %级数的一般项为 f，求和指标变量 k 取值从 a 到 b

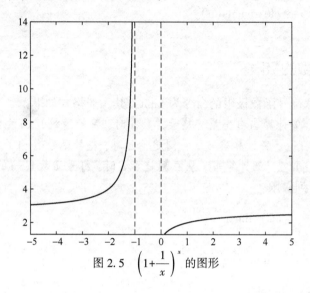

图 2.5 $\left(1+\dfrac{1}{x}\right)^x$ 的图形

**例 2.11** 求数列

$$x_n = 1 + \frac{1}{2} + \frac{1}{3} + \cdots + \frac{1}{n} - \ln n$$

当 $n \to +\infty$ 时的极限。

**解** 求得

$$\lim_{n \to +\infty} x_n = \gamma\,(\text{欧拉常数}),$$

取 10 位有效数字时，$\gamma = 0.5772156649$。

```
%程序文件 gex2_11.mlx
clc, clear, syms k n integer
xn(n) = symsum(1/k,k,1,n) - log(n)    %数列的通项
s1 = limit(xn,n,inf)
s2 = vpa(s1,10)                       %显示欧拉常数的 10 位有效数字
```

## 2.3 非线性方程（组）的求解

### 2.3.1 求非线性方程（组）的数值解

MATLAB 工具箱的 fzero 命令用于求一元函数在给定点附近的一个零点，roots 命令用于求一元多项式函数的所有零点。fsolve 命令用于求非线性方程组的数值解。

**例 2.12** 对于函数 $f(x) = x^3 - 2x - 5$，求（1）$f(x)$ 在 1 附近的零点；（2）$f(x)$ 的所有零点。

**解** (1) 求得 1 附近的零点为 2.0946。

(2) $f(x)$ 的所有零点为 2.0946，$-1.0473\pm1.1359\mathrm{i}$。

```
%程序文件 gex2_12.m
clc, clear
f=@(x)x.^3-2*x-5;        %定义匿名函数
x1=fzero(f,1)            %求 1 附近的一个零点
x2=roots([1,0,-2,-5])    %求多项式函数的所有零点
```

我们先介绍下面例子中使用的 MATLAB 函数 ginput，该函数识别鼠标单击点的 $x,y$ 坐标值，其调用格式如下：

[x,y] = ginput(n)   %识别笛儿尔坐标区鼠标点击的 n 个点坐标，返回值 x 为这 n 个点的 x 坐标值，返回值 y 为这 n 个点的 y 坐标值

[x,y] = ginput      %可用于选择无限个点，直到按回车键为止

**例 2.13** 求非线性方程组

$$\begin{cases} \mathrm{e}^{-(x_1+x_2)} = x_2(1+x_1^2), \\ x_1\cos x_2 + x_2\sin x_2 = \dfrac{1}{2} \end{cases}$$

在 $[-20,20]\times[-20,20]$ 上的所有数值解。

**解** 首先用 MATLAB 的符号函数的隐函数绘图命令画出两个方程对应的曲线如图 2.6 所示，通过图形可以看出在 $[-20,20]\times[-20,20]$ 上，方程组有 5 组解。依次单击两条曲线的 5 个交点，就可以得到方程组的 5 组近似解。再以这 5 组近似解为初值，调用 MATLAB 的 fsolve 函数就可以得到方程组的 5 组数值解，具体的解这里不再赘述。

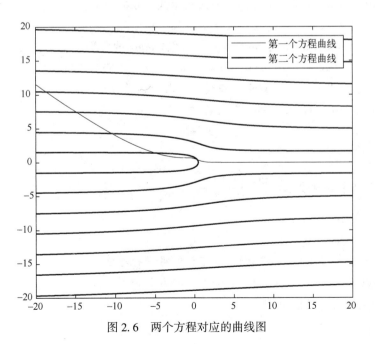

图 2.6 两个方程对应的曲线图

```
%程序文件 gex2_13.m
clc, clear, close all, syms x1 x2
f(x1,x2)= exp(-x1-x2)-x2*(1+x1^2);
g(x1,x2)= x1*cos(x2)+x2*sin(x2)-1/2;
fimplicit(f,[-20,20,-20,20]), hold on
fimplicit(g,[-20,20,-20,20],"LineWidth",1.2)
legend({"第一个方程曲线","第二个方程曲线"})
fprintf("请单击曲线的交点,单击完成后按回车键!")
[sx,sy]=ginput()
%定义方程组对应的向量函数的匿名函数
f=@(z)[exp(-z(1)-z(2))-z(2)*(1+z(1)^2)
    z(1)*cos(z(2))+z(2)*sin(z(2))-0.5];
for i=1:length(sx)
    s{i}=fsolve(f,[sx(i),sy(i)]);    %初值取图解法的近似解
end
celldisp(s)                          %显示求得的所有解
```

### 2.3.2 求非线性方程（组）的符号解

**1. 符号求解函数 solve**

在 MATLAB 中，提供了 solve 函数求解简单的符号代数方程或方程组，其调用格式如下：

S=solve(eqn,var)    %求表达式 eqn 的代数方程,求解变量为 var

S=solve(eqn,var,Name,Value)    %求表达式 eqn 的代数方程,求解变量为 var,其中指定一个或多个属性名及其对应的属性值

[y1,⋯,yN]=solve(eqns,vars)    %求表达式 eqns 的代数方程组,求解变量组为 vars

[y1,⋯,yN]=solve(eqns,vars,Name,Value)    %求表达式 eqns 的代数方程组,求解变量组为 vars,其中指定一个或多个属性名及其对应的属性值

**例 2.14** 利用 solve 求下列方程的解
$$ax^2+bx=c,$$
其中 $x$ 为未知数。

**解** 求得方程的解为 $x=\dfrac{-b\pm\sqrt{b^2+4ac}}{2a}$。

```
%程序文件 gex2_14.mlx
clc, clear, syms x a b c
s1=solve(a*x^2+b*x==c,x)    %方程的第一种写法
s2=solve(a*x^2+b*x-c,x)     %方程的第二种写法
```

**例 2.15** 求如下方程组的解。
$$\begin{cases} 2x^2+y=3x, \\ x+2y=1. \end{cases}$$

**解** 求得的解为

$$\begin{cases} x = \dfrac{7+\sqrt{33}}{8}, \\ y = \dfrac{1-\sqrt{33}}{16}, \end{cases} \text{或} \begin{cases} x = \dfrac{7-\sqrt{33}}{8}, \\ y = \dfrac{1+\sqrt{33}}{16}. \end{cases}$$

```
%程序文件 gex2_15.mlx
clc, clear, syms x y
s=solve([2*x^2+y==3*x,x+2*y==1],[x,y])   %返回一个值时,是一个结构体数组
x1=s.x, y1=s.y                            %显示 x,y 的解
[x2,y2]=solve([2*x^2+y==3*x,x+2*y==1],[x,y])   %返回两个值时,给出各变量的解
```

**2. 符号求解函数 vpasolve**

对于一般的多项式型代数方程,函数 vpasolve 可以求取方程的全部浮点数表示形式的符号解。而一般非线性代数方程只能得到一个浮点数表示形式的符号解。

**例 2.16** (续例 2.15) 求如下方程组的解。

$$\begin{cases} 2x^2+y=3x, \\ x+2y=1. \end{cases}$$

```
%程序文件 gex2_16.mlx
clc, clear, syms x y
[sx,sy]=vpasolve([2*x^2+y==3*x,x+2*y==1],[x,y])
class(sx)          %显示 sx 的数据类型
```

**例 2.17** 试判断方程 $f(x) = \cos\left(\dfrac{1}{x}+x^2\right) = 0$ 在区间 $[0.5,5]$ 上是否有解,如果有,试求出全部解。

**解** $f(x)$ 在区间 $[-5,5]$ 上的图形如图 2.7 (a) 所示,由连续函数的介值定理知,$f(x)$ 在 $(-\infty,+\infty)$ 内有无穷多个零点。$f(x)$ 在区间 $[0.5,5]$ 上的图形如图 2.7 (b) 所示,同样由连续函数介值定理知,$f(x)$ 在 $[0.5,5]$ 上有 7 个零点。

我们调用 MATLAB 的 ginput 函数,单击 $f(x)$ 的曲线与 $x$ 轴交点的 7 个点的 $x$ 坐标作为所求零点的近似值,再以这些近似值作为函数 vpasolve 求零点时的初值,求得这 7 个零点的数值解。

```
%程序文件 gex2_17.mlx
clc, clear, syms x
f(x)=cos(x^2+1/x)
subplot(121), fplot(f,[-5,5])    %画[-5,5]上的图形
subplot(122), fplot(f,[0.5,5])
hold on, plot([0.5,5],[0,0])
[sx,sy]=ginput()                  %识别鼠标单击点的坐标
for i = 1:length(sx)
```

```
        s(i) = vpasolve(f,sx(i));
end
s', yx = f(s')                    %显示解并验证解的误差
```

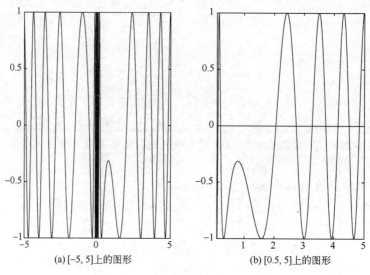

(a) [-5, 5]上的图形          (b) [0.5, 5]上的图形

图 2.7　$f(x)$ 的图形

## 习　题　2

2.1　设
$$f(x)=\begin{cases}0, & x\leq 0,\\ x, & x\geq 0,\end{cases}\quad g(x)=\begin{cases}0, & x\leq 0,\\ -x^2, & x>0,\end{cases}$$
求 $f[f(x)]$、$g[g(x)]$、$f[g(x)]$、$g[f(x)]$。

2.2　Chebyshev 多项式的数学形式为 $T_1(x)=1$，$T_2(x)=x$，$T_n(x)=2xT_{n-1}(x)-T_{n-2}(x)$，$n=3,4,5,\cdots$，试计算 $T_3(x), T_4(x), \cdots, T_{10}(x)$。

2.3　试判定函数 $f(x)=\sqrt{1+x+x^2}-\sqrt{1-x+x^2}$ 的奇偶性。

2.4　如果 $f(x)=\ln\dfrac{1+x}{1-x}(-1<x<1)$，试证明 $f(x)+f(y)=f\left(\dfrac{x+y}{1+xy}\right)(-1<x,y<1)$。

2.5　试求解下面的极限问题。

(1) $\lim\limits_{x\to a}\dfrac{\ln x-\ln a}{x-a}(a>0)$.

(2) $\lim\limits_{x\to +\infty}\left[\sqrt[3]{x^3+x^2+x+1}-\sqrt{x^2+x+1}\dfrac{\ln(e^x+x)}{x}\right]$.

(3) $\lim\limits_{x\to a}\dfrac{\sin(a+2x)-2\sin(a+x)+\sin a}{x^2}$.

2.6 试由下面已知的极限值求出 $a$ 和 $b$ 的值。

(1) $\lim\limits_{x\to+\infty}\left(ax+b-\dfrac{x^3+1}{x^2+1}\right)=0.$

(2) $\lim\limits_{x\to+\infty}\left(\sqrt{x^2-x+1}-ax-b\right)=0.$

2.7 研究方程 $\sin(x^3)+\cos\left(\dfrac{x}{2}\right)+x\sin x-2=0$ 在区间 $\left[-\dfrac{\pi}{2},\dfrac{\pi}{2}\right]$ 上解的情况，并求出所有的解。

# 第3章 导数与微分

微分学是微积分的重要组成部分,它的基本概念是导数与微分。本章介绍 MATLAB 的求导函数及应用。

## 3.1 MATLAB 求符号函数的导数

### 3.1.1 MATLAB 符号函数的求导命令

MATLAB 的符号函数求得命令为 diff,其调用格式如下:
diff(f,x)    %求符号函数 f 关于变量 x 的 1 阶导数
diff(f,x,n)  %求符号函数 f 关于变量 x 的 n 阶导数

**例 3.1**  求函数 $y=\ln(x+\sqrt{1+x^2})$ 的 1 阶和 2 阶导数。

**解**  求得

$$\frac{dy}{dx}=\frac{1}{\sqrt{x^2+1}}, \quad \frac{d^2y}{dx^2}=-\frac{x}{(x^2+1)^{3/2}}.$$

```
%程序文件 gex3_1.mlx
clc, clear, syms x
f(x)=log(x+sqrt(1+x^2))
f11=diff(f)            %求 1 阶导数
f12=simplify(f11)      %对 1 阶导数化简
f21=diff(f,2)          %求 2 阶导数
f22=simplify(f21)      %对 2 阶导数化简
```

**例 3.2**  求曲线 $y=x^{3/2}$ 的通过点 $(0,-4)$ 的切线方程,并画出曲线和切线。

**解**  设切点为 $(x_0,y_0)$,则切点的斜率为

$$f'(x_0)=\frac{3}{2}\sqrt{x}\Big|_{x=x_0}=\frac{3}{2}\sqrt{x_0}.$$

于是所求切线方程可设为

$$y-y_0=\frac{3}{2}\sqrt{x_0}(x-x_0). \tag{3.1}$$

因切点 $(x_0,y_0)$ 在曲线 $y=x^{3/3}$ 上,故有

$$y_0=x_0^{3/2}. \tag{3.2}$$

由已知切线 (3.1) 通过点 $(0,-4)$,故有

$$-4-y_0=\frac{3}{2}\sqrt{x_0}(0-x_0). \tag{3.3}$$

求得式(3.2)和式(3.3)组成的方程组的解为 $x_0=4$,$y_0=8$,代入式(3.1)并化简,即得所求切线方程为

$$3x-y-4=0.$$

```
%程序文件 gex3_2.mlx
clc, clear, syms x y x0 y0
f(x)=x^(3/2), df=diff(f)
g(x,y,x0,y0)=y-y0-df(x0)*(x-x0)        %切线方程对应的函数
eq1=y0-x0^(3/2)                         %第一个方程
eq2=g(0,-4,x0,y0)                       %第二个方程
[sx0,sy0]=solve(eq1,eq2)                %求解切点
h=g(x,y,sx0,sy0)                        %求切线对应的函数
fplot(f,'LineWidth',1.2), hold on
fimplicit(h,'--')
s2=['$',latex(h),'=0$']                 %构造 LaTeX 字符数组
legend({'$y=x^\frac{3}{2}$',s2},'Interpreter',...
    'latex','Location','southeast')
```

画出的曲线和切线如图 3.1 所示。

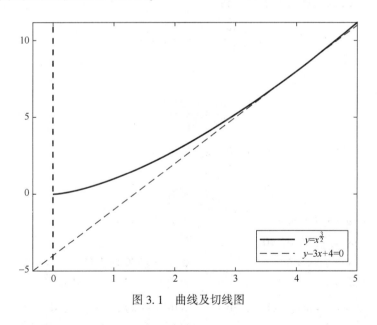

图 3.1 曲线及切线图

## 3.1.2 隐函数的导数

在 MATLAB 中没有直接求解隐函数导数的函数,需要求解代数方程得到隐函数的导数。

**例 3.3** 设 $e^y + xy - e = 0$,求 $\dfrac{dy}{dx}$。

**解** 方程两边对 $x$ 求导,得 $e^y \dfrac{dy}{dx} + y + x\dfrac{dy}{dx} = 0$,解之得 $\dfrac{dy}{dx} = -\dfrac{y}{x + e^y}$。

```
%程序文件 gex3_3_1.mlx
clc, clear, syms y(x) dy
eq1 = exp(y)+x*y-exp(sym(1))
eq2 = diff(eq1,x)
%为了解代数方程下面把符号 diff(y(x),x)替换为 dy
eq2 = subs(eq2,diff(y(x),x),dy)
s = solve(eq2,dy)
```

也可以利用隐函数定理求隐函数的导数。

```
%程序文件 gex3_3_2.mlx
clc, clear, syms x y
f = exp(y)+x*y-exp(sym(1))
s = -diff(f,x)/diff(f,y)
```

**例 3.4** 求由方程 $y^5 + 2y - x - 3x^7 = 0$ 所确定的隐函数在 $x = 0$ 处的导数 $\dfrac{dy}{dx}\bigg|_{x=0}$。

**解** 把方程两边分别对 $x$ 求导,得

$$5y^4 \dfrac{dy}{dx} + 2\dfrac{dy}{dx} - 1 - 21x^6 = 0.$$

由此得

$$\dfrac{dy}{dx} = \dfrac{1 + 21x^6}{5y^4 + 2}.$$

因为当 $x = 0$ 时,由原方程得 $y = 0$,所以

$$\dfrac{dy}{dx}\bigg|_{x=0} = \dfrac{1}{2}.$$

```
%程序文件 gex3_4.mlx
clc, clear, syms y(x) dy y0
eq = y^5+2*y-x-3*x^7                    %定义隐函数方程
deq1 = diff(eq,x)                       %求关于 x 的 1 阶导数
deq2 = subs(deq1,diff(y(x),x),dy)       %diff(y(x),x)替换为 dy
dydx = solve(deq2,dy)                   %解代数方程求隐函数的导数
eq2 = subs(eq,x,0)                      %把 x 代入 0
eq3 = subs(eq2,y(0),y0)                 %为了解方程把 y(0)替换为 y0
sy = solve(eq3,y0)                      %求 x = 0 时,y 的取值
s = subs(dydx,{x,y(x)},{0,sy(1)})       %把 x 替换为 0,y(x)替换为 0
```

## 3.1.3 参数方程的导数

设参数方程 $\begin{cases} x=x(t), \\ y=y(t) \end{cases}$ 确定函数 $y=f(x)$，则 $\dfrac{\mathrm{d}y}{\mathrm{d}x}=\dfrac{y'(t)}{x'(t)}$。

**例 3.5** 已知椭圆的参数方程为

$$\begin{cases} x=a\cos t, \\ y=b\sin t, \end{cases}$$

求椭圆在 $t=\dfrac{\pi}{4}$ 相应的点处的切线方程，并画出 $a=3$，$b=2$ 时的椭圆及切线。

**解** 当 $t=\dfrac{\pi}{4}$ 时，椭圆上的相应点 $M_0$ 的坐标是

$$x_0=a\cos\dfrac{\pi}{4}=\dfrac{\sqrt{2}a}{2}, \quad y_0=b\sin\dfrac{\pi}{4}=\dfrac{\sqrt{2}b}{2}.$$

曲线在点 $M_0$ 的切线斜率为

$$\left.\dfrac{\mathrm{d}y}{\mathrm{d}x}\right|_{x=\frac{\pi}{4}}=\left.\dfrac{(b\sin t)'}{(a\cos t)'}\right|_{t=\frac{\pi}{4}}=\left.\dfrac{b\cos t}{-a\sin t}\right|_{t=\frac{\pi}{4}}=-\dfrac{b}{a}.$$

代入点斜式方程，即得椭圆在点 $M_0$ 处的切线方程为

$$y-\dfrac{\sqrt{2}b}{2}=-\dfrac{b}{a}\left(x-\dfrac{\sqrt{2}a}{2}\right),$$

化简后得

$$bx+ay-\sqrt{2}ab=0.$$

$a=3$，$b=2$ 时所画出的椭圆及切线如图 3.2 所示。

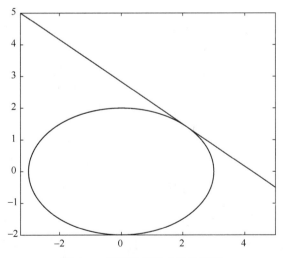

图 3.2 椭圆及相应点处的切线

```
%程序文件 gex3_5.mlx
clc, clear, syms a b t X Y
```

```
x(t) = a*cos(t), y(t) = b*sin(t)
d(t) = diff(y)/diff(x)              %求 y 对 x 的导数
k = d(pi/4)                         %求 t=pi/4 时的切线斜率
eq1 = Y-y(pi/4)-k*(X-x(pi/4))       %求切线方程
eq2 = simplify(a*eq1)               %化简切线方程
fplot(3*cos(t),2*sin(t))            %画椭圆曲线
eq3 = subs(eq2,{a,b},{3,2})         %切线方程代入参数 a,b 的具体值
hold on, fimplicit(eq3), axis("equal")
```

**例 3.6** 计算由摆线的参数方程

$$\begin{cases} x = a(t-\sin t), \\ y = a(1-\cos t) \end{cases}$$

所确定的函数 $y=y(x)$ 的二阶导数。

**解** $\dfrac{dy}{dx} = \dfrac{\dfrac{dy}{dt}}{\dfrac{dx}{dt}} = \dfrac{a\sin t}{a(1-\cos t)} = \dfrac{\sin t}{1-\cos t} = \cot\dfrac{t}{2}.$

$\dfrac{d^2 y}{dx^2} = \dfrac{d}{dt}\left(\cot\dfrac{t}{2}\right) \cdot \dfrac{1}{\dfrac{dx}{dt}} = -\dfrac{1}{2\sin^2\dfrac{t}{2}} \cdot \dfrac{1}{a(1-\cos t)} = -\dfrac{1}{a(1-\cos t)^2}.$

```
%程序文件 gex3_6.mlx
clc, clear, syms a t
xt = a*(t-sin(t)), yt = a*(1-cos(t))
s11 = diff(yt)/diff(xt), s12 = rewrite(s11,"cot")
s13 = simplify(s12)
s21 = diff(s11)/diff(xt), s22 = simplify(s21)
```

## 3.2 导数在经济学中的应用

### 3.2.1 边际分析

**1. 边际概念**

设一个经济指标是另一个经济指标 $x$ 的函数 $y=f(x)$，且 $f(x)$ 在点 $x$ 处可导，则 $f(x)$ 在 $(x, x+\Delta x)$ 内的平均变化率为

$$\frac{\Delta y}{\Delta x} = \frac{f(x+\Delta x)-f(x)}{\Delta x},$$

$f(x)$ 在点 $x$ 处的瞬时变化率为

$$\lim_{\Delta x \to 0}\frac{\Delta y}{\Delta x} = \lim_{\Delta x \to 0}\frac{f(x+\Delta x)-f(x)}{\Delta x} = f'(x).$$

在经济管理中，称 $f'(x)$ 为 $f(x)$ 在点 $x$ 处的边际函数值。

在点 $x$ 处，当 $x$ 改变一个单位时，函数 $y=f(x)$ 相应地改变 $\Delta y=f(x+1)-f(x)$。则有
$$\Delta y|_{\Delta x=1} \approx \mathrm{d}y|_{\Delta x=1}=f'(x)\Delta x|_{\Delta x=1}=f'(x),$$
这表明 $f(x)$ 在点 $x$ 处，当 $x$ 改变一个单位时，$y$ 近似地改变 $f'(x)$ 个单位。在经济分析中解释边际函数值的具体意义时，常略去"近似地"三个字。于是，定义边际函数如下：

**定义 3.1** 设函数 $f(x)$ 可导，称导数 $f'(x)$ 为 $f(x)$ 的边际函数，$f'(x_0)$ 称为 $f(x)$ 在点 $x_0$ 处的边际函数值。

边际函数值 $f'(x_0)$ 的经济学意义：在点 $x=x_0$ 处，$x$ 增加一个单位时，$f(x)$（近似地）改变 $f'(x_0)$ 个单位。

例如：函数 $y=3+2\sqrt{x}$，$y'=\dfrac{1}{\sqrt{x}}$，则在点 $x=100$ 处的边际函数值 $y'(100)=\dfrac{1}{10}$。因而表明当 $x=100$ 时，若 $x$ 增加 1 个单位，则 $y$ 相应改变 $\dfrac{1}{10}$ 个单位。

**2. 经济学中常见的边际函数**

1）边际成本

总成本函数 $y(x)$ 的导数 $y'(x)=\lim\limits_{\Delta x\to 0}\dfrac{y(x+\Delta x)-y(x)}{\Delta x}$ 称为边际成本。它表示：已经生产了 $x$ 单位产品时，再生产一个单位产品所增加的总成本。

一般情况下，总成本 $y(x)$ 为固定成本 $y_0$ 与可变成本 $y_1(x)$ 之和，即
$$y(x)=y_0+y_1(x),$$
边际成本
$$y'(x)=y_1'(x).$$

显然，边际成本与固定成本无关。平均成本函数
$$\bar{y}(x)=\dfrac{y(x)}{x}=\dfrac{y_0}{x}+\dfrac{y_1(x)}{x},$$
其导数
$$\bar{y}'(x)=\dfrac{xy'(x)-y(x)}{x^2}=\dfrac{y'(x)-\bar{y}(x)}{x}$$
称为边际平均成本。

**例 3.7** 设某产品生产 $x$ 单位时的总成本函数为 $y(x)=2500+8x+\dfrac{1}{4}x^2$。求：

（1）$x=40$ 时的总成本、平均成本及边际成本，并解释边际成本的经济学意义；

（2）求最低平均成本和相应产量的边际成本。

**解** （1）由总成本函数 $y(x)=2500+8x+\dfrac{1}{4}x^2$，有

$$y(40)=3220,\quad \bar{y}(40)=\dfrac{y(40)}{40}=\dfrac{161}{2},\quad y'(40)=\left(8+\dfrac{1}{2}x\right)\bigg|_{x=40}=28.$$

因此，当 $x=40$ 时，总成本 $y(40)=3220$，平均成本 $\bar{y}(40)=\dfrac{161}{2}$，边际成本 $y'(40)=$

28，其中边际成本 $y'(40)$ 表示：当产量为 40 个单位时，再增加（或减少）1 个单位，总成本将增加（或减少）28 个单位。

(2) 平均成本为 $\bar{y}(x) = \dfrac{y(x)}{x} = \dfrac{2500}{x} + 8 + \dfrac{1}{4}x$，令 $\bar{y}'(x) = 0$，即 $-\dfrac{2500}{x^2} + \dfrac{1}{4} = 0$，解得唯一驻点 $x = 100$。由于 $\bar{y}''(100) = \dfrac{5000}{100^3} > 0$，所以 $x = 100$ 为 $\bar{y}(x)$ 的极小值点，也是最小值点。因此，产量为 100 单位时，平均成本最低，其最低平均成本为 $\bar{y}(100) = 58$。边际成本函数 $y'(x) = 8 + \dfrac{1}{2}x$，故当 $x = 100$ 时，边际成本 $y'(100) = 58$。

```
%程序文件 gex3_7.mlx
clc, clear, syms x positive
y(x) = 2500+8*x+x^2/4
s1 = y(40)                     %总成本
s2 = y(40)/40                  %平均成本
dy = diff(y), s3 = dy(40)      %边际成本
yb = y/x, yb = expand(yb)      %平均成本函数
dyb = diff(yb)                 %平均成本函数的导数
s4 = solve(dyb)                %求驻点
dy2 = diff(yb,2)               %求两阶导数
s5 = dy2(s4)                   %计算两阶导数值
s6 = yb(s4)                    %最低平均成本
s7 = dy(s4)                    %最低成本时的边际成本
```

2) 边际收益

总收益函数 $z(x)$ 的导数

$$z'(x) = \lim_{\Delta x \to 0} \frac{\Delta z}{\Delta x} = \lim_{\Delta x \to 0} \frac{z(x + \Delta x) - z(x)}{\Delta x}$$

称为边际收益。它（近似地）表示：已经销售了 $x$ 单位产品时，再销售一个单位产品时增加的总收益。

若 $p$ 表示价格，且 $p$ 是销售量 $x$ 的函数 $p = p(x)$，则总收益函数 $z(x) = p(x)x$。此时边际收益为

$$z'(x) = p'(x)x + p(x).$$

**例 3.8**  设某产品的需求函数 $q = 100 - 2p$，其中 $p$ 为价格，$q$ 为销售量，求：

(1) 销售量为 20 个单位时的总收益，平均收益和边际收益；

(2) 销售量从 20 个单位增加到 28 个单位时收益的平均变化率。

**解** (1) 总收益函数为

$$z(q) = p(q)q = 50q - \frac{1}{2}q^2,$$

故

$$z(20) = 800, \quad \bar{z}(20) = \frac{800}{20} = 40, \quad z'(20) = (50 - q)\big|_{q=20} = 30.$$

因此，当 $q=20$ 时，总收益 $z(20)=800$，平均收益 $\bar{z}(20)=40$，边际收益 $z'(20)=30$。

（2）当销售量从20个单位增加到28个单位时收益的平均变化率为
$$\frac{\Delta z}{\Delta q} = \frac{z(28)-z(20)}{28-20} = 26.$$

3）边际利润

总利润函数 $L=L(x)$ 的导数
$$L'(x) = \lim_{\Delta x \to 0} \frac{\Delta L}{\Delta x} = \lim_{\Delta x \to 0} \frac{L(x+\Delta x)-L(x)}{\Delta x}$$

称为边际利润。它（近似地）表示：已经销售了 $x$ 单位产品时，再销售一个单位产品时增加（或减少）的利润。

总利润 $L(x)$ 是总收益 $z(x)$ 与总成本 $y(x)$ 之差，即 $L(x)=z(x)-y(x)$，则边际利润为
$$L'(x) = z'(x) - y'(x),$$

即边际利润是边际收益与边际成本之差。若令 $L'(x)=0$，则 $z'(x)=y'(x)$，这说明产品取得最大利润的必要条件是边际收益等于边际成本。

**例 3.9** 某企业生产某产品的固定成本为60000元，可变成本为20元/件，价格函数为 $p=60-\dfrac{q}{1000}$，其中 $p$ 是价格（单位：元/件），$q$ 是销售量（单位：件）。已知产销平衡，求：

（1）该产品的边际利润；

（2）当 $p=50$ 时的边际利润，并解释其经济学意义；

（3）求利润最大时的定价。

**解** 由 $p=60-\dfrac{q}{1000}$，得 $q=1000(60-p)$，于是总成本函数
$$y(p) = 60000 + 20q = 1260000 - 20000p,$$

总收益函数
$$z(p) = pq = 60000p - 1000p^2,$$

总利润函数
$$L(p) = z(p) - y(p) = 80000p - 1000p^2 - 1260000.$$

（1）边际利润 $L'(p) = 80000 - 2000p$。

（2）当 $p=50$，边际利润 $L'(50) = (80000-2000p)\big|_{p=50} = -20000$。经济学意义为当产品价格为50元/件时，若价格增长1元/件，则利润减少20000元。

（3）令 $L'(p)=0$，得 $L(p)$ 的驻点 $p=40$。因为 $L''(p)=-2000<0$，所以 $L(40)=340000$ 为极大值，也是最大值，即价格为40元时利润最大。

```
% 程序文件 gex3_8.mlx
clc, clear, syms p q
f1(q) = 60-q/1000, f2 = finverse(f1)
f2(p) = f2(p)              % 函数自变量从 q 换为 p
y = 60000+20*f2            % 总成本函数
```

```
z = p * f2              %总收益函数
L = z-y, L = simplify(L) %总利润
dL = diff(L)            %边际利润
s1 = dL(50)
s2 = solve(dL)          %求驻点
d2L = diff(L,2)         %求两阶导数
s3 = L(s2)              %求最大值
```

### 3.2.2 弹性分析

设 $y=f(x)$，称 $\Delta y=f(x+\Delta x)-f(x)$ 为函数 $f(x)$ 在点 $x$ 处的绝对改变量，$\Delta x$ 称为自变量在点 $x$ 处的绝对改变量。绝对改变量在原来量值中的百分比称为相对改变量。例如：$\dfrac{\Delta y}{\Delta x}=\dfrac{f(x+\Delta x)-f(x)}{f(x)}$ 称为函数 $f(x)$ 在点 $x$ 处的相对改变量，$\dfrac{\Delta x}{x}$ 称为自变量在点 $x$ 处的相对改变量。

在边际分析中，所讨论函数的改变量与函数的变化率是绝对改变量与绝对变化率。在实践中，仅研究函数的绝对改变量与绝对变化率是不够的。例如：冰箱和大米的单价分别为5000元和50元，它们各涨价50元，尽管绝对改变量一样，但它们对经济和社会的影响却有巨大差异。前者价格增加50元我们也许感受不到，但后者增加50元却对经济有巨大冲击。原因在于两者涨价的百分比有巨大差别，冰箱上涨了1%，而大米却涨了100%。因此，有必要研究函数的相对改变量和相对变化率。

**定义 3.2** 设函数 $y=f(x)$ 可导，函数的相对改变量 $\dfrac{\Delta y}{y}=\dfrac{f(x+\Delta x)-f(x)}{f(x)}$ 与自变量的相对改变量 $\dfrac{\Delta x}{x}$ 之比 $\dfrac{x\Delta y}{y\Delta x}$ 称为函数 $y=f(x)$ 从 $x$ 到 $x+\Delta x$ 的相对变化率，称极限

$$\lim_{\Delta x \to 0}\dfrac{x\Delta y}{y\Delta x}=\dfrac{xf'(x)}{f(x)}$$

为 $f(x)$ 在点 $x$ 处的相对变化率（或相对导数），通常称为 $f(x)$ 在点 $x$ 处的弹性，记为 $\dfrac{Ey}{Ex}$，即

$$\dfrac{Ey}{Ex}=\lim_{\Delta x \to 0}\dfrac{\Delta y/y}{\Delta x/x}=\dfrac{xf'(x)}{f(x)}.$$

若取 $\dfrac{\Delta x}{x}=1\%$，则由 $\dfrac{\Delta y/y}{\Delta x/x}\approx\dfrac{Ey}{Ex}$，知 $\dfrac{\Delta y}{y}\approx\dfrac{Ey}{Ex}\cdot\dfrac{\Delta x}{x}=\dfrac{Ey}{Ex}\%$，所以函数 $y=f(x)$ 在点 $x$ 处的弹性可解释为当自变量的相对改变量 $\dfrac{\Delta x}{x}$ 为1%时，函数的相对改变量 $\dfrac{\Delta y}{y}$ 为 $\dfrac{Ey}{Ex}\%$。

**注 3.1** 对任意的 $x$，通常称 $\dfrac{xf'(x)}{f(x)}$ 为 $f(x)$ 的弹性函数。

**例 3.10** 求幂函数 $y=x^{\alpha}$（$\alpha$ 为常数）的弹性函数。

**解** 因为 $y'=\alpha x^{\alpha-1}$，所以

$$\frac{Ey}{Ex} = \frac{xy'}{y} = \alpha.$$

这说明幂函数的弹性函数为常数,即任意点的弹性相同,称为不变弹性函数。

在定义 3.2 中,若函数为需求函数 $q = q(p)$,其中 $p$ 为价格,则此时的弹性为需求对价格的弹性。

**定义 3.3** 设某商品的需求函数 $q = q(p)$ ($p$ 为价格) 可导,称极限

$$\lim_{\Delta p \to 0} -\frac{\Delta q/q}{\Delta p/p} = -\frac{pq'(p)}{q(p)}$$

为该商品在点 $p$ 处的需求弹性,记作

$$\eta = \eta(p) = -\frac{pq'(p)}{q(p)}.$$

**注 3.2** 由于 $q = q(p)$ 为单调递减函数,$\Delta p$ 与 $\Delta q$ 异号,$p$ 与 $q$ 为正数,故 $\frac{\Delta q/q}{\Delta p/p}$ 与 $\frac{pq'(p)}{q(p)}$ 均为非正数。为了用正数表示需求弹性,在定义 3.3 中加了负号。需求弹性表示价格为 $p$ 时,价格上涨 1%,需求将减少 $\eta$%。

需求弹性主要用于衡量需求函数对价格变化的敏感程度。若某商品的需求弹性 $\eta > 1$,则该商品的需求量对价格富有弹性,即价格变化将引起需求量的较大变化。若 $\eta = 1$,则称该商品在价格水平 $p$ 下具有单位弹性,其价格上涨的百分数与需求下降的百分数相同。若 $\eta < 1$,则称该商品的需求量对价格缺乏弹性,价格变化只能引起需求量的微小变化。

**例 3.11** 已知某商品的需求函数为 $q = 200 - 2p^2$,求:

(1) 需求弹性 $\eta(p)$;

(2) $\eta(4)$ 和 $\eta(8)$,并说明其经济学意义。

**解** (1) $\eta(p) = -\frac{pq'(p)}{q(p)} = -\frac{p(-4p)}{200 - 2p^2} = \frac{2p^2}{100 - p^2}$。

(2) $\eta(4) = \frac{2p^2}{100 - p^2}\Big|_{p=4} = \frac{8}{21}$,它表示当 $p = 4$ 时,价格上涨 1%,需求量将减少 $\frac{8}{21}$%;

$\eta(8) = \frac{2p^2}{100 - p^2}\Big|_{p=8} = \frac{32}{9}$,它表示当 $p = 8$ 时,价格上涨 1%,需求量将减少 $\frac{32}{9}$%。

# 习 题 3

3.1 设某工厂生产 $x$ 件产品的成本为

$$C(x) = 2000 + 100x - 0.1x^2 \text{ (元)},$$

函数 $C(x)$ 称为成本函数,成本函数 $C(x)$ 的导数 $C'(x)$ 在经济学中称为边际成本,试求:

(1) 当生产 100 件产品时的边际成本;

(2) 生产第 101 件产品的成本,并与 (1) 中求得的边际成本做比较,说明边际成

本的实际意义。

3.2 已知 $f(x)=\begin{cases}\sin x, & x<0,\\ x, & x\geq 0,\end{cases}$ 求 $f'(x)$。

3.3 求下列函数的导数：

(1) $y=\dfrac{\arcsin x}{\arccos x}$；
(2) $y=\dfrac{\sqrt{1+x}-\sqrt{1-x}}{\sqrt{1+x}+\sqrt{1-x}}$；

(3) $y=x\arcsin\dfrac{x}{2}+\sqrt{4-x^2}$；
(4) $y=\ln\operatorname{ch}x+\dfrac{1}{2\operatorname{ch}^2 x}$。

3.4 求下列函数所指定的阶的导数：

(1) $y=x^2\mathrm{e}^{2x}$，求 $y^{(20)}$；(2) $y=x^2\sin 2x$，求 $y^{(10)}$。

3.5 求由方程 $x-y+\dfrac{1}{2}\sin y=0$ 所确定的隐函数的二阶导数 $\dfrac{\mathrm{d}^2 y}{\mathrm{d}x^2}$。

3.6 当正在高度 $H$ 飞行的飞机开始向机场跑道下降时，如图 3.3 所示，从飞机到机场的水平地面距离为 $L$。假设飞机下降的路径为三次函数 $y=ax^3+bx^2+cx+d$ 的图形，其中 $y|_{x=-L}=H$，$y|_{x=0}=0$。试确定飞机的降落路径。

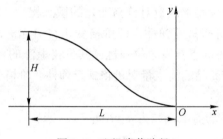

图 3.3 飞机降落路径

3.7 某商品的需求函数 $q=200-2p$，$p$ 为产品价格（单位：元/吨），$q$ 为产品产量（单位：吨），总成本函数 $y(q)=500+20q$，试求产量 $q$ 为 50 吨、80 吨和 100 吨时的边际利润，并说明其经济意义。

# 第4章 微分中值定理与导数的应用

本章中,我们将应用导数来研究函数以及曲线的某些性态,并利用这些知识解决一些实际问题。

## 4.1 微分中值定理和洛必达法则

### 4.1.1 微分中值定理

数学原理我们就不赘述了,这里只介绍使用 MATLAB 求解的例子。

**例 4.1** 函数 $f(x)=(x-1)(x-2)(x-3)(x-4)$,说明方程 $f'(x)=0$ 有几个实根,指出它们所在的区间,最后求这些根的符号解和数值解。

**解** 函数 $f(x)$ 分别在 $[1,2]$,$[2,3]$,$[3,4]$ 上连续,分别在 $(1,2)$,$(2,3)$,$(3,4)$ 内可导,且 $f(1)=f(2)=f(3)=f(4)=0$。由罗尔定理知至少存在 $\xi_1 \in (1,2)$,$\xi_2 \in (2,3)$,$\xi_3 \in (3,4)$,使

$$f'(\xi_1)=f'(\xi_2)=f'(\xi_3)=0,$$

即方程 $f'(x)=0$ 至少有三个实根,又方程 $f'(x)=0$ 为三次方程,故它至多有三个实根,因此方程 $f'(x)=0$ 有且仅有三个实根,它们分别位于区间 $(1,2)$,$(2,3)$,$(3,4)$ 内。

求得这 3 个根的符号解分别为 $\dfrac{5}{2}$,$\dfrac{5}{2}-\dfrac{\sqrt{5}}{2}$,$\dfrac{5}{2}+\dfrac{\sqrt{5}}{2}$,数值解分别为 2.5,1.3820,3.6180。

```
%程序文件 gex4_1.mlx
clc, clear, syms x
f(x) = prod(x-[1:4])
df = diff(f)              %求 f(x)的 1 阶导数
df = simplify(df)
s1 = solve(df)            %求符号解
p = sym2poly(df)          %提出系数行向量
s2 = roots(p)             %求多项式零点的数值解
```

**例 4.2** 设 $f(x)$,$g(x)$ 在 $[a,b]$ 上连续,在 $(a,b)$ 内可导,证明在 $(a,b)$ 内有一点 $\xi$,使

$$\begin{vmatrix} f(a) & f(b) \\ g(a) & g(b) \end{vmatrix} = (b-a) \begin{vmatrix} f(a) & f'(\xi) \\ g(a) & g'(\xi) \end{vmatrix}.$$

**证明** 取函数 $F(x)=\begin{vmatrix} f(a) & f(x) \\ g(a) & g(x) \end{vmatrix}=f(a)g(x)-g(a)f(x)$，由 $f(x)$，$g(x)$ 在 $[a,b]$ 上连续，在 $(a,b)$ 内可导知 $F(x)$ 在 $[a,b]$ 上连续，在 $(a,b)$ 内可导，由拉格朗日中值定理知，至少存在一点 $\xi\in(a,b)$，使 $F(b)-F(a)=F'(\xi)(b-a)$，其中

$$F(b)=\begin{vmatrix} f(a) & f(b) \\ g(a) & g(b) \end{vmatrix},\ F(a)=\begin{vmatrix} f(a) & f(a) \\ g(a) & g(a) \end{vmatrix}=0,$$

$$F'(x)=f(a)g'(x)-g(a)f'(x)=\begin{vmatrix} f(a) & f'(x) \\ g(a) & g'(x) \end{vmatrix},$$

故

$$\begin{vmatrix} f(a) & f(b) \\ g(a) & g(b) \end{vmatrix}=(b-a)\begin{vmatrix} f(a) & f'(\xi) \\ g(a) & g'(\xi) \end{vmatrix}.$$

验证的 MATLAB 程序如下：

```
%程序文件 gex4_2.mlx
clc, clear, syms f(x) g(x) a b
A=[f(a),f(x);g(a),g(x)]              %构造矩阵
F(x)=det(A)                          %计算矩阵 A 的行列式
Fb=F(b), Fa=F(a), dF=diff(F)
B=[f(a),diff(f);g(a),diff(g)]
flag=isAlways(dF==det(B))            %验证|B|=dF
```

### 4.1.2 洛必达法则

**例 4.3** 求 $\lim\limits_{x\to+\infty}\dfrac{x^n}{e^{\lambda x}}$ （$\lambda>0$，$n$ 为正整数）。

**解** $\lim\limits_{x\to+\infty}\dfrac{x^n}{e^{\lambda x}}=0.$

```
%程序文件 gex4_3.mlx
clc, clear, syms n postive integer
syms lambda positive, syms x
s=limit(x^n/exp(lambda*x),x,inf)
assumptions       %查看变量的取值范围设置
```

**例 4.4** 讨论函数

$$f(x)=\begin{cases} \left[\dfrac{(1+x)^{1/x}}{e}\right]^{1/x}, & x>0, \\ e^{-1/2}, & x\leq 0. \end{cases}$$

在点 $x=0$ 处的连续性。

**解** $\lim\limits_{x\to 0^+}f(x)=\lim\limits_{x\to 0^+}\left[\dfrac{(1+x)^{1/x}}{e}\right]^{1/x}=e^{\lim\limits_{x\to 0^+}\frac{1}{x}\ln\frac{(1+x)^{1/x}}{e}},$

而

$$\lim_{x\to 0^+}\frac{1}{x}\ln\frac{(1+x)^{1/x}}{e}=\lim_{x\to 0^+}\frac{1}{x}\left[\frac{1}{x}\ln(1+x)-1\right]=\lim_{x\to 0^+}\frac{\ln(1+x)-x}{x^2}$$

$$=\lim_{x\to 0^+}\frac{\frac{1}{1+x}-1}{2x}=\lim_{x\to 0^+}-\frac{1}{2(1+x)}=-\frac{1}{2},$$

故

$$\lim_{x\to 0^+}f(x)=e^{-1/2},$$

又

$$\lim_{x\to 0^-}f(x)=\lim_{x\to 0^-}e^{-1/2}=e^{-1/2},\quad f(0)=e^{-1/2}.$$

因为 $\lim_{x\to 0^+}f(x)=\lim_{x\to 0^-}f(x)=f(0)$,故函数 $f(x)$ 在 $x=0$ 处连续。

```
%程序文件 gex4_4.mlx
clc, clear, syms x
f(x)=piecewise(x>0,((1+x)^(1/x)/exp(sym(1)))^(1/x),exp(sym(-1/2)))
s0=f(0)                    %求函数的值
Lp=limit(f,x,0,"left")     %求左极限
Lm=limit(f,x,0,"right")    %求右极限
```

## 4.2 泰 勒 公 式

MATLAB 函数中的 taylor 命令用于求符号表达式或函数的泰勒展开式,函数的调用格式为:

taylor(f)     %求 f 关于第一个符号变量在 0 点处的 6 阶泰勒展开式

taylor(f,v,'ExpansionPoint',v0,'Order',n)   %求 f 关于符号变量 v 在 v0 点的 n 阶泰勒展开式

**例 4.5** 分别计算 $f(x)=\dfrac{1}{\sqrt{1+x}}$ 在 $x=0$ 处的 5 阶泰勒展开式,和 $x=2$ 处的 4 阶泰勒展开式。

**解** $f(x)=\dfrac{1}{\sqrt{1+x}}$ 在 $x=0$ 处的 5 阶泰勒展开式为

$$f(x)=1-\frac{x}{2}+\frac{3x^2}{8}-\frac{5x^3}{16}+\frac{35x^4}{128}-\frac{63x^5}{256}+o(x^6),$$

$f(x)=\dfrac{1}{\sqrt{1+x}}$ 在 $x=2$ 处的 4 阶泰勒展开式为

$$f(x)=\frac{\sqrt{3}}{3}-\frac{\sqrt{3}}{18}(x-2)+\frac{\sqrt{3}}{72}(x-2)^2-\frac{5\sqrt{3}}{1296}(x-2)^3+\frac{35\sqrt{3}}{31104}(x-2)^4+o((x-2)^5).$$

```
%程序文件 gex4_5.mlx
clc, clear, syms x
f(x)=1/sqrt(1+x)
```

sympref("PolynomialDisplayStyle","ascend"); %设置升序显示格式
f1 = taylor(f)
f2 = taylor(f,x,'ExpansionPoint', 2, 'Order', 5)

**例 4.6**  画出函数 $f(x)=\ln(1+x)$ ($x\geqslant 0$) 及它的 $5,6,\cdots,10$ 阶泰勒展开式的图形。所画的图形如图 4.1 所示。

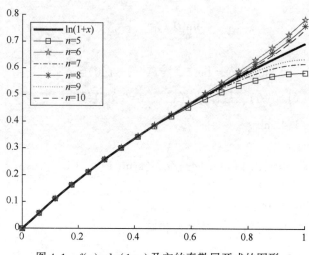

图 4.1  $f(x)=\ln(1+x)$ 及它的泰勒展开式的图形

```
%程序文件 gex4_6.mlx
clc, clear, syms x
f(x) = log(1+x), hold on
fplot(f,[0,1],"LineWidth",2),
s = ["ln$(1+x)$"]   %图例字符串数组初始化
str = ["s-","p-","-.","*-",":","--"];
for n = 6:11
    g = taylor(f,x,'ExpansionPoint',0,"Order",n)
    fplot(g,[0,1],str(n-5))
    s = [s,strcat("$n=",int2str(n-1),"$")];
end
legend(s,"Interpreter","latex","Location","northwest")
```

## 4.3  函数的单调性与曲线的凹凸性

### 4.3.1  函数单调性的判定法

**例 4.7**  确定函数 $f(x)=2x^3-9x^2+12x-3$ 的单调区间。

**解**  这函数的定义域为 $(-\infty,+\infty)$。求得这函数的导数

$$f'(x)=6x^2-18x+12=6(x-1)(x-2).$$

解方程 $f'(x)=0$,得出它在函数定义域 $(-\infty,+\infty)$ 内的两个根,$x_1=1$,$x_2=2$。这两个根把 $(-\infty,+\infty)$ 分成三个部分区间 $(-\infty,1]$、$[1,2]$、$[2,+\infty)$。

在区间 $(-\infty,1]$ 上,$f'(x)>0$,因此函数 $f(x)$ 在 $(-\infty,1]$ 内单调增加。在区间 $(1,2)$ 内,$f'(x)<0$,因此函数 $f(x)$ 在 $[1,2]$ 上单调减少。在区间 $[2,+\infty)$ 内,$f'(x)>0$,因此函数 $f(x)$ 在 $[2,+\infty)$ 上单调增加。

```
%程序文件 gex4_7.mlx
clc, clear, syms x
f(x) = 2*x^3-9*x^2+12*x-3, df=diff(f)
s = solve(df)              %求驻点
assume(-inf<x<s(1)), flag1=isAlways(df>0)
assume(s(1)<x<s(2)), flag2=isAlways(df<0)
assume(x>s(2)),      flag3=isAlways(df>0)
```

### 4.3.2 曲线的凹凸性与拐点

**例 4.8** 求曲线 $y=3x^4-4x^3+1$ 的拐点及凹、凸的区间。

**解** 函数 $y=3x^4-4x^3+1$ 的定义域为 $(-\infty,+\infty)$。
$$y'=12x^3-12x^2,$$
$$y''=36x^2-24x=36x\left(x-\frac{2}{3}\right).$$

解方程 $y''=0$,得 $x_1=0$,$x_2=\frac{2}{3}$。

$x_1=0$ 和 $x_2=\frac{2}{3}$ 把函数的定义域 $(-\infty,+\infty)$ 分成三个部分区间:$(-\infty,0]$、$\left[0,\frac{2}{3}\right]$、$\left[\frac{2}{3},+\infty\right)$。

在 $(-\infty,0]$ 上,$y''>0$,因此在区间 $(-\infty,0]$ 上,曲线是凹的。在区间 $\left(0,\frac{2}{3}\right)$ 内,$y''<0$,因此在区间 $\left[0,\frac{2}{3}\right]$ 上,曲线是凸的。在 $\left(\frac{2}{3},+\infty\right)$ 内,$y''>0$,因此在区间 $\left[\frac{2}{3},+\infty\right)$ 上,曲线是凹的。

当 $x=0$ 时,$y=1$,点 $(0,1)$ 是曲线的一个拐点。当 $x=\frac{2}{3}$ 时,$y=\frac{11}{27}$,点 $\left(\frac{2}{3},\frac{11}{27}\right)$ 也是曲线的拐点。

```
%程序文件 gex4_8.mlx
clc, clear, syms x
f(x) = 3*x^4-4*x^3+1, df=diff(f,2)
s = solve(df)              %求二阶导数的零点
assume(-inf<x<s(1)), flag1=isAlways(df>0)
```

```
assume(s(1)<x<s(2)),    flag2=isAlways(df<0)
assume(x>s(2)),         flag3=isAlways(df>0)
sy=f(s)                 %计算 x=s 时的函数值
```

## 4.4 函数的极值与最大值最小值

### 4.4.1 函数的极值

**例 4.9** 求函数 $y=\dfrac{x}{1+x^2}$ 的极值。

**解** 计算得，$y'=\dfrac{1-x^2}{(1+x^2)^2}$，令 $y'=0$，求得驻点 $x_1=-1$，$x_2=1$。

计算得 $y''=\dfrac{2x(x^2-3)}{(1+x^2)^3}$，$y''(-1)=\dfrac{1}{2}$，所以 $x_1=-1$ 为极小点，对应的函数值 $y_1=-\dfrac{1}{2}$。又有 $y''(1)=-\dfrac{1}{2}$，所以 $x_2=1$ 为极大点，对应的函数值为 $y_2=\dfrac{1}{2}$。

函数的图形如图 4.2 所示。

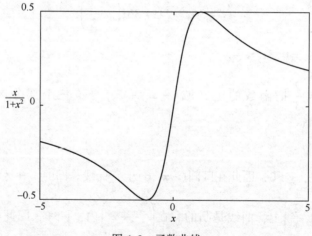

图 4.2 函数曲线

```
%程序文件 gex4_9.mlx
clc, clear, syms x
f(x)=x/(1+x^2), df=diff(f), df=simplify(df)
s=solve(df)         %求驻点
d2f=diff(f,2), d2f=simplify(d2f)
d2f0=d2f(s)         %求驻点处的二阶导数值
f0=f(s)             %求驻点处的函数值
```

fplot(f), xlabel("$x$","Interpreter","latex")
ylabel("$\frac{x}{1+x^2}$","Interpreter","latex","Rotation",0)

### 4.4.2 最大值和最小值

**例4.10** 要生产一个容积为 $v$ 的圆柱形无盖茶杯，为了使所用的材料最省，问茶杯的底半径与高应怎样取值。

**解** 设底半径为 $x$，则高 $h=\dfrac{v}{\pi x^2}$，从而茶杯的表面积

$$s=s(x)=\pi x^2+2\pi x\dfrac{v}{\pi x^2}=\pi x^2+\dfrac{2v}{x}, \quad 0<x<+\infty.$$

计算得 $s'(x)=2\pi x-\dfrac{2V}{x^2}$，令 $s'(x)=0$，求得驻点 $x=\sqrt[3]{\dfrac{v}{\pi}}$。

计算得 $s''(x)=2\pi+\dfrac{4v}{x^3}$，$s''\left(\sqrt[3]{\dfrac{v}{\pi}}\right)=6\pi>0$，所以 $x=\sqrt[3]{\dfrac{v}{\pi}}$ 为极小点，由实际问题的意义，$x=\sqrt[3]{\dfrac{v}{\pi}}$ 也为最小点，此时 $h=x=\sqrt[3]{\dfrac{v}{\pi}}$，对应的最小表面积为 $s=3\pi^{1/3}v^{2/3}$。

```
% 程序文件 gex4_10.mlx
clc, clear, syms x v
h(x)=v/pi/x^2, s(x)=pi*x^2+2*v/x
ds=diff(s), sx=solve(ds), x0=sx(2)
d2s=diff(s,2), d2s0=d2s(x0)
h0=h(x0), h0=simplify(h0)
s0=s(x0), s0=simplify(s0)
```

**例4.11** 一束光线由空气中点 $A$ 经过水面折射后到达水中点 $B$（图4.3）。已知光在空气中和水中传播的速度分别是 $v_1$ 和 $v_2$，光线在介质中总是沿着耗时最少的路径传播。试确定光线传播的路径。

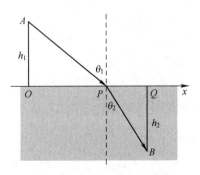

图4.3 光线传播路径示意图

**解** 设点 $A$ 到水面的垂直距离为 $AO=h_1$，点 $B$ 到水面的垂直距离为 $BQ=h_2$，$x$ 轴沿水平面过点 $O$ 和 $Q$，$OQ$ 的长度为 $L$。

由于光线总是沿着耗时最少的路径传播，因此光线在同一均匀介质中必沿直线传播。设光线的传播路径与 $x$ 轴的交点为 $P$，$OP=x$，则光线从 $A$ 到 $B$ 的传播路径必为折线 $APB$，其所需要的传播时间为

$$T(x)=\frac{\sqrt{h_1^2+x^2}}{v_1}+\frac{\sqrt{h_2^2+(L-x)^2}}{v_2}, x\in[0,L].$$

下面确定 $x$ 满足什么条件时，$T(x)$ 在 $[0,L]$ 上取得最小值。由于

$$T'(x)=\frac{1}{v_1}\cdot\frac{x}{\sqrt{h_1^2+x^2}}-\frac{1}{v_2}\cdot\frac{L-x}{\sqrt{h_2^2+(L-x)^2}}, \quad x\in[0,L],$$

$$T''(x)=\frac{1}{v_1}\cdot\frac{h_1^2}{(h_1^2+x^2)^{3/2}}+\frac{1}{v_2}\cdot\frac{h_2^2}{[h_2^2+(L-x)^2]^{3/2}}>0, \quad x\in[0,L],$$

$$T'(0)<0, \quad T'(L)>0,$$

又 $T'(x)$ 在 $[0,L]$ 上连续，故 $T'(x)$ 在 $(0,L)$ 内存在唯一零点 $x_0$，且 $x_0$ 是 $T(x)$ 在 $(0,L)$ 内的唯一极小值点，从而也是 $T(x)$ 在 $[0,L]$ 上的最小值点。

设 $x_0$ 满足 $T'(x)=0$，即

$$\frac{1}{v_1}\cdot\frac{x_0}{\sqrt{h_1^2+x_0^2}}=\frac{1}{v_2}\cdot\frac{L-x_0}{\sqrt{h_2^2+(L-x_0)^2}}.$$

记

$$\frac{x_0}{\sqrt{h_1^2+x_0^2}}=\sin\theta_1, \quad \frac{L-x_0}{\sqrt{h_2^2+(L-x_0)^2}}=\sin\theta_2,$$

就得到

$$\frac{\sin\theta_1}{v_1}=\frac{\sin\theta_2}{v_2}.$$

这就是说，当点 $P$ 满足以上条件时，$APB$ 就是光线的传播路径。上式就是光学中著名的折射定律，其中 $\theta_1,\theta_2$ 分别是光线的入射角和折射角（图4.3）。

```
%程序文件 gex4_11.mlx
clc, clear, syms h1 h2 x v1 v2 L positive
T(x)=sqrt(h1^2+x^2)/v1+sqrt(h2^2+(L-x)^2)/v2
df=diff(T), %求 T 关于 x 的一阶导数
df=simplify(df)
d2f=diff(T,2), d2f=simplify(d2f)
d2f=expand(d2f)
df0=df(0), dfL=df(L)
```

### 4.4.3　MATLAB 求一元函数极小值数值解

当一元函数较复杂时，无法求驻点的解析解，求函数的极小值和极大值时，只能使用 MATLAB 的数值求解函数 fminbnd。该函数只能求函数的极小值，其调用格式为

[x,fval] = fminbnd(fun,x1,x2)    %求 fun 定义的函数在开区间(x1,x2)上的极小点 x 及对应的极小值 fval

**例 4.12**  求函数 $f(x) = x^4 \sin^2 x - 8x^2 \cos x - 10x \cos^2 x + 2$ 在区间 $(-3,3)$ 内的极小点和极大点。

**解**  这里函数 $f(x)$ 比较复杂，无法求驻点的解析解。求函数 $f(x)$ 的极小点只能使用数值求解函数 fminbnd。

使用 MATLAB 软件求得 $(-3,3)$ 内的极小点为 $x_1 = 0.8165$，对应的极小值为 $f(x_1) = -5.2448$。

极大点为 $x_2 = -2.9999$，对应的极大值为 $f(x_2) = 104.2919$。函数的图形如图 4.4 所示。

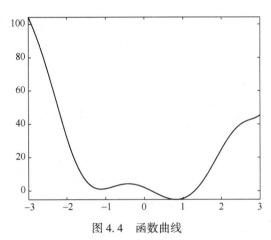

图 4.4  函数曲线

```
%程序文件 gex4_12.m
fx = @(x)x.^4.*sin(x).^2-8*x.^2.*cos(x)-10*x.*cos(x).^2+2;
fplot(fx,[-3,3])
[x1,f1] = fminbnd(fx,-3,3)              %求局部极小点
[x2,f2] = fminbnd(@(x)-fx(x),-3,3)      %求局部极大点

syms x
f(x) = x^4*sin(x)^2-8*x^2*cos(x)-10*x*cos(x)^2+2
figure, fplot(f,[-3,3])
df = diff(f), sx = vpasolve(df)         %只能求得一个驻点
```

**例 4.13**  求函数 $y = x^4 - 8x^2 + 2$ 在开区间 $(-1,3)$ 上的极小点和极大点。

**解**  函数的图形如图 4.5 所示。求得的极小点为 $x_1 = 2$，对应的极小值 $y_1 = -14$；求得的极大点为 $x_2 = 0$，对应的极大值 $y_2 = 2$。

```
%程序文件 gex4_13.m
clc, clear
fx = @(x)x.^4-8*x.^2+2;                 %定义匿名函数
fplot(fx,[-1,3])                        %画函数曲线
```

```
[x1,f1]=fminbnd(fx,-1,3)              %求局部极小点和极小值
[x2,f2]=fminbnd(@(x)-fx(x),-1,3)      %求相反数函数的极小点和极小值
```

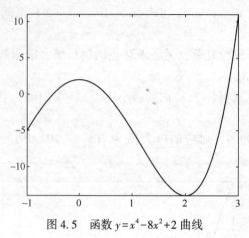

图 4.5　函数 $y=x^4-8x^2+2$ 曲线

## 4.5　飞行员对座椅的压力问题

**例 4.14**　飞机在做表演或向地面某目标实施攻击时，往往会做俯冲拉起的飞行，这时飞行员处于超重状态，即飞行员对座椅的压力大于他所受的重力，这种现象称为过荷。过荷会给飞行员的身体造成一定的损伤，如大脑贫血、四肢沉重等。过荷过大时，会使飞行员暂时失明甚至昏厥。通常飞行员可以通过强化训练来提升自己的抗荷能力，受过专门训练的空军飞行员最多可以承受 9 倍于自己重力的压力。

如何计算飞行员对座椅的反作用力呢？

**1. 问题分析**

设飞机沿抛物线路径做俯冲飞行，问题转化为求飞机俯冲至最低点处时，座椅对飞行员的压力。飞行员对座椅的压力等于飞行员的离心力与飞行员本身的重力之和。

**2. 模型建立**

设飞机沿抛物线路径 $y=\dfrac{x^2}{10000}$ 做俯冲飞行，在坐标原点 $O$ 处飞机的速度为 $v=200\text{m/s}$，飞行员体重 $m=70\text{kg}$，飞行员对座椅的压力等于飞行员的离心力与飞行员的重力之和。

**3. 模型求解**

先求离心力，再求飞行员本身的重力，相加即可。因为

$$y'=\frac{2x}{10000}=\frac{x}{5000},\quad y''=\frac{1}{5000},$$

抛物线在坐标原点的曲率半径为

$$\rho=\frac{1}{K}\bigg|_{x=0}=\frac{(1+y'^2)^{3/2}}{|y''|}\bigg|_{x=0}=5000,$$

故离心力为

$$F_1 = \frac{mv^2}{\rho} = \frac{70 \times 200^2}{5000} = 560 \text{ (N)},$$

座椅对飞行员的反作用力

$$F = F_1 + mg = 560 + 70 \times 9.8 = 1246 \text{ (N)}.$$

```
%程序文件 gex4_14.m
clc, clear, syms x
m=70; v=200; g=9.8;
y(x)=x^2/10000, dy=diff(y), d2y=diff(y,2)
rho=(1+dy^2)^(3/2)/d2y
s=rho(0)       %求曲率半径
F1=m*v^2/s, F=F1+m*g
```

**4. 结果分析**

这个力接近飞行员体重的 2 倍，还是比较大的。从结果中可以看出，若俯冲飞行的抛物线平缓些，飞行员受到的过荷会小一些，若飞机的速度小一些，飞行员受到的过荷也会小一些。

**5. 拓展应用**

曲率、曲率半径的计算在铁路修建、桥梁建筑等问题中都有应用。

**例 4.15** 一辆军车连同载重共 10t，在抛物线拱桥上行驶，速度为 26km/h，桥的跨度为 10m，拱高为 0.25m，求汽车越过桥顶时对桥的压力。

建立如图 4.6 所示的直角坐标系。

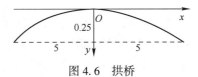

图 4.6 拱桥

设抛物线拱桥方程为 $y = ax^2$，由于抛物线过点 $(5, 0.25)$，代入方程 $y = ax^2$，得 $a = 0.01$，$y = 0.01x^2$，则 $y' = 0.02x$，$y'' = 0.02$。

顶点的曲率半径 $\rho = \left. \frac{(1+y'^2)^{3/2}}{|y''|} \right|_{x=0} = 50$，军车越过桥顶时对桥的压力为

$$F = mg - \frac{mv^2}{\rho} = 87567.9012 \text{ (N)}.$$

```
%程序文件 gex4_15.m
clc, clear, syms x
a=0.25/5^2, m=10000; g=9.8
v=26*1000/3600, y(x)=a*x^2
dy=diff(y), d2y=diff(y,2)
rho=(1+dy^2)^(3/2)/abs(d2y)
s=rho(0)         %计算曲率半径
F=m*g-m*v^2/s
F=vpa(F,9)       %显示9位有效数字
```

## 4.6 方程的近似解

方程求解一直是数学中的核心问题之一。然而，即使是对于形如

$$\sum_{i=0}^{n} a_i x^i = 0$$

这样的代数方程，当 $n \geq 5$ 时也没有统一的求根公式。

在实际应用中，方程的数值解往往就可以满足工程及计算的需要了。本节介绍 3 种常用的求方程数值解的方法：二分法、牛顿迭代法、一般迭代法。

### 4.6.1 二分法求根

若 $f(x) \in C[a,b]$（$[a,b]$ 上的连续函数），且 $f(a)f(b)<0$，则由介值定理，存在 $c \in (a,b)$，使得 $f(c)=0$。这时，可以使用二分法对方程进行求根。二分法步骤如下：

(1) 令 $a_0=a$，$b_0=b$，$n=0$。
(2) 令 $c_n=(a_n+b_n)/2$。
(3) 若 $|f(c_n)|<\varepsilon$，则算法停止，输出 $c_n$。
(4) 若 $f(a_n)f(c_n)<0$，则 $a_{n+1} \leftarrow a_n$，$b_{n+1} \leftarrow c_n$；否则，$a_{n+1} \leftarrow c_n$，$b_{n+1} \leftarrow b_n$。
(5) $n \leftarrow n+1$，转至步骤（2）。

采用二分法对方程求根时，第 $n$ 次迭代对应的区间长度为 $(b-a)/2^n$，收敛速度是较快的。

**例 4.16** 求方程 $x^5+5x+1=0$ 在区间 $(-1,0)$ 内实根的近似值，使误差不超过 $10^{-4}$。

记 $f(x)=x^5+5x+1$，做出函数 $f(x)$ 的图形如图 4.7 所示，可知函数在区间 $(-1,0)$ 有一个零点。利用上述的算法，迭代 14 次，求得方程的近似根 $\xi=-0.1999$。

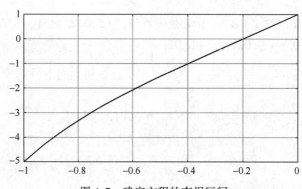

图 4.7 确定方程的有根区间

```
%程序文件 gex4_16.m
clc, clear, close all
y=@(x)x.^5+5*x+1;
fplot(y,[-1,0]), grid on    %画函数图形并加网格线
a=-1; b=0; ya=y(a); yb=y(b); d=0.0001;
```

```
n=0;                          %迭代次数的初始值
while abs(b-a)>=d
    x=(a+b)/2; yx=y(x);
    if yx==0
        break
    elseif ya*yx<0
        b=x; yb=yx;
    else
        a=x; ya=yx;
    end
    n=n+1;
end
x, yx, n                      %显示根的近似值,对应函数值及迭代次数
```

### 4.6.2 牛顿迭代法求根

若 $f(x) \in C^2[a,b]$ ($[a,b]$ 上的二阶连续可微函数),$f(a)f(b)<0$,且 $f'(x)$ 在 $[a,b]$ 上不变号,则方程 $f(x)=0$ 在 $(a,b)$ 内必然存在某个根 $x^*$。设 $x_0$ 是 $x^*$ 附近的点,则根据泰勒展开式有

$$0=f(x^*)=f(x_0)+f'(x_0)(x^*-x_0)+\frac{f''(\xi_0)}{2}(x^*-x_0)^2. \tag{4.1}$$

令 $x_1=x_0-\dfrac{f(x_0)}{f'(x_0)}$,那么

$$x^*-x_1=x^*-x_0+\frac{f(x_0)}{f'(x_0)} \xlongequal{(4.1)} \frac{-f(x_0)-\dfrac{f''(\xi_0)}{2}(x^*-x_0)^2}{f'(x_0)}+\frac{f(x_0)}{f'(x_0)}$$

$$=-\frac{f''(\xi_0)}{2f'(x_0)}(x^*-x_0)^2,$$

即

$$\frac{x^*-x_1}{(x^*-x_0)^2}=-\frac{f''(\xi_0)}{2f'(x_0)}.$$

同样,对每个 $i$,若令

$$x_{i+1}=x_i-\frac{f(x_i)}{f'(x_i)}, \tag{4.2}$$

则有

$$\frac{x^*-x_{i+1}}{(x^*-x_i)^2}=-\frac{f''(\xi_i)}{2f'(x_i)}.$$

若存在 $M=\max\limits_{x\in[a,b]}|f''(x)|\Big/\min\limits_{x\in[a,b]}|f'(x)|$,则

$$\frac{|x^*-x_{i+1}|}{|x^*-x_i|} \le \frac{M}{2}|x^*-x_i|,$$

这说明该序列能够以较快的速度收敛于 $x^*$。该方法称为牛顿迭代法。

**例 4.17** （续例 4.16）求方程 $x^5+5x+1=0$ 在区间 $(-1,0)$ 内实根的近似值，使误差不超过 $10^{-4}$。

**解** 迭代 4 次即求得实根的近似值为 $-0.1999$。

```
%程序文件 gex4_17.m
clc, clear
y=@(x)x.^5+5*x+1;  dy=@(x)5*x.^4+5;    %定义函数及导数的匿名函数
x0=-1; x1=x0-y(x0)/dy(x0); n=1;
while abs(x0-x1)>=0.0001
    x0=x1; x1=x0-y(x0)/dy(x0); n=n+1;
end
x1, yx1=y(x1), n                        %显示根的近似值,对应函数值及迭代次数
```

### 4.6.3 牛顿分形图案

下面利用牛顿迭代法产生分形图案。

分形（Fractal）这个术语是美籍法国数学家 Mandelbrot 于 1975 年创造的。Fractal 出自拉丁语 fractus（碎片，支离破碎）、英文 fractured（断裂）和 fractional（碎片，分数），说明分形是用来描述和处理粗糙、不规则对象的。Mandelbrot 是想用此词来描述自然界中传统欧几里得几何学所不能描述的一大类复杂无规则的几何对象，如蜿蜒曲折的海岸线、起伏不定的山脉、令人眼花缭乱的漫天繁星等。它们的共同特点是极不规则或极不光滑，但是却有一个重要的性质——自相似性，举例来说，海岸线的任意小部分都包含有与整体相似的细节。要定量地分析这样的图形，要借助分形维数这一概念。经典维数都是整数，而分形维数可以取分数。简单的来讲，具有分数维数的几何图形称为分形。

1975 年，Mandelbrot 出版了他的专著《分形对象：形、机遇与维数》，标志着分形理论的正式诞生。1982 年，随着他的名著 The Fractal Geometry of Nature 出版，分形这个概念被广泛传播，成为当时全球科学家们议论最为热烈、最感兴趣的热门话题之一。

分形具有以下几个特点：

（1）具有无限精细的结构。
（2）有某种自相似的形式，可能是近似的或是统计的。
（3）一般它的分形维数大于它的拓扑维数。
（4）可以由非常简单的方法定义，并由递归、迭代等产生。

取一个较简单的复变函数 $f(z)=z^n-1$，则 $f(z)$ 的一阶导数 $f'(z)=nz^{n-1}$，代入牛顿迭代公式得

$$z_{k+1}=z_k-\frac{f(z_k)}{f'(z_k)}=z_k-\frac{z_k^n-1}{nz_k^{n-1}}, k=0,1,2,\cdots \qquad (4.3)$$

**牛顿分形的生成算法**

在复平面上取定一个窗口,将此窗口均匀离散化为有限个点,将这些点记为初始点 $z_0$,按式(4.3)进行迭代。其中,大多数的点都会很快收敛到方程 $f(z)=z^n-1$ 的某一个零点,但也有一些点经过很多次迭代也不收敛。为此,可以设定一个正整数 $M$ 和一个很小的数 $\delta$,当迭代次数小于 $M$ 时,就有两次迭代的两个点间距离小于 $\delta$,即

$$|z_{k+1}-z_k|<\delta, \tag{4.4}$$

则认为 $z_0$ 是收敛的,即点 $z_0$ 被吸引到方程 $f(z)=z^n-1=0$ 的某一个根上;反之,当迭代次数达到了 $M$,而 $|z_{k+1}-z_k|>\delta$ 时,则认为点 $z_0$ 是发散(逃逸)的。这是时间逃逸算法的基本思想。

点 $z_0$ 越靠近方程 $f(z)=z^n-1=0$ 的根,迭代次数越少;离得越远,迭代次数越多,甚至不收敛。

由此设计出函数 $f(z)=z^n-1$ 的牛顿分形生成算法步骤如下:

(1)设定复平面窗口范围,实部范围为 $[a_1,a_2]$,虚部范围为 $[b_1,b_2]$,并设定最大迭代步数 $M$ 和判断距离 $\delta$。

(2)将复平面窗口均匀离散化为有限个点,取定第一个点,将其记为 $z_0$,然后按式(4.3)进行迭代。

每进行一次迭代,按式(4.4)判断迭代前后的距离是否小于 $\delta$,如果小于 $\delta$,根据当前迭代的次数 $M$ 选择一种颜色在复平面上绘出点 $z_0$;如果达到了最大迭代次数 $M$ 而迭代前后的距离仍然大于 $\delta$,则认为 $z_0$ 是发散的,也选择一种颜色在复平面上绘出点 $z_0$。

(3)在复平面窗口上取定第二个点,将其记为 $z_0$,按第(2)步的方法进行迭代和绘制。直到复平面上所有点迭代完毕。

**例 4.18** 按上面的算法绘制牛顿分形图案。

```
%程序文件 gex4_18.m
clc, clear, close all, c=30;                    %设置颜色数
subplot(221), new(3,c), title('$f(z)=z^3-1$','Interpreter','Latex')
subplot(222), new(4,c), title('$f(z)=z^4-1$','Interpreter','Latex')
subplot(223), new(5,c), title('$f(z)=z^5-1$','Interpreter','Latex')
subplot(224), new(10,c), title('$f(z)=z^{10}-1$','Interpreter','Latex')

function new(n,c)                               %n 为多项式的次数,c 为颜色数
if nargin==0; n=5; c=30; end
fz=@(z)z-(z.^n-1)/(n*z.^(n-1));                 %定义牛顿迭代函数
x=-1.5:0.01:1.5;
[x,y]=meshgrid(x); z=x+i*y;
for j=1:length(x);
    for k=1:length(y);
        n=0; zn1=z(j,k); zn2=fz(zn1);           %第一次牛顿迭代
        while (abs(zn1-zn2)>0.01 & n<c-1)       %n<c-1 限制颜色的种数
```

```
            zn1 = zn2; zn2 = fz(zn1); n = n+1;    %继续进行牛顿迭代
         end
         f(j,k) = n;                              %使用 c 种颜色
      end
   end
   pcolor(x,y,f); shading flat; axis square; colorbar
   xlabel('Re$z$','Interpreter','Latex');
   ylabel('Im$z$','Interpreter','Latex');
end
```

分形图案与颜色的种数选择有很大的关系，使用 30 种颜色的牛顿分形图案见图 4.8。

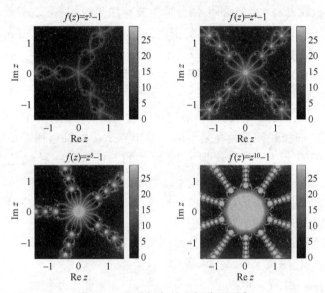

图 4.8　30 种颜色的牛顿分形图案

### 4.6.4　一般迭代法求根

迭代法是一种逐次逼近法，这种方法使用迭代公式反复校正根的近似值，使之逐步精确化，直至满足精度要求的结果。

迭代法的求根过程分成两步，第一步先提供根的某个猜测值，即所谓迭代初值，然后将迭代初值逐步迭代直到求得满足精度要求的根。

迭代法的设计思想是把方程 $f(x)=0$ 作等价变换，得到 $x=\varphi(x)$。把根的某个猜测值 $x_0$ 代入迭代函数 $x=\varphi(x)$，得
$$x_1 = \varphi(x_0), \quad x_2 = \varphi(x_1), \quad x_3 = \varphi(x_2), \cdots,$$

一般地，$x_{k+1} = \varphi(x_k)$，得到序列 $\{x_k\}$，若 $\{x_k\}$ 收敛就必收敛到 $f(x)=0$ 的根。

如何选取 $\varphi(x)$ 才能保证迭代收敛，有如下结论。

(压缩映像原理) 如果 $\varphi(x)$ 满足下列条件：

(1) 当 $x \in [a,b]$，$\varphi(x) \in [a,b]$；
(2) 对任意 $x \in [a,b]$，存在 $0 < L < 1$，使
$$|\varphi'(x)| \leq L < 1,$$
则方程 $x = \varphi(x)$ 在 $[a,b]$ 上有唯一的根 $x^*$，且对任意初值 $x_0 \in [a,b]$ 时，迭代序列 $x_{k+1} = \varphi(x_k)(k=0,1,2,\cdots)$ 收敛于 $x^*$，且有下列误差估计
$$|x^* - x_k| = \frac{1}{1-L}|x_{k+1} - x_k|,$$
$$|x^* - x_k| = \frac{L^k}{1-L}|x_1 - x_0|.$$

**例 4.19** 用一般迭代法求 $f(x) = x^3 - \sin x - 12x + 1 = 0$ 的一个根，误差 $\varepsilon = 10^{-6}$。

**解** $f(x)$ 的图形如图 4.9 所示，从图中可以看出 $f(x) = 0$ 有三个根。

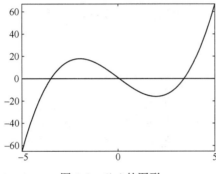

图 4.9 $f(x)$ 的图形

将原方程化成等价方程 $x = \sqrt[3]{\sin x + 12x - 1}$。取迭代序列
$$x_{n+1} = \sqrt[3]{\sin x_n + 12x_n - 1},$$
其中初值分别取 $x_0 = -3.5, 0.5, 3.5$，最终的迭代结果求得的根都是 3.4101。

```
%程序文件 gex4_19.m
clc, clear
f=@(x)x.^3-sin(x)-12*x+1;        %定义匿名函数
fplot(f,[-5,5]), hold on, fplot(0,[-5,5])
x1=iterate(-3.5)                 %取初值-3.5进行迭代
x2=iterate(0.5)                  %取初值0.5进行迭代
x3=iterate(3.5)                  %取初值3.5进行迭代

function x1=iterate(x0);
g=@(x)(sin(x)+12*x-1).^(1/3);
x1=g(x0);
while abs(x0-x1)>=1e-6
    x0=x1; x1=g(x0);
end
end
```

## 4.7 MATLAB 求非线性方程数值解的函数

MATLAB 工具箱的 fzero 命令用于求一元函数在给定点附近的一个零点，roots 命令用于求一元多项式函数的所有零点。

函数 fzero 的调用格式如下：
x = fzero(fun, x0)          %求函数 fun 在 x0 附近的零点
x = fzero(fun, [x10, x20])  %求函数 fun 在区间 [x10, x20] 内的零点

**例 4.20** 对于函数 $f(x) = x^3 - 2x - 5$，求：（1） $f(x)$ 在 1.5 附近的零点；（2） $f(x)$ 的所有零点。

**解** （1）求得 1.5 附近的零点为 2.0946。

（2） $f(x)$ 的所有零点为 2.0946，$-1.0473 \pm 1.1359i$。

%程序文件 gex4_20.m
clc, clear
f = @(x) x.^3 - 2*x - 5;       %定义匿名函数
x1 = fzero(f, 1.5)             %求 1.5 附近的一个零点
x2 = roots([1, 0, -2, -5])     %求多项式函数的所有零点

新版本 MATLAB 可以基于问题结构体求解非线性方程的数值解，具体使用方式见下面的例子。

**例 4.21** 求非线性方程 $e^{-e^{-x}} = x$ 在区间 $[0, 1]$ 上的根。

**解** 求得方程的根为 $x = 0.5671$。

%程序文件 gex4_21.m
clc, clear
prob.objective = @(x) exp(-exp(-x)) - x;
prob.x0 = [0, 1];
prob.solver = 'fzero';
prob.options = optimset('Display', 'iter')
[x1, fval1, flag1, out1] = fzero(prob)

fx = @(x) exp(-exp(-x)) - x;
x0 = [0, 1];
op = optimset('Display', 'iter')
[x2, fval2, flag2, out2] = fzero(fx, x0, op)

# 习 题 4

4.1 证明当 $x > 0$ 时，$1 + \dfrac{1}{2}x > \sqrt{1+x}$.

4.2  求函数 $y=\dfrac{3x^2+4x+4}{x^2+x+1}$ 的极值。

4.3  从一块半径为 $R$ 的圆铁片上挖去一个扇形做成一个漏斗（图4.10）。问留下的扇形的中心角 $\varphi$ 取多大时，做成的漏斗的容积最大？

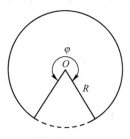

图 4.10  圆铁片图

4.4  求函数 $f(x)=\sin(x^5)+\cos(x^2)+x^2\sin x$ 在区间 $[-1.8,1.8]$ 上的最小值和最大值。

4.5  用二分法求 $f(x)=x^{600}-12.41x^{180}+11.41$ 在区间 $(1.0001,1.01)$ 内的一个零点。

4.6  用牛顿法求 $f(x)=x^3+x^2+x-1$ 在 0.5 附近的零点，要求误差不超过 $10^{-6}$。

4.7  用一般迭代法求 $f(x)=x^3-\cos x-10x+1=0$ 的一个根，误差 $\varepsilon=10^{-6}$。并求 $f(x)=0$ 在区间 $[-5,5]$ 上的所有实根。

# 第 5 章 函数的积分

积分问题是函数求导的反问题。如果已知一个函数 $F(x)$,则可以通过求导方法得出其导数 $f(x)$。反过来,已知 $f(x)$,如何求 $F(x)$ 使得 $F'(x)=f(x)$,是积分学所要解决的问题。

## 5.1 MATLAB 符号积分函数 int

在 MATLAB 中,提供了 int 函数计算符号表达式或符号函数的不定积分和定积分,函数的调用格式为

  int(expr,v)   %求表达式 expr 关于符号变量 v 的不定积分
  int(expr,v,a,b)   %求表达式 expr 关于 v 的定积分,积分区间为[a,b]

### 5.1.1 不定积分

**例 5.1** 求下列不定积分:

(1) $\int \dfrac{2x^4 + x^2 + 3}{x^2 + 1} dx$;  (2) $\int \cos 3x \cos 2x \, dx$.

**解** 求得

(1) $\int \dfrac{2x^4 + x^2 + 3}{x^2 + 1} dx = \dfrac{2}{3}x^3 - x + 4\arctan x + C$;

(2) $\int \cos 3x \cos 2x \, dx = \dfrac{\sin(5x)}{10} + \dfrac{\sin x}{2} + C$.

```
%程序文件 gex5_1.m
clc, clear, syms x
I1 = int((2*x^4+x^2+3)/(x^2+1))
I2 = int(cos(3*x)*cos(2*x))
```

**例 5.2** 求下列不定积分:

(1) $\int \dfrac{x^3 \arccos x}{\sqrt{1-x^2}} dx$;  (2) $\int \dfrac{dx}{(2+\cos x)\sin x}$.

**解** 求得

(1) $\int \dfrac{x^3 \arccos x}{\sqrt{1-x^2}} dx = -\dfrac{1}{3}\sqrt{1-x^2}(x^2+2)\arccos x - \dfrac{1}{9}x(x^2+6) + C$;

(2) $\int \dfrac{dx}{(2+\cos x)\sin x} = \dfrac{\ln(1-\cos x)}{6} - \dfrac{\ln(1+\cos x)}{2} + \dfrac{\ln(2+\cos x)}{3} + C$.

**注 5.1** MATLAB 不判断对数函数的定义域取值范围。

%程序文件 gex5_2.mlx
clc, clear, syms x
I1 = int(x^3 * acos(x)/sqrt(1-x^2))
I2 = int(1/((2+cos(x))*sin(x)))

### 5.1.2 定积分

**例 5.3** 求下列定积分：

(1) $\int_0^a \sqrt{a^2 - x^2}\,\mathrm{d}x$；　　(2) $\int_0^\pi \sqrt{\sin^3 x - \sin^5 x}\,\mathrm{d}x$.

**解** 求得

(1) $\int_0^a \sqrt{a^2 - x^2}\,\mathrm{d}x = \dfrac{\pi a^2}{4}$；(2) $\int_0^\pi \sqrt{\sin^3 x - \sin^5 x}\,\mathrm{d}x = \dfrac{4}{5}$.

**注 5.2** 积分 (2) 实际上是利用对称性求得的，MATLAB 无法直接求得积分值。

%程序文件 gex5_3.mlx
clc, clear, syms x a postive
I1 = int(sqrt(a^2-x^2),0,a)
f = sqrt(sin(x)^3-sin(x)^5)
I21 = int(f,0,pi)
I22 = int(f,0,pi/2)+int(f,pi/2,pi)

**例 5.4** 在区间 $[-\pi, \pi]$ 上用三角函数组合 $g(x) = a + b\cos x + c\sin x$ 逼近已知函数 $f(x)$，如何选取 $a,b,c$ 可使误差 $\sigma = \int_{-\pi}^{\pi} [g(x) - f(x)]^2 \mathrm{d}x$ 达到最小？对于 $f(x) = x^3$，求对应的逼近函数 $g(x)$。

**解** 误差 $\sigma = \int_{-\pi}^{\pi} [g(x) - f(x)]^2 \mathrm{d}x$ 依赖于 $a,b,c$，记

$$\sigma(a,b,c) = \int_{-\pi}^{\pi} [g(x) - f(x)]^2 \mathrm{d}x = \int_{-\pi}^{\pi} [a + b\cos x + c\sin x - f(x)]^2 \mathrm{d}x$$

$$= a^2 \int_{-\pi}^{\pi} 1\mathrm{d}x + b^2 \int_{-\pi}^{\pi} \cos^2 x \mathrm{d}x + c^2 \int_{-\pi}^{\pi} \sin^2 x \mathrm{d}x + \int_{-\pi}^{\pi} f^2(x)\mathrm{d}x$$

$$- 2a \int_{-\pi}^{\pi} f(x)\mathrm{d}x - 2b \int_{-\pi}^{\pi} f(x)\cos x \mathrm{d}x - 2c \int_{-\pi}^{\pi} f(x)\sin x \mathrm{d}x$$

$$= 2\pi a^2 + \pi b^2 + \pi c^2 - 2a \int_{-\pi}^{\pi} f(x)\mathrm{d}x - 2b \int_{-\pi}^{\pi} f(x)\cos x \mathrm{d}x - 2c \int_{-\pi}^{\pi} f(x)\sin x \mathrm{d}x,$$

要使 $\sigma$ 最小，由极值的必要条件，得

$$\begin{cases} \dfrac{\partial \sigma(a,b,c)}{\partial a} = 4\pi a - 2\int_{-\pi}^{\pi} f(x)\mathrm{d}x = 0, \\ \dfrac{\partial \sigma(a,b,c)}{\partial b} = 2\pi b - 2\int_{-\pi}^{\pi} f(x)\cos x \mathrm{d}x = 0, \\ \dfrac{\partial \sigma(a,b,c)}{\partial c} = 2\pi c - 2\int_{-\pi}^{\pi} f(x)\sin x \mathrm{d}x = 0. \end{cases}$$

解之，得

$$a = \frac{1}{2\pi}\int_{-\pi}^{\pi} f(x)\mathrm{d}x, \quad b = \frac{1}{\pi}\int_{-\pi}^{\pi} f(x)\cos x \mathrm{d}x, \quad c = \frac{1}{\pi}\int_{-\pi}^{\pi} f(x)\sin x \mathrm{d}x.$$

对于$f(x)=x^3$，计算得$g(x)=(2\pi^2-12)\sin x$.

%程序文件 gex5_4.mlx

clc, clear, syms x

a = int(x^3,-pi,pi)/(2*pi)

b = int(x^3*cos(x),-pi,pi)/pi

c = int(x^3*sin(x),-pi,pi)/pi

**例 5.5** 求由 $\int_0^y \mathrm{e}^t \mathrm{d}t + y\int_0^x \sin t \mathrm{d}t = 0$ 所确定的隐函数 $y$ 对 $x$ 的导数。

**解** 方程两边对 $x$ 求导，得

$$\mathrm{e}^y \frac{\mathrm{d}y}{\mathrm{d}x} + \frac{\mathrm{d}y}{\mathrm{d}x}\int_0^x \sin t \mathrm{d}t + y\sin x = 0,$$

即 $(\mathrm{e}^y+1-\cos x)\frac{\mathrm{d}y}{\mathrm{d}x}+y\sin x=0$，解之得

$$\frac{\mathrm{d}y}{\mathrm{d}x} = -\frac{y\sin x}{\mathrm{e}^y+1-\cos x}.$$

%程序文件 gex5_5.mlx

clc, clear

syms y(x) t Dy

eq = int(exp(t),t,0,y)+y*int(sin(t),t,0,x)    %定义方程的左端项

deq = diff(eq,x)                              %求关于 x 的导数

deq = subs(deq,diff(y(x),x),Dy)               %为了解代数方程,把 diff(y(x), x)替换为 Dy

Dy = solve(deq,Dy)                            %解方程,求 y 对 x 的导数

**例 5.6** 求 $\lim\limits_{x\to 0}\dfrac{\int_{\cos(x)}^1 \mathrm{e}^{-t^2}\mathrm{d}t}{x^2}$。

**解** 求得

$$\lim_{x\to 0}\frac{\int_{\cos(x)}^1 \mathrm{e}^{-t^2}\mathrm{d}t}{x^2} = \frac{1}{2\mathrm{e}}.$$

%程序文件 gex5_6.mlx

clc, clear, syms t x

s = limit(int(exp(-t^2),cos(x),1)/x^2)

## 5.2 有理函数的部分分式展开

在手工进行有理函数的积分时，有时需要把有理函数先进行部分分式展开，然后进行积分，当然用 MATLAB 做有理函数的积分时，直接调用符号函数的积分命令 int 就可

以了。

在信号处理与控制系统的分析应用中,常常需要将有理函数的传递函数$\dfrac{b(s)}{a(s)}$进行部分分式展开,即

$$\frac{b(s)}{a(s)}=\frac{r_{11}}{s-p_1}+\cdots+\frac{r_{1k}}{(s-p_1)^k}+\frac{r_2}{s-p_2}+\cdots+\frac{r_n}{s-p_n}+k(s).$$

在 MATLAB 中,提供了 residue 函数实现部分分式展开。函数的调用格式为:

[r,p,k]=residue(b,a)

其中,b、a 分别为分子与分母多项式系数的行向量,r 为留数行向量,p 为极点行向量,k 为多项式系数的行向量。通常情况下,$\dfrac{b(s)}{a(s)}$为真分式,返回值 k=[ ]。

**例 5.7** 对有理函数$\dfrac{30(x+2)}{(x+1)(x+3)(x+4)}$进行部分分式展开。

**解** 令

$$\frac{30(x+2)}{(x+1)(x+3)(x+4)}=\frac{A}{x+1}+\frac{B}{x+3}+\frac{C}{x+4}, \qquad(5.1)$$

式(5.1)两边乘以 $x+1$,令 $x=-1$,得 $A=\dfrac{30}{2\times 3}=5$;式(5.1)两边乘以 $x+3$,令 $x=-3$,得 $B=\dfrac{-30}{-2\times 1}=15$;式(5.1)两边乘以 $x+4$,令 $x=-4$,得 $C=\dfrac{30\times(-2)}{-3\times(-1)}=-20$。因而有

$$\frac{30(x+2)}{(x+1)(x+3)(x+4)}=\frac{-20}{x+4}+\frac{15}{x+3}+\frac{5}{x+1}.$$

用 MATLAB 求得的三个留数组成的向量 $\boldsymbol{r}=[r_1,r_2,r_3]^\mathrm{T}=[-20,15,5]^\mathrm{T}$,三个极点组成的向量 $\boldsymbol{p}=[p_1,p_2,p_3]^\mathrm{T}=[-4,-3,-1]^\mathrm{T}$,返回值 $k=[\ ]$。

```
%程序文件 gex5_7.m
clc, clear, num=[30,60];        %分子多项式系数
den=poly([-1,-3,-4])            %以-1,-3,-4为根的多项式系数向量
[r,p,k]=residue(num,den)
%[b,a]=residue(r,p,k)           %这个函数也执行逆运算
```

**例 5.8** 对有理函数$\dfrac{x-3}{(x-1)(x^2-1)}$进行部分分式展开。

**解** 由于$\dfrac{x-3}{(x-1)(x^2-1)}=\dfrac{x-3}{(x-1)^2(x+1)}$,令

$$\frac{x-3}{(x-1)^2(x+1)}=\frac{A}{x-1}+\frac{B}{(x-1)^2}+\frac{C}{x+1}, \qquad(5.2)$$

式(5.2)两边乘以$(x-1)^2$,令 $x=1$,得 $B=-1$;式(5.2)两边乘以 $x+1$,令 $x=-1$,得 $C=-1$;式(5.2)两边乘以 $x$,并令 $x\to+\infty$,得 $A+C=0$,所以 $A=-C=1$,因而有

$$\frac{x-3}{(x-1)^2(x+1)}=\frac{1}{x-1}+\frac{-1}{(x-1)^2}+\frac{-1}{x+1}.$$

```
%程序文件 gex5_8.m
clc, clear, num=[1,-3];      %分子多项式系数向量
den=poly([1,1,-1])           %以 1, 1, -1 为根的多项式系数向量
[r,p,k]=residue(num,den)
```
输出结果

$$r=[1,-1,-1]^T, \quad p=[1,1,-1]^T, \quad k=[\ ]$$

可知 MATLAB 求解结果和手工计算结果是一样的。

## 5.3 特殊函数

### 5.3.1 Γ 函数

Γ 函数是常见的一种特殊函数,常用的定义是

$$\Gamma(z) = \int_0^{+\infty} e^{-t} t^{z-1} dt, \quad \text{Re} z > 0. \tag{5.3}$$

利用等式

$$\Gamma(z+1) = z\Gamma(z) \tag{5.4}$$

可以将 Γ 函数在全平面上做解析延拓,这样延拓的 Γ(z) 在整个复平面上除去 z=0,-1,-2,…之外解析。

**例 5.9** 取 Γ 函数中的自变量为实数,画出它的图形。

所画的 Γ 函数的图形如图 5.1 所示。

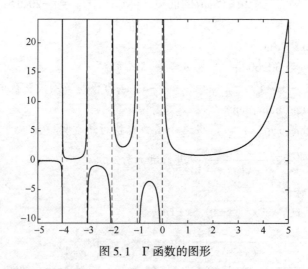

图 5.1 Γ 函数的图形

```
%程序文件 gex5_9.m
clc, clear, close all
fplot(@gamma)
```

**注 5.3**  在 MATLAB 中, $\Gamma$ 函数的自变量必须为实数。

### 5.3.2  Beta 函数

**1. Beta 函数的定义**

定义 Beta 函数为

$$B(x,y) = \int_0^1 t^{x-1}(1-t)^{y-1}\mathrm{d}t, \tag{5.5}$$

其中 $x, y \in C$ 并且 $\mathrm{Re}(x)>0$, $\mathrm{Re}(y)>0$.

**2. Beta 函数的性质**

（1）对称性，$B(x,y) = B(y,x)$.

（2）与 $\Gamma$ 函数的联系，$B(x,y) = \dfrac{\Gamma(x)\Gamma(y)}{\Gamma(x+y)}$.

**例 5.10**  画出 Beta 函数在区域 $\Omega = \{(x,y) \mid 0.01 \leqslant x \leqslant 1, 0.01 \leqslant y \leqslant 1\}$ 上的图形。所画出的图形如图 5.2 所示。

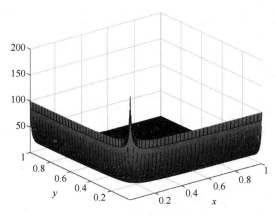

图 5.2  Beta 函数的三维图形

```
%程序文件 gex5_10.m
clc, clear, close all
fsurf(@beta,[0.01,1,0.01,1])
xlabel("$x$","Interpreter","latex")
ylabel("$y$","Interpreter","latex")
```

### 5.3.3  贝塞尔函数

**1. 贝塞尔函数的定义**

$\nu$ 阶贝塞尔（Bessel）函数的定义是

$$J_\nu(x) = \sum_{k=0}^{\infty} \frac{(-1)^k}{k!\,\Gamma(\nu+k+1)} \left(\frac{x}{2}\right)^{\nu+2k}. \tag{5.6}$$

式（5.6）定义的贝塞尔函数也称为第一类贝塞尔函数。

$\nu$ 阶诺伊曼（Neumann）函数的定义是

$$N_\nu(x) = \frac{J_\nu(x)\cos(\nu\pi) - J_{-\nu}(x)}{\sin(\nu\pi)}.\tag{5.7}$$

诺依曼函数也称为第二类贝塞尔函数。

第一种和第二种汉克尔（Hankel）函数的定义分别是

$$H_\nu^{(1)}(x) = J_\nu(x) + iN_\nu(x),\tag{5.8}$$

$$H_\nu^{(2)}(x) = J_\nu(x) - iN_\nu(x).\tag{5.9}$$

**2. 计算贝塞尔函数的 MATLAB 命令**

MATLAB 计算三类贝塞尔函数的命令如表 5.1 所列。

表 5.1  MATLAB 计算三类贝塞尔函数的命令

| MATLAB 命令 | 所计算的函数 |
| --- | --- |
| besselj | 计算第一类贝塞尔函数，简称贝塞尔函数 |
| bessely | 计算第二类贝塞尔函数，即诺伊曼函数 |
| besselh | 计算第三类贝塞尔函数，即汉克尔函数 |

**例 5.11**  在同一个图形界面上画出第一类贝塞尔函数 $\nu = 0,1,2,3,4$ 时的图形。所画的图形如图 5.3 所示。

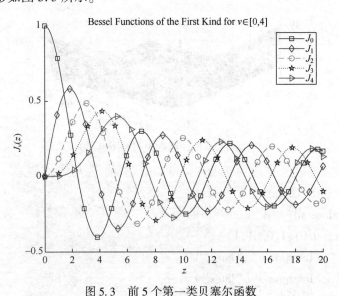

图 5.3  前 5 个第一类贝塞尔函数

```
%程序文件 gex5_11.m
clc, clear, close all
s = ["s-","d-","o--","p:",">-"]; hold on
for i = 0:4
    fplot(@(z)besselj(i,z),[0,20],s(i+1))
end
```

legend("$J_0$","$J_1$","$J_2$","$J_3$","$J_4$","Interpreter","latex")
xlabel("$z$","Interpreter","latex")
ylabel("$J_\nu(z)$","Interpreter","latex")
title("Bessel Functions of the First Kind for $\nu \in [0,4]$",...
    "Interpreter","latex")

**例 5.12** 画出第一类贝塞尔函数 $\nu=2$ 时的复函数图形。

画出的图形如图 5.4 所示。

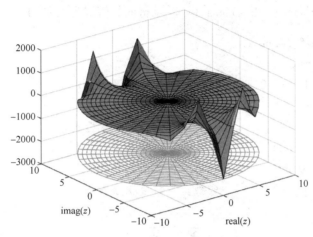

图 5.4 第一类贝塞尔函数 $v=2$ 时的复函数图形

```
%程序文件 gex5_12.m
clc, clear, close all
z=10*cplxgrid(20);   %生成网格数据,最大半径为10
cplxmap(z,besselj(2,z))
xlabel("real($z$)","Interpreter","latex")
ylabel("imag(z)","Interpreter","latex")
```

## 5.4 一重积分的数值解

已知一元函数的离散点观测值,求一重数值积分的命令为 trapz(x,y),该命令使用梯形法求数值积分。

已知被积一元函数的表达式,求一重数值积分的命令有 integral 和 quadgk 等函数。

**例 5.13** 计算定积分 $\int_0^1 \dfrac{4}{1+x^2}dx$ 的符号解和数值解。

**解** 求得符号解为 $\pi$,梯形积分法求得的数值解为 3.1416,调用工具箱函数求得的数值解也为 3.1416。

```
%程序文件 gex5_13.m
clc, clear, syms x
```

```
I1 = int(4/(1+x^2),0,1)        %求符号解
fx = @(x)4./(1+x.^2);          %定义被积函数的匿名函数
xi = 0:0.01:1; yi = fx(xi);
I2 = trapz(xi,yi)              %梯形法求积分的数值解
I3 = integral(fx,0,1)          %调用工具箱函数求数值解
```

**例 5.14** 计算 $\int_0^{+\infty} e^{-x}(\ln x)^2 dx$.

**解** 求得的符号解为 $\text{eulergamma}^2 + \dfrac{\pi^2}{6}$，求得的数值解为 1.9781。

```
%程序文件 gex5_14.mlx
clc, clear, syms x
f1 = exp(-x)*log(x)^2          %定义符号被积函数
I1 = int(f1,0,inf)             %求积分的符号解
I2 = double(I1)                %转换为双精度浮点型数据
f2 = matlabFunction(f1)        %把符号函数转换为匿名函数
I3 = integral(f2,0,inf)        %第一种数值积分方法
I4 = quadgk(f2,0,inf)          %第二种数值积分方法
```

# 习 题 5

**5.1** 求下列不定积分：

(1) $\int \dfrac{x^3}{(1+x^8)^2}dx$；　　(2) $\int \ln^2(x+\sqrt{1+x^2})dx$；　　(3) $\int \dfrac{\cot x}{1+\sin x}dx$.

**5.2** 求下列定积分：

(1) $\int_{-1}^{0} \dfrac{3x^4+3x^2+1}{x^2+1}dx$；　　(2) $\int_0^{\sqrt{3}a} \dfrac{dx}{a^2+x^2}$；

(3) $\int_0^2 f(x)dx$，其中 $f(x)=\begin{cases} x+1, & x\leq 1, \\ \dfrac{1}{2}x^2, & x>1. \end{cases}$

**5.3** 设

$$f(x)=\begin{cases} \dfrac{1}{2}\sin x, & 0\leq x\leq \pi, \\ 0, & x<0 \text{ 或 } x>\pi. \end{cases}$$

求 $\Phi(x)=\int_0^x f(t)dt$ 在 $(-\infty,+\infty)$ 内的表达式。

**5.4** 设 $F(x)=\int_4^x \dfrac{\sin t}{t}dt$，求 $F'(0)$。

**5.5** 计算下列定积分：

(1) $\int_0^1 (1-x^2)^{\frac{m}{2}}dx, m\in \mathbf{N}_+$；　(2) $J_m=\int_0^\pi x\sin^m x\,dx, m\in \mathbf{N}_+$.

5.6 计算下列反常积分的值：

(1) $\int_0^{+\infty} e^{-pt}\sin\omega t\, dt, p > 0, \omega > 0$；　　(2) $\int_0^{+\infty} \dfrac{dx}{(1+x)(1+x^2)}$.

5.7 计算积分
$$\int_0^{+\infty} x^{2n+1} e^{-x^2} dx, \quad n \in \mathbf{N}.$$

# 第6章 定积分的应用

本章将应用前面的定积分理论分析和解决一些几何、物理、经济等方面的问题，并利用 MATLAB 软件求解。

## 6.1 定积分在几何学上的应用

### 6.1.1 平面图形的面积

**1. 直角坐标情形**

**例 6.1** 计算抛物线 $y^2=2x$ 与直线 $y=x-4$ 所围成的图形的面积。

**解** 如图 6.1 所示，解方程组

$$\begin{cases} y^2=2x, \\ y=x-4, \end{cases}$$

得交点为 $(2,-2)$ 和 $(8,4)$。小区间 $[y,y+\mathrm{d}y]$ 上窄长条的面积近似等于高为 $\mathrm{d}y$，底为 $(y+4)-\dfrac{1}{2}y^2$ 的矩形面积，则得到面积元素

$$\mathrm{d}A = \left(y+4-\dfrac{1}{2}y^2\right)\mathrm{d}y,$$

故所求图形面积

$$A = \int_{-2}^{4}\left(y+4-\dfrac{1}{2}y^2\right)\mathrm{d}y = 18.$$

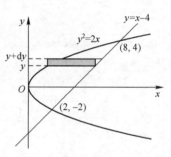

图 6.1 抛物线与直线所围图形

```
%程序文件 gex6_1.mlx
clc, clear, syms y x
[sx,sy]=solve(y^2-2*x,y-x+4)
A=int(y+4-y^2/2,sy(1),sy(2))
```

**2. 极坐标情形**

**例 6.2** 计算心形线

$$\rho=a(1+\cos\theta), \quad a>0$$

所围成的图形的面积。

**解** 心形线所围成的图形如图 6.2 所示。这个图形对称于极轴，因此所求图形的面积 $A$ 是极轴以上部分图形面积的 2 倍。

对于极轴以上部分的面积，$\theta$ 的变化区间为 $[0,\pi]$。相应于 $[0,\pi]$ 上任一小区间 $[\theta,\theta+\mathrm{d}\theta]$ 的窄曲边扇形的面积近似于半径为 $a(1+\cos\theta)$、中心角为 $\mathrm{d}\theta$ 的扇形的面积，从而得到面积元素

$$\mathrm{d}A = \frac{1}{2}a^2(1+\cos\theta)^2\mathrm{d}\theta,$$

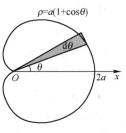

图 6.2 心形线图形

于是所求面积为

$$A = 2\int_0^\pi \frac{1}{2}a^2(1+\cos\theta)^2\mathrm{d}\theta = \frac{3}{2}\pi a^2.$$

```
%程序文件 gex6_2.mlx
clc, clear, syms a t
I=int(a^2*(1+cos(t))^2,0,pi)
t0=0:0.01:2*pi; r0=2*(1+cos(t0));
polarplot(t0,r0)    %画 a=2 的心形线
```

### 6.1.2 体积

已知某函数 $y=f(x)$，$x\in[a,b]$，则该函数曲线与 $x=a$，$x=b$ 及 $x$ 轴所围图形绕 $x$ 轴旋转一周所得到的旋转体体积为

$$V = \int_a^b \pi f^2(x)\,\mathrm{d}x. \tag{6.1}$$

**例 6.3** 已知函数 $y=f(x)=2+x\cos\dfrac{10}{x}$，$0\leqslant x\leqslant\pi$，试求出该曲线与 $x=0$，$x=\pi$ 及 $x$ 轴所围图形绕 $x$ 轴旋转一周所得到的旋转体体积。

**解** 首先将给定函数的曲线绘制出来，如图 6.3 所示。因为该函数比较复杂，无法求出体积 $V$ 的解析解。但可以调用 MATLAB 的 vpa 函数求出符号解的浮点型数据，或者直接求体积 $V$ 的数值解，得到 $V=42.5878$。

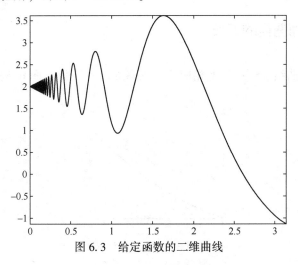

图 6.3 给定函数的二维曲线

```
%程序文件 gex6_3.mlx
clc, clear, syms x
f(x) = 2+x*cos(10/x), fplot(f,[0,pi])
I1 = int(pi*f^2,0,pi)              %求积分的符号解
I2 = vpa(I1,7)                     %转换为浮点型形式的符号数据
f2 = matlabFunction(pi*f^2)        %被积符号函数转换为匿名函数
I3 = integral(f2,0,pi)             %求积分的数值解
```

类似地，由曲线 $x = \varphi(y)$ $(c \leqslant y \leqslant d)$ 与 $y = c$，$y = d$ 及 $y$ 轴所围成的图形绕 $y$ 轴旋转一周所得到的旋转体体积为

$$V = \int_c^d \pi \varphi^2(y) \, dy. \tag{6.2}$$

**例 6.4** 计算由摆线 $x = a(t-\sin t)$，$y = a(1-\cos t)$ 相应于 $0 \leqslant t \leqslant 2\pi$ 的一拱与直线 $y = 0$ 所围成的图形绕 $y$ 轴旋转而成的旋转体的体积。

**解** 所述图形绕 $y$ 轴旋转而成的旋转体的体积可看成平面图形 $OABC$ 与 $OBC$（图 6.4）分别绕 $y$ 轴旋转而成的旋转体的体积之差。因此所求的体积为

$$V = \int_0^{2a} \pi x_2^2(y) \, dy - \int_0^{2a} \pi x_1^2(y) \, dy$$

$$= \pi \int_{2\pi}^{\pi} a^2(t-\sin t)^2 a\sin t \, dt - \pi \int_0^{\pi} a^2(t-\sin t)^2 a\sin t \, dt$$

$$= 6\pi^3 a^3.$$

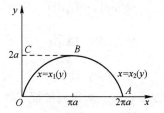

图 6.4 摆线的一拱图形

```
%程序文件 gex6_4.mlx
clc, clear, syms a t
x(t) = a*(t-sin(t)), y(t) = a*(1-cos(t))
dy = diff(y), f(t) = pi*x^2*dy
V1 = int(f,2*pi,pi)-int(f,0,pi)
V2 = simplify(V1)
```

### 6.1.3 平面曲线的弧长

**例 6.5** 计算曲线 $y = \dfrac{2}{3} x^{3/2}$ 上相应于 $a \leqslant x \leqslant b$ 的一段弧（图 6.5）的长度。

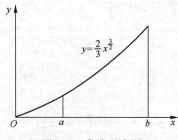

图 6.5 曲线示意图

**解** 因 $y'=x^{1/2}$，从而弧长元素

$$ds = \sqrt{1+(x^{1/2})^2}\,dx = \sqrt{1+x}\,dx,$$

因此，所求弧长为

$$s = \int_a^b \sqrt{1+x}\,dx = \frac{2}{3}[(1+b)^{3/2} - (1+a)^{3/2}].$$

```
%程序文件 gex6_5.mlx
clc, clear, syms x a b
y(x)=2/3*x^(3/2), dy=diff(y)
ds=sqrt(1+dy^2), s=int(ds,a,b)
```

**例 6.6** 计算摆线

$$\begin{cases} x = a(t-\sin t),\\ y = a(1-\cos t) \end{cases}$$

的一拱（$0 \leqslant t \leqslant 2\pi$）的长度。

**解** 弧长元素为

$$ds = \sqrt{x'^2(t)+y'^2(t)}\,dt = 2a\sin\frac{t}{2}dt.$$

从而，所求弧长

$$s = \int_0^{2\pi} 2a\sin\frac{t}{2}dt = 8a.$$

```
%程序文件 gex6_6.mlx
clc, clear, syms a t, assume(a>0)
x(t)=a*(t-sin(t)), y(t)=a*(1-cos(t))
dx=diff(x), dy=diff(y), ds=sqrt(dx^2+dy^2)
ds=simplify(ds), s=int(ds,0,2*pi)
```

## 6.2 定积分在物理学上的应用

**1. 变力沿直线所作的功**

**例 6.7** 把一个带电荷量+$q$ 的点电荷放在 $r$ 轴上坐标原点 $O$ 处，它产生一个电场，这个电场对周围的电荷有作用力。由物理学知道，如果有一个单位正电荷放在这个电场中距离原点 $O$ 为 $r$ 的地方，那么电场对它的作用力的大小为

$$F = k\frac{q}{r^2}(k\text{ 是常数}).$$

见图 6.6，当这个单位正电荷在电场中从 $r=a$ 处沿 $r$ 轴移动到 $r=b(a<b)$ 处时，计算电场力 $F$ 对它所作的功。

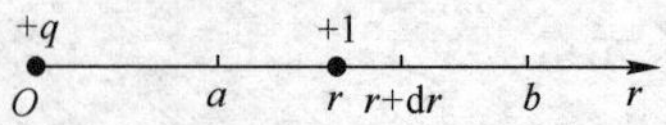

```
    +q          +1
  O──────a──────r r+dr──b────── r
```

图6.6 电荷在电场中受力示意图

**解** 在上述移动过程中，电场对这单位正电荷的作用力是变的。取 $r$ 为积分变量，它的变化区间为 $[a,b]$。设 $[r,r+\mathrm{d}r]$ 为 $[a,b]$ 上的任一小区间，当单位正电荷从 $r$ 移动到 $r+\mathrm{d}r$ 时，电场力对它所作的功近似于 $\dfrac{kq}{r^2}\mathrm{d}r$，即功元素为

$$\mathrm{d}W = \frac{kq}{r^2}\mathrm{d}r,$$

于是所求的功为

$$W = \int_a^b \frac{kq}{r^2}\mathrm{d}r = kq\left(\frac{1}{a} - \frac{1}{b}\right).$$

```
%程序文件 gex6_7.mlx
clc, clear, syms k q r a b
assume(0<a<b)
w=int(k*q/r^2,r,a,b)
```

**2. 液体的压力**

**例 6.8** 洒水车上的水箱是一个横放的椭圆柱体，尺寸如图6.7所示。当水箱装满水时，计算水箱的一个端面所受的压力。

**解** 以侧面的椭圆长轴为 $x$ 轴，短轴为 $y$ 轴建立坐标系，则该椭圆的方程为 $x^2 + \dfrac{y^2}{0.75^2} = 1$，取 $y$ 为积分变量，则 $y$ 的变化范围为 $[-0.75, 0.75]$，对该区间内任一小区间 $[y, y+\mathrm{d}y]$，该小区间相应的水深为 $0.75-y$，相应面积为

$$\mathrm{d}S = 2\sqrt{1 - \frac{y^2}{0.75^2}}\mathrm{d}y,$$

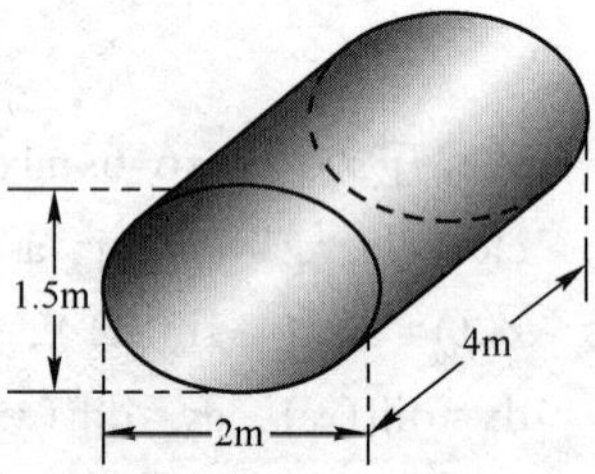

图6.7 水箱示意图

得到该小区间相应的压力

$$\mathrm{d}F = 1000g(0.75-y)\mathrm{d}S = 2000g(0.75-y)\sqrt{1-\frac{y^2}{0.75^2}}\mathrm{d}y,$$

因此压力为

$$F = \int_{-0.75}^{0.75} 2000g(0.75-y)\sqrt{1-\frac{y^2}{0.75^2}}\mathrm{d}y = \frac{11025\pi}{2} = 17318.0295(\mathrm{N}).$$

```
%程序文件 gex6_8.mlx
clc, clear, syms y, g=9.8;
F1=int(2000*g*(0.75-y)*sqrt(1-y^2/0.75^2),-0.75,0.75)
F2=vpa(F1,10)      %显示10位有效数字的符号数
```

## 6.3 定积分在经济学中的应用

### 6.3.1 总成本、总收益与总利润

前面介绍了导数在经济学中的应用，引入了边际函数的概念。由于积分是微分的逆运算，因此定积分在经济学中也有很多应用。

若 $F'(x)$ 为连续函数，由牛顿-莱布尼茨公式，得

$$F(x) = F(a) + \int_a^x F'(t)\,dt.$$

因此，若已知边际成本 $y'(x)$ 及固定成本 $y(0)$，则总成本函数为

$$y(x) = y(0) + \int_0^x y'(t)\,dt.$$

若已知边际收益 $z'(x)$ 及 $z(0)$，则总收益函数为

$$z(x) = z(0) + \int_0^x z'(t)\,dt.$$

若已知边际利润函数为 $L'(x) = z'(x) - y'(x)$ 及 $L(0) = z(0) - y(0) = -y(0)$，则总利润函数为

$$L(x) = L(0) + \int_0^x L'(t)\,dt = -y(0) + \int_0^x [z'(t) - y'(t)]\,dt.$$

当产量由 $a$ 个单位变到 $b$ 个单位时，上述经济函数的改变量分别为

$$y(b) - y(a) = \int_a^b y'(t)\,dt,$$

$$z(b) - z(a) = \int_a^b z'(t)\,dt,$$

$$L(b) - L(a) = \int_a^b L'(t)\,dt = \int_a^b [z'(t) - y'(t)]\,dt.$$

上述是以总成本、总收益、总利润函数为例，说明了已知其变化率（即边际函数，也就是导数）如何求总量函数。已知其他经济函数的变化率求其总量函数的情况类似。

**例 6.9** 已知生产某商品的固定成本为 6 万元，边际成本和边际收益分别为（单位：万元/百台）

$$y'(x) = 3x^2 - 18x + 36, \quad z'(x) = 33 - 8x.$$

（1）求生产 $x$ 百台产品的总成本函数；
（2）产量由 1 百台增加到 4 百台时，总收益和总成本各增加多少？
（3）产量为多少时，总利润最大？

**解** （1） $y(x) = y(0) + \int_0^x y'(t)\,dt = 6 + \int_0^x (3t^2 - 18t + 36)\,dt = x^3 - 9x^2 + 36x + 6.$

（2） $z(4) - z(1) = \int_1^4 z'(t)\,dt = \int_1^4 (33 - 8t)\,dt = 39$（万元），

$y(4) - y(1) = \int_1^4 y'(t)\,dt = \int_1^4 (3t^2 - 18t + 36)\,dt = 36$（万元）.

(3) 由极值的必要条件 $L'(x)=0$，即 $z'(x)-y'(x)=0$，解得 $x_1=\dfrac{1}{3}$，$x_2=3$。且 $L''(x)=10-6x$，$L''\left(\dfrac{1}{3}\right)>0$，$L''(3)<0$，因此，当 $x=3$（百台）时，利润 $L(3)=z(3)-y(3)=3$（万元）最大。

```
%程序文件 gex6_9.mlx
clc, clear, syms x t
dy(x)=3*x^2-18*x+36, dz(x)=33-8*x
y(x)=6+int(dy(t),0,x)           %计算总成本函数
Dz=int(dz(t),1,4)               %计算总收益的增量
Dy=int(dy(t),1,4)               %计算总成本的增量
DL=dz-dy, s=solve(DL)           %求 L 的驻点
D2L=diff(DL)                    %求 L 的二阶导数
check=D2L(s)                    %求驻点处的两阶导数值
L(x)=int(dz(t),0,x)-y(x)        %求 L 的表达式
Lmax=L(s(2))                    %求 L 的最大值
```

### 6.3.2 资金现值和终值的近似计算

在普通的复利计算和技术经济分析中，所给定的计算利率的时间单位是年。但在实际工作中，由于计息周期可能是比年短的时间，比如计息周期可以是半年、一个月或一天等，因此一年内的计息次数就相应为 2 次、12 次或 365 次等。这样，一年内计算利息的次数就不止一次了，在复利条件下每计息一次，都要产生一部分新的利息，因此实际的利率也就不同了。

假如按月计算利息，且其月利率为 1%，通常称为"年利率 12%，每月计息一次"。这个年利率 12% 称为"名义利率"。也就是说，名义利率等于每一计息周期的利率与每年的计息周期数的乘积。若按单利计算，名义利率与实际利率是一致的，但是，按复利计算，上述"年利率 12%，每月计息一次"的实际年利率为

$$\left(1+\frac{0.12}{12}\right)^{12}-1\approx 12.68\%,$$

比名义利率 12% 略大些。"年利率 $r$，每年计息 $k$ 次"的实际年利率为

$$\left(1+\frac{r}{k}\right)^k-1.$$

因为复利就是复合利息，具体是将整个借贷期限分割为若干段，前一段按本金计算出的利息要加入本金中，形成增大了的本金，作为下一段计算利息的本金基数，直到每一段的利息都计算出来，加总之后，就得出整个借贷期内的利息，简单来说就是俗称的利滚利。而连续复利则是指在期数趋于无限大的极限情况下得到的利率，即

$$\lim_{k\to\infty}\left(1+\frac{r}{k}\right)^k-1=e^r-1.$$

特别地，当年利率 $r=0.12$ 时，（1 年期）连续复利率 $e^r-1\approx 12.75\%$。

设有现金 $a$ 元，若按年利率 $r$ 作连续复利计算，则第 $k$ 年末的本利和为 $ae^{kr}$ 元，通常称为 $a$ 元资金在 $k$ 年末的终值。反之，若 $k$ 年末要得到资金 $A$ 元，按上述同一方式计算连续复利，显然现在应投入的资金为 $Ae^{-rk}$ 元，通常称为 $k$ 年末资金 $A$ 元的现值。利用终值与现值的概念，可以将不同时期的资金转化为同一时期的资金进行比较，这在经济管理中有重要应用。

企业在日常经营中，其收入和支出通常是离散地在一定时刻发生。由于这些资金周转经常发生，为便于计算，其收入或支出常常可以近似地看成是连续地发生的，通常称为收入流或支出流。此时，可以将 $t$ 时刻单位时间的收入记作 $f(t)$，称为收益率。收益率就是总收益的变化率，它随时刻 $t$ 而变化，其单位为"元/月"或"元/年"等。收益率常指净收益率。类似地，也可以定义支出率。

设某企业在时间段 $[0,T]$ 上的收益率为 $f(t)$（设 $f(t)$ 为连续的），按年利率为 $r$ 的连续复利计算，求该时间段内总收益的现值和终值。我们用微元法，在时间段 $[t,t+\mathrm{d}t]$ 上的收入近似地等于 $f(t)\mathrm{d}t$，其现值为 $f(t)e^{-rt}\mathrm{d}t(k=1,2,\cdots,n)$，因此总收益的现值为

$$F = \int_0^T f(t)e^{-rt}\mathrm{d}t. \tag{6.3}$$

在求终值时，因为在时间段 $[t,t+\mathrm{d}t]$ 上的收入近似地等于 $f(t)\mathrm{d}t$，该时间段收入的终值近似为 $f(t)e^{r(T-t)}\mathrm{d}t$，所以所求总收益的终值为

$$A = \int_0^T f(t)e^{r(T-t)}\mathrm{d}t. \tag{6.4}$$

**例 6.10** 设对某企业一次性投资 3000 万元，按年利率 10% 连续复利计算。设在 20 年中该企业的平均收益率为 800 万元/年，求该项投资净收益的现值和投资回收期。

**解** 由式 (6.3)，投资总收益的现值为

$$F = \int_0^{20} 800e^{-0.1t}\mathrm{d}t = -\frac{800}{0.1}e^{-0.1t}\Big|_0^{20} = 8000(1-e^{-2}) = 6917.3177.$$

因此净收益现值为 6917.3177−3000＝3917.3177（万元）。

投资回收期是总收益的现值等于投资初值的时间。设回收期为 $T$ 年，则有

$$\int_0^T 800e^{-0.1t}\mathrm{d}t = 3000, \quad 即 \quad 8000(1-e^{-0.1T}) = 3000,$$

由此得 $T = 10\ln\dfrac{8}{5} \approx 4.7$（年）。

```
%程序文件 gex6_10.mlx
clc, clear, syms t
I=int(800*exp(-0.1*t),0,20)
I2=vpa(I,8)        %转换为8位有效数字的符号数
T=10*log(8/5)
```

**注 6.1** 如果每期期末都支付本金 $F_t$，每期的利率 $r$ 不变，则 $n$ 期后的现值 $P$ 为

$$P = \sum_{t=1}^n \frac{F_t}{(1+r)^t} \approx \int_0^n F_t e^{-rt}\mathrm{d}t.$$

**例 6.11** 一家水电公司正在研究是否要建造一个新的水坝来扩充其水力发电能力，通过初步论证，该投资项目的成本和预期的收益如表 6.1 所示，如果年利率为 6%，则

这个投资项目是否可行?

表 6.1 投资项目的成本及预期收益(单位:百万元)

| 项 目 | 金 额 | 时 间 |
| --- | --- | --- |
| 建设成本 | 200 | 即期 |
|  | 100 | 接下来 3 年的每年年末 |
| 运营成本 | 5 | 第四年年末开始及接下来的时间 |
| 收入 | 30 | 第四年年末开始及接下来的时间 |

**解** 假设开始投资的时刻记为 $t=0$,$c_1$ 表示建造水坝的建设成本在 $t=0$ 时刻的现值总和,$c_2$ 表示开始运营后每年运营成本在 $t=0$ 时刻的现值总和,$p$ 表示开始运营后每年收入在 $t=0$ 时刻的现值总和,则现值计算如下:

$$c_1 = 200 + \frac{100}{1+0.06} + \frac{100}{(1+0.06)^2} + \frac{100}{(1+0.06)^3} = 467.3012 \text{(百万元)}.$$

$$c_2 = \sum_{i=4}^{\infty} \frac{5}{(1+0.06)^i} = \frac{\frac{5}{(1+0.06)^4}}{1-\frac{1}{1+0.06}} = \frac{5}{0.06 \times (1+0.06)^3} = 69.9683 \text{(百万元)}.$$

$$p = \sum_{i=4}^{\infty} \frac{30}{(1+0.06)^i} = \frac{30}{0.06 \times (1+0.06)^3} = 419.8096 \text{(百万元)}.$$

因为 $c_1+c_2>p$,即总成本的现值大于未来收益的现值,说明这个投资计划是不可行的。

如果看作连续型问题,用积分求近似解,则现值计算如下:

$$C_1 = 200 + \int_0^3 100e^{-0.06t} dt = 474.5496 \text{(百万元)}.$$

$$C_2 = \int_3^{+\infty} 5e^{-0.06t} dt = 69.6059 \text{(百万元)}.$$

$$P = \int_3^{+\infty} 30e^{-0.06t} dt = 417.6351 \text{(百万元)}.$$

```
%程序文件 gex6_11.m
clc, clear
c1=200+sum(100./1.06.^[1:3])
c2=5/0.06/1.06^3, p=30/0.06/1.06^3
f=@(t)exp(-0.06*t); C1=200+100*integral(f,0,3)
C2=5*integral(f,3,inf), P=30*integral(f,3,inf)
```

# 习 题 6

6.1 求 $y=\frac{1}{2}x^2$ 与 $x^2+y^2=8$ 所围图形的面积(两部分都要计算)。

6.2 求由抛物线 $y^2=4ax$ 与过焦点的弦所围成的图形面积的最小值。

6.3 求圆盘 $x^2+y^2\leqslant a^2$ 绕 $x=-b(b>a>0)$ 旋转所成旋转体的体积。

6.4 计算半立方抛物线 $y^2=\dfrac{2}{3}(x-1)^3$ 被抛物线 $y^2=\dfrac{x}{3}$ 截得的一段弧的长度。

6.5 （1）证明：把质量为 $m$ 的物体从地球表面升高到 $h$ 处所作的功是
$$W=\frac{mgRh}{R+h},$$
其中 $g$ 是重力加速度，$R$ 是地球的半径。

（2）一颗人造地球卫星的质量为 173kg，在高于地面 630km 处进入轨道。问把这颗卫星从地面送到 630km 的高空处，克服地球引力要作多少功？已知 $g=9.8\text{m}/\text{s}^2$，地球半径 $R=6370\text{km}$。

6.6 设星形线 $x=a\cos^3 t$，$y=a\sin^3 t$ 上每一点处的线密度的大小等于该点到原点距离的立方，在原点 $O$ 处有一单位质点，求星形线的第一象限的弧段对这质点的引力。

6.7 已知生产某产品的固定成本为 10 万元，边际成本 $y'(x)=x^2-5x+40$（单位：万元/吨），边际收益为 $z'(x)=50-2x$（单位：万元/吨）。求：

（1）总成本函数；

（2）总收益函数；

（3）总利润函数及利润达最大时的产量。

6.8 某企业投资 100 万元建一条生产线，并于一年后建成投产，开始获得经济效益。设流水线的收入是均衡货币流，年收入为 30 万元，已知银行年利率为 10%，问该企业多少年后可收回投资？

# 第7章 常微分方程

本章介绍利用 MATLAB 求常微分方程的符号解和数值解的方法，最后给出常微分方程的一些应用。

## 7.1 常微分方程的符号解

MATLAB 函数 dsolve 求符号常微分方程或常微分方程组的解，其使用格式如下：
S = dsolve(eqn)                %求常微分方程 eqn 的通解
S = dsolve(eqn,cond)           %求常微分方程 eqn 在定解条件 cond 下的特解
S = dsolve(eqn,cond,Name,Value)    %设置一个或多个属性名及属性值,求常微分方程 eqn 在定解条件 cond 下的解
[y1,…,yN] = dsolve(eqns,conds,Name,Value)   %设置一个或多个属性名及属性值,求常微分方程组 eqns 在定解条件 conds 下的解

**例7.1** 求常微分方程初值问题 $\dfrac{d^3 u}{dx^3}=u$，$u(0)=1$，$u'(0)=-1$，$u''(0)=0$ 的解。

**解** 求得的解为 $u=e^{-\frac{x}{2}}\left(\cos\dfrac{\sqrt{3}x}{2}-\dfrac{\sqrt{3}}{3}\sin\dfrac{\sqrt{3}x}{2}\right)$。

```
%程序文件 gex7_1.mlx
clc, clear, syms u(x)
d1 = diff(u), d2 = diff(u,2)   %为了赋初值,定义 u 的 1 阶和 2 阶导数
u = dsolve(diff(u,3) = = u,u(0) = = 1,d1(0) = = -1,d2(0) = = 0)
```

**例7.2** 求解如下常微分方程边值问题。
$$\begin{cases} y''+5y'+6y=0, \\ y(0)=1, \quad y(1)=0. \end{cases}$$

**解** 求得的解为 $y=\dfrac{e}{e-1}e^{-3x}-\dfrac{e^{-2x}}{e-1}$。

```
%程序文件 gex7_2.mlx
clc, clear, syms y(x)
y1 = dsolve(diff(y,2)+5*diff(y)+6*y,y(0) = = 1,y(1) = = 0)
y2 = expand(y1)
```

**例7.3** 设非负函数 $y=y(x)(x\geq 0)$ 满足微分方程 $xy''-y'+2=0$，当曲线 $y=y(x)$ 过

原点时，其与直线 $x=1$ 及 $y=0$ 所围成的平面区域 $D$ 的面积为 2，求 $D$ 绕 $y$ 轴旋转一周所得旋转体的体积。

**解** 由函数 $y=y(x)$ 满足的微分方程，求得 $y$ 的通解为
$$y = c_2 x^2 + 2x + c_1,$$
由定解条件 $y(0)=0$，$\int_0^1 y\,dx = 2$ 求得 $c_1 = 0$，$c_2 = 3$，因而 $y = 3x^2 + 2x\,(x \geq 0)$。

当 $x=1$ 时，$y(1)=5$，$y=3x^2+2x\,(x\geq 0)$ 的反函数为
$$x(y) = \frac{\sqrt{3y+1}}{3} - \frac{1}{3},$$
则旋转体的体积为
$$V = \int_0^5 (\pi - \pi x^2(y))\,dy = \frac{17}{6}\pi.$$

```
%程序文件 gex7_3.mlx
clc, clear, syms y(x)
s(x)=dsolve(x*diff(y,2)-diff(y)+2)      %求通解
eq1=s(0)                                 %定义定解条件的第一个方程
eq2=int(s,0,1)-2                         %定义定解条件的第二个方程
[c10,c20]=solve(eq1,eq2)                 %确定通解中的两个常数值
v=symvar(s)                              %提出 s 中的所有符号量
yy=subs(s,{v(2),v(3)},{c10,c20})         %代入两个常数值
y0=yy(1)                                 %求 x=1 对应的函数值
f=finverse(yy)                           %求反函数
V=int(pi-pi*f^2,0,y0)                    %计算旋转体的体积
```

**例 7.4** 求解线性常微分方程组
$$\begin{cases} \dfrac{dy}{dx} = 3y - 2z, & y(0)=1, \\ \dfrac{dz}{dx} = 2y - z, & z(0)=0. \end{cases}$$

**解** 引入记号
$$\boldsymbol{U} = \begin{bmatrix} y \\ z \end{bmatrix}, \quad \boldsymbol{U}' = \begin{bmatrix} \dfrac{dy}{dx} \\ \dfrac{dz}{dx} \end{bmatrix}, \quad \boldsymbol{A} = \begin{bmatrix} 3 & -2 \\ 2 & -1 \end{bmatrix}, \quad \boldsymbol{U}(0) = \begin{bmatrix} y(0) \\ z(0) \end{bmatrix},$$

则线性常微分方程组可以表示为
$$\begin{cases} \boldsymbol{U}' = \boldsymbol{A}\boldsymbol{U}, \\ \boldsymbol{U}(0) = [1,0]^{\mathrm{T}}. \end{cases}$$

利用 MATLAB 求得的符号解为
$$\begin{cases} y = (1+2x)e^x, \\ z = 2xe^x. \end{cases}$$

```
%程序文件 gex7_4.mlx
clc, clear, syms U(x) [2,1]         %定义向量函数,U(x)后有空格
A=[3,-2;2,-1];
[y,z]=dsolve(diff(U)==A*U,U(0)==[1;0])
```

**例 7.5** 解方程
$$(2x+y-4)dx+(x+y-1)dy=0.$$

**解** 求得的通解为
$$y=-x+1\pm\sqrt{1+C+6x-x^2}.$$

```
%程序文件 gex7_5.mlx
clc, clear, syms y(x)
s=dsolve(diff(y)==-(2*x+y-4)/(x+y-1))
```

**例 7.6** 解方程
$$\frac{dy}{dx}+\frac{y}{x}=a(\ln x)y^2.$$

**解** 求得的通解为
$$y=\frac{1}{x\left(C-\frac{a}{2}(\ln x)^2\right)} \text{ 或 } y=0.$$

```
%程序文件 gex7_6.mlx
clc, clear, syms y(x) a
s=dsolve(diff(y)+y/x==a*log(x)*y^2)
```

## 7.2 常微分方程的数值解

### 7.2.1 常微分数值解函数介绍

**1. 基本调用格式介绍**

对于大多数常微分方程（组）是无法求得其解析解即符号解，我们只求近似解即数值解。下面介绍利用 MATLAB 工具箱求常微分方程初值问题的数值解。

MATLAB 工具箱提供了几个求一阶常微分方程（组）数值解的功能函数，如 ode45、ode23、ode113，其中 ode45 采用四五阶龙格-库塔方法，是解非刚性常微分方程的首选方法；ode23 采用二三阶龙格-库塔方法；ode113 采用的是多步法，效率一般比 ode45 高。

对一阶方程（组）的初值问题
$$\begin{cases}y'=f(t,y),\\ y(t_0)=y_0,\end{cases}$$

其中 $y$ 和 $f(t,y)$ 可以为向量函数。

MATLAB 求数值解函数的调用形式是

[t,y] = solver(odefun, tspan, y0)

这里 solver 为 ode45, ode23, ode113, 输入参数 odefun 是用 m 文件定义的微分方程 $y' = f(x,y)$ 右端的函数 $f(x,y)$ 或者是定义 $f(x,y)$ 的匿名函数返回值。tspan = $[t_0, \text{tfinal}]$ 是求解区间, y0 对应于方程中的初值条件 $y_0$。

下面以 ode45 函数为例说明这些函数的详细用法。ode45 函数的完整调用格式如下：

[t,y,te,ye,ie] = ode45(odefun, tspan, y0, options, p1, p2)

其中, options 可以对求解器的参数进行设置, p1,p2 是方程中的一些附加参数。要注意输入参数 tspan = $[t_0, \text{tfinal}]$ 的设置, 其中的 $t_0$ 是初始时刻, $t_0$ 可以大于 tfinal; 另外 tspan 也可以取为求解区间上的一些离散点。

如果求解的是方程组, 有 $n$ 个函数, 则返回值 y 是 $n$ 列的矩阵, 每一列对应一个函数的数值解。ode45 函数还可以求函数（称为事件函数）在何处为零, 在输出中, te 是事件的时间, ye 是事件发生时的解, ie 是触发的事件的索引。

函数 ode45(odefun, tspan, y0) 也可以返回一个值, 返回一个值时, 返回的是结构体变量, 利用 MATLAB 命令 deval 和返回的结构体变量, 可以计算我们感兴趣的任意点的函数值。一般的调用格式如下：

sol = ode45(odefun, tspan, y0), y = deval(sol, t)

其中 t 为所求点的自变量值, 返回值 y 是对应于 t 的数值解, y 的每一行对应于一个函数分量取值的数值解。

**2. 求解器参数设置**

求解微分方程时, 有时需要对求解算法及控制条件进行进一步设置, 这可以通过 options 变量进行修改。初始 options 变量可以通过 odeset 函数获取, 该变量是一个结构体变量, 其中有众多成员变量, 表 7.1 列出了常用的一些成员变量。

表 7.1 常微分方程求解函数的控制参数

| 参 数 名 | 参 数 说 明 |
| --- | --- |
| RelTol | 相对误差容许上限, 默认值为 0.001 |
| AbsTol | 默认值为 $10^{-6}$, 也可以为一个向量, 其分量表示每个函数允许的绝对误差 |
| MaxStep | 求解方程时允许的最大步长 |
| Mass | 微分代数方程中的质量矩阵, 用于描述微分代数方程 |

**例 7.7** 试求解 Lotka-Volterra 方程

$$\begin{cases} x'(t) = 4x(t) - 2x(t)y(t), & x(0) = 2, \\ y'(t) = x(t)y(t) - 3y(t), & y(0) = 3. \end{cases} \quad (7.1)$$

并画出解曲线和相平面轨线。

**解** 使用 ode45 默认参数设置求解时, 画出的解曲线和相平面轨线如图 7.1 所示, 从相平面轨线看来, 轨线较粗糙, 计算精度可能不够。重新设置求解器参数提高求解精度, 可以得到如图 7.2（b）所示的光滑轨线。

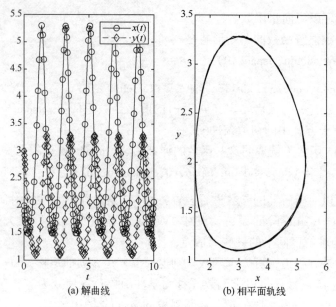

(a) 解曲线       (b) 相平面轨线

图 7.1 默认求解参数时的解曲线和相平面轨线

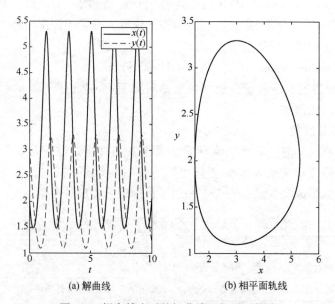

(a) 解曲线       (b) 相平面轨线

图 7.2 提高精度后的解曲线和相平面轨线

```
%程序文件 gex7_7.m
clc, clear, close all
dz=@(t,z)[4*z(1)-2*z(1)*z(2); z(1)*z(2)-3*z(2)];
[t1,s1]=ode45(dz,[0,10],[2;3]); subplot(121)
plot(t1,s1(:,1),"-o",t1,s1(:,2),"--d")
legend(["$x(t)$","$y(t)$"],"Interpreter","latex")
xlabel("$t$","Interpreter","latex")
```

```
subplot(122), plot(s1(:,1),s1(:,2))
xlabel("$x$","Interpreter","latex")
ylabel("$y$","Interpreter","latex","Rotation",0)

opts=odeset("RelTol",1e-10,"AbsTol",1e-10)
[t2,s2]=ode45(dz,[0,10],[2;3],opts)
figure, subplot(121)
plot(t2,s2(:,1),"-",t2,s2(:,2),"--")
legend(["$x(t)$","$y(t)$"],"Interpreter","latex")
xlabel("$t$","Interpreter","latex")
subplot(122), plot(s2(:,1),s2(:,2))
xlabel("$x$","Interpreter","latex")
ylabel("$y$","Interpreter","latex","Rotation",0)
```

### 7.2.2 常微分方程数值解求解举例

**例 7.8** 求解如下常微分方程初值问题的数值解

$$\begin{cases} \dfrac{\mathrm{d}y}{\mathrm{d}x}+2y^2\sin x=2x\cos(x^2), & 0\leqslant x\leqslant 1, \\ y(0)=1. \end{cases}$$

**解** 画出的解曲线如图 7.3 所示。

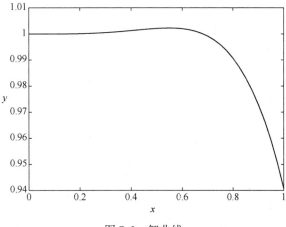

图 7.3 解曲线

```
%程序文件 gex7_8.m
clc, clear, close all
dy=@(x,y) 2*x*cos(x^2)-2*y^2*sin(x);
[x,y]=ode45(dy,[0,1],1)
plot(x,y), xlabel("$x$","Interpreter","latex")
```

ylabel("$y$","Interpreter","latex","Rotation",0)

**例 7.9** 求解 Lorenz 方程组

$$\begin{cases} x_1'(t) = -\beta x_1(t) + x_2(t)x_3(t), & x_1(0) = 0, \\ x_2'(t) = -\rho x_2(t) + \rho x_3(t), & x_2(0) = 0, \\ x_3'(t) = -x_1(t)x_2(t) + \sigma x_2(t) - x_3(t), & x_3(0) = 10^{-10}, \end{cases}$$

并画出三维空间的轨线。

(1) $\beta = 8/3$, $\rho = 10$, $\sigma = 28$;

(2) $\beta = 2$, $\rho = 5$, $\sigma = 20$。

**解** 通过这个例题，介绍求常微分数值解时，一些附加参数的传递。

(1) 画出的三维空间轨线如图 7.4 (a) 所示。

(2) 画出的三维空间轨线如图 7.4 (b) 所示。

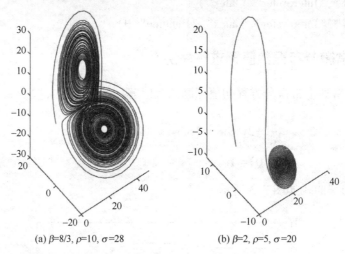

(a) $\beta=8/3, \rho=10, \sigma=28$     (b) $\beta=2, \rho=5, \sigma=20$

图 7.4 Lorenz 方程组的三维轨线图

```
%程序文件 gex7_9.m
clc, clear, close all
dz=@(t,z,b,r,s)[-b*z(1)+z(2)*z(3)
    -r*z(2)+r*z(3); -z(1)*z(2)+s*z(2)-z(3)];
z0=[0; 0; 10^(-10)];            %初值
b1=8/3; r1=10; s1=28;
[t1,s1]=ode45(dz,[0,100],z0,[],b1,r1,s1)
subplot(121), plot3(s1(:,1),s1(:,2),s1(:,3))
b2=2; r2=5; s2=20;
[t2,s2]=ode45(dz,[0,100],z0,[],b2,r2,s2)
subplot(122), plot3(s2(:,1),s2(:,2),s2(:,3))
```

**例 7.10** 试求解二阶常微分方程

$$x''(t) + \lambda x(t) = 0, \quad x(0) = 1, \quad x'(0) = 0,$$

其中，$0.1 \leqslant \lambda \leqslant 2$，并画出解 $x(t)$ 的图形。

**解** MATLAB 无法直接求高阶常微分方程（组）的数值解，必须做变换化成一阶常微分方程组，才能使用 MATLAB 求解。设 $x_1(t) = x(t)$，$x_2(t) = x'(t)$，则可以把上述二阶常微分方程化成如下一阶线性微分方程组：

$$\begin{cases} x_1'(t) = x_2(t), & x_1(0) = 1, \\ x_2'(t) = -\lambda x_1(t), & x_2(0) = 0. \end{cases}$$

当 $\lambda$ 在区间 $[0.1,2]$ 上以步长 $0.1$ 取值时，所画出的 $x(t)$ 的图形如图 7.5 所示。因为要绘制解的三维曲面图，所以对于所有的 $\lambda$，时间 $t$ 取区间 $[0,10]$ 上步长间隔为 $0.1$ 的确定值。

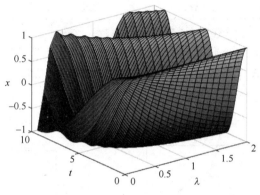

图 7.5　$x(t)$ 在不同 $\lambda$ 下的解

```
%程序文件 gex7_10.m
clc, clear, close all
t=0:0.1:10; L=0.1:0.1:2; S=[];
for k=L    %在不同参数下求解常微分方程
    dx=@(t,x)[x(2); -k*x(1)];
    [t1,s]=ode45(dx,t,[1;0]); S=[S,s(:,1)];
end
surf(L,t,S)   %绘制解的三维曲面图
xlabel("$\lambda$","Interpreter","latex")
ylabel("$t$","Interpreter","latex")
zlabel("$x$","Interpreter","latex","Rotation",0)
```

**例 7.11** 已知阿波罗卫星的运动轨迹 $(x,y)$ 满足下面的方程：

$$\begin{cases} \dfrac{\mathrm{d}^2 x}{\mathrm{d}t^2} = 2\dfrac{\mathrm{d}y}{\mathrm{d}t} + x - \dfrac{\lambda(x+\mu)}{r_1^3} - \dfrac{\mu(x-\lambda)}{r_2^3}, \\ \dfrac{\mathrm{d}^2 y}{\mathrm{d}t^2} = -2\dfrac{\mathrm{d}x}{\mathrm{d}t} + y - \dfrac{\lambda y}{r_1^3} - \dfrac{\mu y}{r_2^3}. \end{cases}$$

其中 $\mu = 1/82.45$，$\lambda = 1-\mu$，$r_1 = \sqrt{(x+\mu)^2 + y^2}$，$r_2 = \sqrt{(x-\lambda)^2 + y^2}$，试在初值 $x(0) = 1.2$，$x'(0) = 0$，$y(0) = 0$，$y'(0) = -1.0494$ 下求解，并绘制阿波罗卫星轨迹图。

**解** 做变换，令 $z_1=x$，$z_2=\dfrac{\mathrm{d}x}{\mathrm{d}t}$，$z_3=y$，$z_4=\dfrac{\mathrm{d}y}{\mathrm{d}t}$，则原二阶微分方程组可以化为如下一阶方程组：

$$\begin{cases}\dfrac{\mathrm{d}z_1}{\mathrm{d}t}=z_2, & z_1(0)=1.2,\\[4pt] \dfrac{\mathrm{d}z_2}{\mathrm{d}t}=2z_4+z_1-\dfrac{\lambda(z_1+\mu)}{((z_1+\mu)^2+z_3^2)^{3/2}}-\dfrac{\mu(z_1-\lambda)}{((z_1-\lambda)^2+z_3^2)^{3/2}}, & z_2(0)=0,\\[4pt] \dfrac{\mathrm{d}z_3}{\mathrm{d}t}=z_4, & z_3(0)=0,\\[4pt] \dfrac{\mathrm{d}z_4}{\mathrm{d}t}=-2z_2+z_3-\dfrac{\lambda z_3}{((z_1+\mu)^2+z_3^2)^{3/2}}-\dfrac{\mu z_3}{((z_1-\lambda)^2+z_3^2)^{3/2}}, & z_4(0)=-1.0494.\end{cases}$$

使用 ode45 函数默认参数求数值解所绘制的阿波罗卫星轨迹如图 7.6 所示。从图 7.6 中可以看出，运行轨道不重合，与实际情况不符。猜测为默认精度 RelTol 设置得太大，从而导致误差传播，可减少该值，设置相对误差 RelTol 为 $10^{-6}$，重新求数值解，所画的轨迹如图 7.7 所示，与实际情况吻合，模拟效果良好。

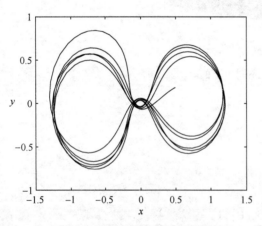
图 7.6 默认参数求解的轨迹图

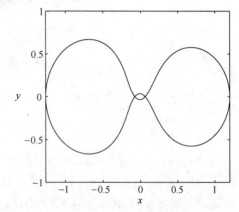
图 7.7 提高求解精度的轨迹图

```
%程序文件 gex7_11.m
clc, clear, close all
mu=1/82.45; lamda=1-mu; z0=[1.2, 0, 0, -1.0494];          %初值
dz=@(t,z)[z(2); 2*z(4)+z(1)-lamda*(z(1)+mu)/...
         ((z(1)+mu)^2+z(3)^2)^(3/2)-...
         mu*(z(1)-lamda)/((z(1)-lamda)^2+z(3)^2)^(3/2)
         z(4); -2*z(2)+z(3)-lamda*z(3)/((z(1)+mu)^2+z(3)^2)^(3/2)-...
         mu*z(3)/((z(1)-lamda)^2+z(3)^2)^(3/2)];
[t1,z1]=ode45(dz,[0,30],z0);
plot(z1(:,1), z1(:,3), 'k')                                %画轨迹图
xlabel('$x$', 'Interpreter', 'latex')
```

```
ylabel('$y$','Interpreter','latex','Rotation',0)

opts=odeset("RelTol",1e-6);              %设置求解相对误差
[t2,z2]=ode45(dz,[0,30],z0,opts)
figure,plot(z2(:,1),z2(:,3),'k')         %画轨迹图
xlabel('$x$','Interpreter','latex')
ylabel('$y$','Interpreter','latex','Rotation',0)
```

## 7.3 常微分方程的应用

**例 7.12** （高温物体冷却问题） 物体冷却的速度和该物体与周围环境的温差成正比。现有一瓶热水，其水温为 100℃，放在 20℃ 的房间中，经过 10h，瓶内温度降为 60℃，求瓶内水温 $T$ 随时间 $t$ 的变化规律。

**解** 设瓶内水温的变化规律为 $T=T(t)$，由物体冷却规律可得

$$\frac{\mathrm{d}T}{\mathrm{d}t}=-k(T-20), \quad k>0, \tag{7.2}$$

且满足条件：当 $t=0$ 时，$T=100$；当 $t=10$ 时，$T=60$。式（7.2）的通解为

$$T=C\mathrm{e}^{-kt}+20.$$

把 $T|_{t=0}=100$，$T|_{t=10}=60$ 代入通解，得

$$\begin{cases} 100=C+20, \\ 60=C\mathrm{e}^{-60k}+20, \end{cases}$$

解出 $C=80$，$k=\dfrac{1}{10}\ln 2$。所以瓶内水温的变化规律为

$$T=80\mathrm{e}^{-\frac{\ln 2}{10}t}+20.$$

```
%程序文件 gex7_12.mlx
clc,clear,syms k T(t)
s(t)=dsolve(diff(T)==-k*(T-20))
eq1=s(0)-100,eq2=s(10)-60
[c0,k0]=solve(eq1,eq2)
v=symvar(s)          %提出 s 中的符号量
T(t)=subs(s,{v(2),v(3)},{c0,k0})
```

**例 7.13** 放射性元素镭在自然界中的衰变有如下规律，镭的衰变率与它的现有量 $R$ 成正比。已知镭经过 1600 年后，只剩下原来量 $R_0$ 的 1/2。试求镭的量 $R$ 随时间 $t$ 的变化规律。

**解** 设镭的量 $R$ 的变化规律为 $R=R(t)$，由其衰变规律可得

$$\begin{cases} \dfrac{\mathrm{d}R}{\mathrm{d}t}=-kR, \quad k>0, \\ R(0)=R_0, \end{cases} \tag{7.3}$$

且满足条件 $R|_{t=1600}=\dfrac{1}{2}R_0$。

式 (7.3) 的解为 $R(t)=R_0 \mathrm{e}^{-kt}$, 由条件 $R|_{t=1600}=\dfrac{1}{2}R_0$, 待定出系数 $k=\dfrac{\ln 2}{1600}$, 所以, 镭的衰变规律为 $R=R_0 \mathrm{e}^{-\frac{\ln 2}{1600}t}$。

```
%程序文件 gex7_13.mlx
clc, clear, syms k R(t) R0
s(t)=dsolve(diff(R)==-k*R,R(0)==R0)
eq=s(1600)-R0/2, k=solve(eq)
```

**例 7.14** 设降落伞从跳伞塔下落后,所受空气阻力与速度成正比,并设降落伞离开跳伞塔时 ($t=0$) 速度为零,求降落伞下落速度与时间的函数关系。

**解** 设降落伞下落速度为 $v(t)$。降落伞在空中下落时,同时受到重力与阻力的作用。重力大小为 $mg$,方向与 $v$ 一致;阻力大小为 $kv$ ($k$ 为比例系数),方向与 $v$ 相反,从而降落伞所受外力为

$$F=mg-kv.$$

根据牛顿第二运动定律

$$F=ma,$$

其中 $a$ 为加速度,得函数 $v(t)$ 应满足的方程为

$$\begin{cases} m\dfrac{\mathrm{d}v}{\mathrm{d}t}=mg-kv,\\ v(0)=0. \end{cases} \tag{7.4}$$

解之,得

$$v(t)=\dfrac{mg}{k}(1-\mathrm{e}^{-\frac{k}{m}t}). \tag{7.5}$$

由式 (7.5) 可以看出,随着时间 $t$ 的增大,速度 $v$ 逐渐接近常数 $\dfrac{mg}{k}$,且不会超过 $\dfrac{mg}{k}$,也就是说,跳伞后开始阶段是加速运动,但以后逐渐接近匀速运动。

```
%程序文件 gex7_14.mlx
clc, clear, syms m g k v(t)
sv=dsolve(m*diff(v)==m*g-k*v,v(0)==0)
```

**例 7.15** 探照灯的聚光镜的镜面是一张旋转曲面,它的形状由 $xOy$ 坐标面上的一条曲线 $L$ 绕 $x$ 轴旋转而成。按聚光镜性能的要求,在其旋转轴 ($x$ 轴) 上一点 $O$ 处发出的一切光线,经它反射后都与旋转轴平行。求曲线 $L$ 的方程。

**解** 将光源所在之 $O$ 点取作坐标原点,如图 7.8 所示,且曲线 $L$ 位于 $y \geq 0$ 范围内。

设点 $M(x,y)$ 为 $L$ 上的任一点,点 $O$ 发出的某条光线经点 $M$ 反射后是一条与 $x$ 轴平行的直线 $MS$。又设过点 $M$ 的切线 $AT$ 与 $x$ 轴的夹角为 $\alpha$。根据题意,$\angle SMT=\alpha$。另外,$\angle OMA$ 是入射角的余角,$\angle SMT$ 是反射角的余角,于是由光学中的反射定律有 $\angle OMA=\angle SMT=\alpha$,从而 $AO=OM$,但

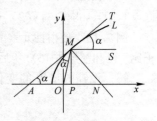

图 7.8 聚光镜示意图

$AO=AP-OP=PM\cot\alpha-OP=\dfrac{y}{y'}-x$,而 $OM=\sqrt{x^2+y^2}$。于是得微分方程

$$\frac{y}{y'} - x = \sqrt{x^2 + y^2}. \tag{7.6}$$

利用 MATLAB 软件，求得方程的通解为

$$y^2 = 2C\left(x + \frac{C}{2}\right),$$

这是以 $x$ 轴为轴、焦点在原点的抛物线。

```
%程序文件 gex7_15.mlx
clc, clear, syms y(x)
sy=dsolve(y/diff(y)-x==sqrt(x^2+y^2))
```

**例 7.16** 设有一均匀、柔软的绳索，两端固定，绳索仅受重力的作用而下垂。试问该绳索在平衡状态时是怎样的曲线？

**解** 设绳索的最低点为 $A$。取 $y$ 轴通过点 $A$ 铅直向上，并取 $x$ 轴水平向右，且 $|OA|$ 等于某个定值。设绳索曲线的方程为 $y=\varphi(x)$。考查绳索上点 $A$ 到另一点 $M(x,y)$ 间的一段弧 $\overset{\frown}{AM}$，设其长为 $s$。假设绳索的线密度为 $\rho$，则弧 $\overset{\frown}{AM}$ 所受重力为 $\rho g s$。由于绳索是柔软的，因此在点 $A$ 处的张力沿水平的切线方向，其大小设为 $H$；在点 $M$ 处的张力沿该点处的切线方向，设其倾角为 $\theta$，大小为 $T$（图 7.9）。

因作用于弧段 $\overset{\frown}{AM}$ 的外力相互平衡，把作用于弧 $\overset{\frown}{AM}$ 上的力沿铅直及水平两方向分解，得

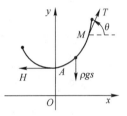

图 7.9 悬链线示意图

$$T\sin\theta = \rho g s, \quad T\cos\theta = H.$$

将两式相除，得

$$\tan\theta = \frac{1}{a}s, \quad a = \frac{H}{\rho g}.$$

由于 $\tan\theta = y'$，$s = \int_0^x \sqrt{1 + y'^2}\,\mathrm{d}x$，代入上式即得

$$y' = \frac{1}{a}\int_0^x \sqrt{1 + y'^2}\,\mathrm{d}x.$$

将上式两端对 $x$ 求导，便得 $y=\varphi(x)$ 满足的微分方程

$$y'' = \frac{1}{a}\sqrt{1+y'^2}, \tag{7.7}$$

取原点 $O$ 到点 $A$ 的距离为定值 $a$，即 $|OA|=a$，那么初值条件为

$$y|_{x=0} = a, \quad y'|_{x=0} = 0. \tag{7.8}$$

求解式（7.7）和式（7.8）定义的初值问题，得

$$y = \frac{a}{2}(\mathrm{e}^{\frac{x}{a}} + \mathrm{e}^{-\frac{x}{a}}).$$

该曲线叫作悬链线。

```
%程序文件 gex7_16.mlx
clc, clear, syms a y(x)
dy=diff(y), assume(a>0)
```

```
s0=dsolve(diff(y,2)==sqrt(1+diff(y)^2)/a,y(0)==a,dy(0)==0)
s1=dsolve(diff(y,2)==sqrt(1+diff(y)^2)/a)              %求通解
s2=expand(s1), s(x)=s2(3)                              %取通解的第3个分量
eq1=s(0)-a, eq2=diff(s),eq2=eq2(0)                     %由初值条件建立方程
v=symvar(eq1)
[c10,c20]=solve(eq1,eq2,[v(1),v(2)])                   %求通解中的常数
ss=subs(s,{v(1),v(2)},{c10(1),c20(1)})                 %代入参数值得特解
```

## 7.4 降落伞空投物资问题

**例7.17** 为向灾区空投一批救灾物资，共2000kg，需选购一批降落伞，已知空投高度为500m，要求降落伞落地时的速度不能超过20m/s，降落伞的伞面为半径 $r$ 的半球面，用每根长 $L$ 共16根绳索连接的物资重 $m$ 位于球心正下方球面处，如图7.10所示。每个降落伞的价格由3部分组成，伞面费用 $c_1$ 由伞的半径 $r$ 决定，如表7.2所列；绳索费用 $c_2$ 由绳索总长度及单价4元/m决定，固定费用 $c_3$=200元。

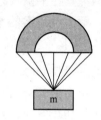

图7.10 降落伞空投物资

表7.2 伞面费用

| $r$/m | 2 | 2.5 | 3 | 3.5 | 4 |
|---|---|---|---|---|---|
| $c_1$/元 | 65 | 170 | 350 | 660 | 1000 |

降落伞在降落过程中除受到重力外，还受到空气的阻力，阻力可以认为与降落的速度平方和伞的面积的乘积成正比。为了确定阻力系数，利用半径 $r$=3m，载重 $m$=300kg 的降落伞从500m高度处做降落试验，测得各个时刻的高度 $x$ 如表7.3所列。

表7.3 降落伞各个时刻的高度

| $t$/s | 0 | 3 | 6 | 9 | 12 | 15 | 18 | 21 | 24 | 27 | 30 |
|---|---|---|---|---|---|---|---|---|---|---|---|
| $x$/m | 500 | 470 | 425 | 372 | 317 | 264 | 215 | 160 | 108 | 55 | 1 |

试确定降落伞的选购方案，即共需要多少个伞，每个伞的半径多大（在给定的半径的伞中选），才能在满足空投要求的条件下使费用最低。

**解** (1) 问题分析。

根据题意，每种伞的价格是确定的，要确定伞的选购方案，即需多少个伞，每个伞的半径多大（在给定的半径的伞中选），才能在满足空投要求的条件下，使费用最低。首先，必须知道每种伞在满足空投条件的最大载重量 $M(r)$，意欲得到 $M(r)$，必须先求出空气阻力系数 $k$，然后根据平衡条件得出 $M(r)$，最后求解线性规划模型，得到问题的结果。

(2) 模型假设。

① 救灾物资2000kg可以任意分割。

② 降落伞落地时的速度不超过20m/s。

③ 降落伞和绳索的质量是可以忽略的。
④ 伞在降落过程中，只受到重力和空气阻力的作用。
⑤ 空气阻力的阻力系数 $k$ 是定值，与其他因素无关。

（3）符号说明。

$M(r)$：半径 $r$ 的伞在满足空投条件的最大载重量；

$h(t)$：降落伞从降落位置经过时间 $t$ 所下降的距离；

$m$：降落伞负重质量；

$g$：重力加速度；

$s$：降落伞伞面面积；

$y_i(i=1,2,\cdots,5)$：选购的半径 $r=2\mathrm{m},2.5\mathrm{m},3\mathrm{m},3.5\mathrm{m},4\mathrm{m}$ 五种降落伞的个数。

（4）模型的建立与求解。

① 确定空气阻力系数 $k$。以开始降落点为坐标原点，垂直向下为坐标轴的正向建立坐标系。

降落伞在下降过程中受到重力 $mg$ 和空气阻力 $kv^2s$，其中 $m$ 为降落伞负重质量，$g$ 为重力加速度，$k$ 为空气阻力系数，$v$ 为降落伞下降速度，$s$ 为降落伞伞面面积。降落伞的初速度为 0。

由牛顿第二定律，有

$$\begin{cases} m\dfrac{\mathrm{d}v(t)}{\mathrm{d}t}=mg-kv^2s, \\ v(0)=0. \end{cases}$$

解之，得

$$v(t)=\dfrac{\sqrt{mg}}{\sqrt{sk}}\tanh\left(\sqrt{\dfrac{gsk}{m}}t\right).$$

该降落伞从降落位置经过时间 $t$ 降落的距离为

$$h(t)=\int_0^t v(t)\mathrm{d}t=\sqrt{\dfrac{mg}{ks}}t-\dfrac{m}{ks}\ln\left(\tanh\left(\sqrt{\dfrac{gks}{m}}t\right)+1\right).$$

将表 7.3 中不同时刻降落伞离地面的距离转换成不同时间降落伞下降距离，可得表 7.4 所列数据。

表 7.4 不同时间降落伞下降距离

| $t/\mathrm{s}$ | 0 | 3 | 6 | 9 | 12 | 15 | 18 | 21 | 24 | 27 | 30 |
|---|---|---|---|---|---|---|---|---|---|---|---|
| $h(t)/\mathrm{m}$ | 0 | 30 | 75 | 128 | 183 | 236 | 285 | 340 | 392 | 445 | 499 |

下面首先估计阻力系数。画出表 7.4 中数据的散点图如图 7.11 所示，从图 7.11 中可以看出，$h(t)$ 与 $t$ 的关系在后阶段基本是线性关系，即降落伞做匀速运动，重力等于空气阻力，即 $mg=kv^2s$。给定数据的降落伞半径 $r=3\mathrm{m}$，质量 $m=300\mathrm{kg}$，取 $g=9.8\mathrm{m/s}$，伞面积 $s=2\pi r^2$，利用表 7.4 中的后阶段时间估算出 $v\approx\dfrac{499-236}{30-15}=17.5333$（m/s），计算得

$$k=\dfrac{mg}{v^2s}=0.1691.$$

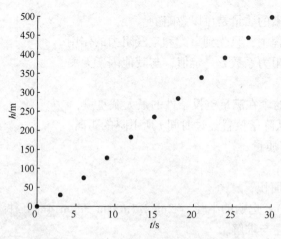

图 7.11　下降高度 $h$ 与时间 $t$ 关系的散点图

② 计算半径为 $r$ 的降落伞在满足空投条件的最大载重量 $M(r)$。负重降落伞的降落刚开始是加速运动，由于速度越来越大，受到的阻力也越来越大，加速度越来越小，直到重力和阻力达到平衡状态，速度达到最大值，降落伞做垂直方向的匀速直线运动。

降落伞落地时的最大速度 $v_m = 20\text{m/s}$，该最大速度必须是降落伞匀速运动的速度，此时重力和阻力达到了平衡，则有

$$M(r)g = kv_m^2 s(r),$$

这里，$g = 9.8\text{m/s}^2$，$k = 0.1691$，$s(r) = 2\pi r^2$，计算得到最大载重量

$$M(r) = \frac{2\pi k v_m^2 r^2}{g}.$$

分别取半径 $r = 2\text{m}$，$2.5\text{m}$，$3\text{m}$，$3.5\text{m}$，$4\text{m}$，得到不同半径 $r$ 的降落伞在满足空投条件的最大载重量数据 $M(r)$ 如表 7.5 所列。

表 7.5　不同半径 $r$ 降落伞的最大载重量 $M(r)$ 数据

| $r/\text{m}$ | 2 | 2.5 | 3 | 3.5 | 4 |
|---|---|---|---|---|---|
| $M(r)/\text{kg}$ | 173.4881 | 271.0752 | 390.3483 | 531.3074 | 693.9525 |

③ 计算每种降落伞的单价。绳索的长度由降落伞的半径决定，绳索长度 $L = \sqrt{2}r$，则绳索的费用为 $c_2 = 4 \times \sqrt{2}r \times 16$，固定费用 $c_3 = 200$ 元，伞面费用 $c_1$ 见表 7.2，则总费用 $d = c_1 + c_2 + c_3$，如表 7.6 所列。

表 7.6　每种降落伞的各项费用和总费用

| $r/\text{m}$ | 2 | 2.5 | 3 | 3.5 | 4 |
|---|---|---|---|---|---|
| $c_1/\text{元}$ | 65 | 170 | 350 | 660 | 1000 |
| $c_2/\text{元}$ | 181.02 | 226.27 | 271.53 | 316.78 | 362.04 |
| $c_3/\text{元}$ | 200 | 200 | 200 | 200 | 200 |
| $d/\text{元}$ | 446.02 | 596.27 | 821.53 | 1176.78 | 1562.04 |

④ 选取降落伞的优化模型。每种降落伞的价格是确定的，每种降落伞的最大载重量也知道了，要确定降落伞的选购方案，在每种降落伞满足空投条件最大载重量 $M(r)$ 要求的条件下，使费用最低，原问题就成了一个整数线性规划问题。

用 $i=1,2,\cdots,5$ 分别表示伞面半径 $r=2,\ 2.5,\cdots,4(\mathrm{m})$ 的 5 种规格的降落伞，$d_i$ 表示每把第 $i$ 种降落伞的费用，$e_i$ 表示第 $i$ 种降落伞的最大载重量，$y_i$ 表示选购第 $i$ 种降落伞的数量。建立如下的整数线性规划模型：

$$\min \sum_{i=1}^{5} d_i y_i,$$

$$\mathrm{s.t.} \begin{cases} \sum_{i=1}^{5} e_i y_i \geq 2000, \\ y_i \geq 0 \text{ 且为整数}, \quad i=1,2,\cdots,5. \end{cases}$$

利用 MATLAB 软件求得目标函数的最小值为 4328.41 元，最优解为

$$y_1 = y_2 = 1, \quad y_3 = 4, \quad y_4 = y_5 = 0,$$

即半径为 2m、2.5m 的降落伞各选购 1 个，半径为 3m 的降落伞选购 4 个。

```
%程序文件 gex7_17.mlx
clc, clear
syms v(t) g k s m
vt=dsolve(diff(v)==g-k*v^2*s/m,v(0)==0)
ht=int(vt)                          %求不定积分

a=load("data7_17_1.txt");
t=a(1,:); h=a(2,:);
scatter(t,h,'fill')
xlabel("$t$/s","Interpreter","latex")
ylabel("$h/$m","Interpreter","latex")

vh=(499-236)/15                     %计算速度的近似值
s=2*pi*3^2                          %计算伞面积
k=300*9.8/(vh^2*s)                  %计算阻力系数

r=[2:0.5:4]; vm=20;
M=2*pi*k*vm^2*r.^2/9.8              %计算最大载重量
writematrix([r;M],"data7_17_2.xlsx")

c1=[65,170,350,660,1000];
c2=4*sqrt(2)*r*16; c3=200;
d=c1+c2+c3; warning("off")
writematrix([c2;d],"data7_17_2.xlsx","Sheet",2)
```

```
y = optimvar("y",5,1,"Type","integer","LowerBound",0);
p = optimproblem("Objective",d*y);
p.Constraints = M*y >= 2000;
[sol,f] = solve(p)
yy = sol.y
```

# 习 题 7

7.1 一曲线通过点$(3,4)$，它在两坐标轴间的任一切线线段均被切点所平分，求该曲线方程。

7.2 小船从河边点$O$处出发驶向对岸（两岸为平行直线）。设船速为$a$，船行方向始终与河岸垂直，又设河宽为$h$，河中任一点处的水流速度与该点到两岸距离的乘积成正比（比例系数为$k$）。求小船的航行路线。

7.3 一个单位质量的质点在数轴上运动，开始时质点在原点$O$处且速度为$v_0$，在运动过程中，它受到一个力的作用，这个力的大小与质点到原点的距离成正比（比例系数$k_1>0$）而方向与初速一致。又介质的阻力与速度成正比（比例系数$k_2>0$）。求反映这质点的运动规律的函数。

7.4 大炮以仰角$\alpha$，初速$v_0$发射炮弹，若不计空气阻力，求弹道曲线。

7.5 一链条悬挂在一钉子上，启动时一端离开钉子8m，另一端离开钉子12m，分别在以下两种情况下求链条滑下来所需要的时间：

（1）不计钉子对链条所产生的摩擦力；

（2）摩擦力为1m长的链条的重量。

7.6 已知某车间的长宽高为30m×30m×6m，其中的空气含0.12%的$CO_2$。现以含$CO_2$ 0.04%的新鲜空气输入，问每分钟应输入多少，才能在30min后使车间空气中$CO_2$的含量不超过0.06%？（假定输入的新鲜空气与原有空气很快混合均匀后，以相同的流量排出。）

7.7 （1）一架重5000kg的飞机以800km/h的航速开始着陆，在减速伞的作用下滑行500m后减速为100km/h。设减速伞的阻力与飞机的速度成正比，并忽略飞机所受的其他外力，试计算减速伞的阻力系数。

（2）将同样的减速伞配备在8000kg的飞机上，现已知机场跑道长度为1200m，若飞机着陆速度为600km/h，问跑道长度能否保障飞机安全着陆。

7.8 求方程
$$x^2y''-xy'+y=x\ln x, \quad y(1)=\ y'(1)=1$$
的解析解和数值解，并进行比较。

7.9 试求下列常微分方程组的解析解和数值解。
$$\begin{cases} x''(t)=-2x(t)-3x'(t)+e^{-5t}, & x(0)=1, x'(0)=2, \\ y''(t)=2x(t)-3y(t)-4x'(t)-4y'(t), & y(0)=3, y'(0)=4. \end{cases}$$

# 第8章 向量代数与空间解析几何

本章依次介绍向量和矩阵的范数、向量的运算、空间解析几何的有关内容，最后给出一个应用案例。

## 8.1 向量和矩阵的范数

在数学上，范数包括向量范数和矩阵范数，向量范数表征向量空间中向量的大小，矩阵范数表征矩阵引起变化的大小。

一种非严密的解释就是，向量空间中的向量都是有大小的，这个大小，就是用范数来度量的，不同的范数都可以度量这个大小，就好比米和尺都可以来度量距离。对于矩阵范数，通过运算 $AX=B$，可以将向量 $X$ 变化为 $B$，矩阵范数就是来度量这个变化大小的。

**1. 向量的范数**

向量的范数主要指的是 $L^p$ 范数，与闵可夫斯基距离的定义一样，$L^p$ 范数不是一个范数，而是一组范数，其定义如下：

$$\|X\|_p = \left(\sum_{i=1}^{n} |x_i|^p\right)^{1/p}, \quad X = [x_1, x_2, \cdots, x_n], 0 < p < +\infty, p = -\infty \text{ 或 } p = +\infty.$$
(8.1)

在 MATLAB 中，向量范数的函数 norm 调用格式如下：

(1) norm（X，1）求向量 $X$ 的 $L^1$ 范数，即 $\|X\|_1 = \sum_{i=1}^{n} |x_i|$。

(2) norm(X)（MATLAB 默认是求向量的 2 范数）求向量 $X$ 的 $L^2$ 范数（欧几里得范数），即 $\|X\|_2 = \left(\sum_{i=1}^{n} |x_i|^2\right)^{1/2}$（下面省略下标 2 的范数 $\|\cdot\|$，都默认为 2 范数 $\|\cdot\|_2$）。

(3) norm（X，inf）求向量 $X$ 的 $L^\infty$ 范数，即 $\|X\|_\infty = \max_{1 \leq i \leq n} \{|x_i|\}$。

(4) norm（X，-inf）求向量 $X$ 的 $L^{-\infty}$ 范数，即 $\|X\|_{-\infty} = \min_{1 \leq i \leq n} \{|x_i|\}$。

(5) norm（X，p）求向量 $X$ 的 $L^p$ 范数，即 $\|X\|_p = \left(\sum_{i=1}^{n} |x_i|^p\right)^{1/p}$，$0 < p < +\infty$。

**2. 矩阵的范数**

设 $x$ 为 $n$ 维列向量，$A = (a_{ij})_{n \times n}$ 为 $n$ 阶方阵。常用的矩阵范数如下。

(1) 矩阵的 1 范数（列模）定义为

$$\|A\|_1 = \max_{x \neq 0} \frac{\|Ax\|_1}{\|x\|_1} = \max_{1 \leq j \leq n} \sum_{i=1}^{n} |a_{ij}|, \quad (8.2)$$

即矩阵的每一列上的元素绝对值先求和,再从中取最大的(列和最大)。MATLAB 代码为 norm(A,1)。

(2)矩阵的 2 范数(谱模)定义为

$$\|A\|_2 = \max_{x \neq 0} \frac{\|Ax\|_2}{\|x\|_2} = \sqrt{\lambda_{\max}(A^T A)}, \quad (8.3)$$

其中,$\lambda_{\max}(A^T A)$ 为矩阵 $A^T A$ 的最大特征值,矩阵的 2 范数即矩阵 $A^T A$ 的最大特征值的平方根。MATLAB 代码为 norm(A)。

(3)矩阵的无穷范数(行模)定义为

$$\|A\|_\infty = \max_{x \neq 0} \frac{\|Ax\|_\infty}{\|x\|_\infty} = \max_{1 \leq i \leq n} \sum_{j=1}^{n} |a_{ij}|, \quad (8.4)$$

即矩阵的每一行上的元素绝对值先求和,再从中取最大的(行和最大)。MATLAB 代码为 norm(A,inf)。

(4)矩阵的 F 范数定义为

$$\|A\|_F = \sqrt{\sum_{i=1}^{n} \sum_{j=1}^{n} |a_{ij}|^2} = \sqrt{\text{trace}(A^T A)}, \quad (8.5)$$

其中,$\text{trace}(A^T A)$ 表示矩阵 $A^T A$ 的迹,即矩阵 $A^T A$ 对角线元素之和。MATLAB 代码为 norm(A,'fro')。

下面介绍一个 MATLAB 中求向量范数的函数 vecnorm,其调用格式如下:

vecnorm(A)

如果 A 是向量,则 vecnorm 返回该向量的 2 范数;如果 A 是矩阵,则 vecnorm 返回每一列的 2 范数。

vecnorm(A,p,dim)沿维度 dim 求矩阵 A 的 p 范数。

**例 8.1** 对于矩阵

$$A = \begin{bmatrix} 1 & 2 & 3 \\ 1 & 2 & 3 \\ 1 & 2 & 3 \end{bmatrix}.$$

(1)求 $A$ 的 2 范数和 F 范数;

(2)求 $A$ 的逐列 2 范数和逐行 2 范数。

**解** (1)求得 $A$ 的 2 范数和 F 范数都为 $\sqrt{42}$。

(2)逐列 2 范数分别为 1.7321,3.4641,5.1962;逐行 2 范数都为 3.7417。

```
%程序文件 gex8_1.mlx
clc, clear
A=repmat(1:3,3,1), B=sym(A)           %转换为符号矩阵
N1=norm(B), N2=norm(B,"fro")          %求矩阵的 2 范数和 F 范数
N3=vecnorm(A)                          %求逐列 2 范数
N4=vecnorm(A,2,2)                      %求逐行 2 范数
```

## 8.2 数量积、向量积和混合积

### 8.2.1 数量积

向量数量积，也叫向量点乘、向量内积，对两个向量执行数量积运算，就是对这两个向量对应元素相乘之后求和，所得结果是一个标量。

向量 $\boldsymbol{a}=[a_1,a_2,\cdots,a_n]$ 和向量 $\boldsymbol{b}=[b_1,b_2,\cdots,b_n]$ 的数量积公式为
$$\boldsymbol{a}\cdot\boldsymbol{b}=a_1b_1+a_2b_2+\cdots+a_nb_n.$$

在 MATLAB 中，C=dot(A,B) 返回 A 和 B 的数量积。如果 A 和 B 是向量，则它们的长度必须相同；如果 A 和 B 为矩阵或多维数组，则它们的大小必须相同。

C=dot(A,B,dim) 计算 A 和 B 沿维度 dim 的数量积，dim 的取值默认为 1，即沿列方向求数量积；dim 取值为 2，沿行方向求数量积。

**例 8.2** （1）求向量 $\boldsymbol{\alpha}=[4,-1,2]^{\mathrm{T}}$ 和 $\boldsymbol{\beta}=[1,2,3]^{\mathrm{T}}$ 的数量积。

（2）求矩阵
$$\boldsymbol{A}=\begin{bmatrix}1&2&3\\4&5&6\end{bmatrix},\quad \boldsymbol{B}=\begin{bmatrix}1&1&1\\2&2&2\end{bmatrix},$$
逐列对应的数量积和逐行对应的数量积。

**解** （1）求得 $\boldsymbol{\alpha}$ 与 $\boldsymbol{\beta}$ 的数量积为 8。

（2）求得逐列对应的数量积为 $[9,12,15]$，求得逐行对应的数量积为 $\begin{bmatrix}6\\30\end{bmatrix}$。

```
%程序文件 gex8_2.m
clc, clear
a=[4;-1;2]; b=[1:3]'; s1=dot(a,b)
A=[1:3;4:6]; B=[ones(1,3);2*ones(1,3)];
s2=dot(A,B), s3=dot(A,B,2)
```

**例 8.3** 已知三点 $M(1,1,1)$、$A(2,2,1)$ 和 $B(2,1,2)$，求 $\angle AMB$。

**解** 由
$$\cos\angle AMB=\frac{\overrightarrow{MA}\cdot\overrightarrow{MB}}{\|\overrightarrow{MA}\|\ \|\overrightarrow{MB}\|}=\frac{1}{2},$$
求得 $\angle AMB=\dfrac{\pi}{3}$。

```
%程序文件 gex8_3.mlx
clc, clear
M=[1,1,1]; A=[2,2,1]; B=[2,1,2];
MA=A-M; MB=B-M;
a=acos(sym(dot(MA,MB)/norm(MA)/norm(MB)))    %转换为符号数
```

### 8.2.2 向量积

向量积又叫向量外积、向量叉积。向量 $a=[a_1,a_2,a_3]$ 和向量 $b=[b_1,b_2,b_3]$ 的向量积公式为

$$a\times b=\begin{vmatrix} i & j & k \\ a_1 & a_2 & a_3 \\ b_1 & b_2 & b_3 \end{vmatrix}. \tag{8.6}$$

在三维几何中，向量 $a$ 和向量 $b$ 的向量积结果是一个向量，叫法向量，该向量垂直于向量 $a$ 和向量 $b$ 构成的平面。在三维空间中，向量积还有另外一个几何意义：$\|a\times b\|$ 等于由向量 $a$ 和向量 $b$ 构成的平行四边形的面积。

在 MATLAB 中，C=cross(A,B) 返回 A 和 B 的向量积。如果 A 和 B 为向量，则它们的长度必须为 3。如果 A 和 B 为矩阵或多维数组，则它们必须具有相同大小。在这种情况下，cross 函数将 A 和 B 视为三元素向量集合，计算对应向量沿大小等于 3 的第一个数组维度的向量积。

**例 8.4** 已知 $\triangle ABC$ 的顶点分别是 $A(1,2,3)$、$B(3,4,5)$ 和 $C(2,4,7)$，求 $\triangle ABC$ 的面积。

**解** 根据向量积的定义，可知 $\triangle ABC$ 的面积

$$S_{\triangle ABC}=\frac{1}{2}\|\overrightarrow{AB}\|\|\overrightarrow{AC}\|\sin\angle A=\frac{1}{2}\|\overrightarrow{AB}\times\overrightarrow{AC}\|=\sqrt{14}.$$

```
%程序文件 gex8_4.mlx
clc, clear
A=sym([1:3]), B=sym([3:5]), C=sym([2,4,7])        %输入符号向量
s1=cross(B-A,C-A)                                  %计算向量积
s2=norm(s1)/2, s2=simplify(s2)                     %计算面积
```

### 8.2.3 混合积

设 $a$、$b$、$c$ 是空间中三个向量，则 $(a\times b)\cdot c$ 称为三个向量 $a$、$b$、$c$ 的混合积，记作 $[abc]$。

向量 $a=[a_1,a_2,a_3]$、$b=[b_1,b_2,b_3]$ 和向量 $c=[c_1,c_2,c_3]$ 的混合积公式为

$$[abc]=(a\times b)\cdot c=\begin{vmatrix} a_1 & a_2 & a_3 \\ b_1 & b_2 & b_3 \\ c_1 & c_2 & c_3 \end{vmatrix}.$$

混合积有如下几何意义：向量的混合积 $(a\times b)\cdot c$ 的绝对值表示以向量 $a$、$b$、$c$ 为棱的平行六面体的体积。

**例 8.5** 已知 $A(1,2,0)$、$B(2,3,1)$、$C(4,2,2)$、$M(x_1,x_2,x_3)$ 四点共面，求点 $M$ 的坐标 $x_1$、$x_2$、$x_3$ 所满足的关系式。

**解** $A$、$B$、$C$、$M$ 四点共面相当于 $\overrightarrow{AM}$、$\overrightarrow{AB}$、$\overrightarrow{AC}$ 三向量共面，按三向量共面的充要条

件，可得
$$(\overrightarrow{AM} \times \overrightarrow{AB}) \cdot \overrightarrow{AC} = 0,$$
即
$$\begin{vmatrix} x_1-1 & x_2-2 & x_3 \\ 1 & 1 & 1 \\ 3 & 0 & 2 \end{vmatrix} = 0,$$
化简，得
$$2x_1 + x_2 - 3x_3 - 4 = 0,$$
这就是点 $M$ 的坐标所满足的关系式。

```
%程序文件 gex8_5.mlx
clc, clear, syms x [1,3]            %定义符号行向量,x后面有空格
A=[1,2,0]; B=[2,3,1]; C=[4,2,2];
M=[x-A;B-A;C-A], s=det(M)           %计算行列式的值
```

## 8.3 平面方程和直线方程

### 8.3.1 平面方程

**1. 平面方程**

1）平面的点法式方程

已知平面 $\Pi$ 过点 $M_0(x_0, y_0, z_0)$，法线向量 $\boldsymbol{n} = [A, B, C]$，则平面的点法式方程为
$$A(x-x_0) + B(y-y_0) + C(z-z_0) = 0. \tag{8.7}$$

2）平面的一般式方程

平面的一般式方程为
$$Ax + By + Cz + D = 0, \tag{8.8}$$
其中，$A$、$B$、$C$ 不全为零。

**2. 两平面的夹角**

设两平面 $\Pi_1$ 和 $\Pi_2$ 的法线向量分别为 $\boldsymbol{n}_1 = [A_1, B_1, C_1]$ 和 $\boldsymbol{n}_2 = [A_2, B_2, C_2]$，则平面 $\Pi_1$ 和 $\Pi_2$ 的夹角 $\theta$ 满足
$$\cos\theta = \frac{|\boldsymbol{n}_1 \cdot \boldsymbol{n}_2|}{\|\boldsymbol{n}_1\|\|\boldsymbol{n}_2\|} = \frac{|A_1 A_2 + B_1 B_2 + C_1 C_2|}{\sqrt{A_1^2 + B_1^2 + C_1^2}\sqrt{A_2^2 + B_2^2 + C_2^2}}. \tag{8.9}$$

**例 8.6** 一平面通过两点 $M_1(1,1,1)$ 和 $M_2(0,1,-1)$ 且垂直于平面 $x+y+z=0$，求它的方程。

**解** 设所求平面的一个法线向量为
$$\boldsymbol{n} = [X_1, X_2, X_3],$$
因 $\overrightarrow{M_1 M_2} = [-1, 0, -2]$ 在所求平面上，它必与 $\boldsymbol{n}$ 垂直，所以有
$$-X_1 - 2X_3 = 0. \tag{8.10}$$
又因所求的平面垂直于已知平面 $x+y+z=0$，所以又有

$$X_1+X_2+X_3=0. \tag{8.11}$$

求解式（8.10）和式（8.11）组成的线性方程组，得
$$X_1=-2X_3,\quad X_2=X_3.$$

取法线向量 $\boldsymbol{n}=[-2,1,1]$，由平面的点法式方程可知，所求平面方程为
$$-2(x-1)+(y-1)+(z-1)=0,$$
即
$$2x-y-z=0.$$

这就是所求的平面方程。

```
%程序文件 gex8_6.mlx
clc, clear, syms X [3,1]        %X 为法线向量
syms x y z, U=[x,y,z]
M12=[-1,0,-2], n0=[1,1,1]
eq1=M12*X, eq2=n0*X
[s1,s2]=solve(eq1,eq2,[X1,X2])
n=[s1/X3,s2/X3,1]               %所求平面的法线向量
eq=dot(n,U-1)                   %求平面方程，这里 1 表示 M1 点的三个坐标都为 1
```

### 8.3.2 直线方程

**1. 空间直线的一般方程**

空间直线 $L$ 可以看作两个平面 $\Pi_1$ 和 $\Pi_2$ 的交线。如果两个相交的平面 $\Pi_1$ 和 $\Pi_2$ 的方程分别为 $A_1x+B_1y+C_1z+D_1=0$ 和 $A_2x+B_2y+C_2z+D_2=0$，那么直线 $L$ 的一般方程为

$$\begin{cases} A_1x+B_1y+C_1z+D_1=0,\\ A_2x+B_2y+C_2z+D_2=0. \end{cases} \tag{8.12}$$

**2. 空间直线的对称式方程与参数方程**

已知直线 $L$ 上的一点 $M_0(x_0,y_0,z_0)$ 和它的一方向向量 $\boldsymbol{s}=[m,n,p]$，则直线的对称式方程或点向式方程为

$$\frac{x-x_0}{m}=\frac{y-y_0}{n}=\frac{z-z_0}{p}. \tag{8.13}$$

直线的参数方程为

$$\begin{cases} x=x_0+mt,\\ y=y_0+nt,\\ z=z_0+pt. \end{cases} \tag{8.14}$$

**例 8.7** 求直线 $L_1: \dfrac{x-1}{1}=\dfrac{y}{-4}=\dfrac{z+3}{1}$ 和 $L_2: \dfrac{x}{2}=\dfrac{y+2}{-2}=\dfrac{z}{-1}$ 的夹角。

**解** 直线 $L_1$ 的方向向量为 $\boldsymbol{s}_1=[1,-4,1]$，直线 $L_2$ 的方向向量为 $\boldsymbol{s}_2=[2,-2,-1]$。设直线 $L_1$ 和 $L_2$ 的夹角为 $\varphi$，则有

$$\cos\varphi=\frac{|\boldsymbol{s}_1\cdot\boldsymbol{s}_2|}{\|\boldsymbol{s}_1\|\|\boldsymbol{s}_2\|}=\frac{1}{\sqrt{2}},$$

所以 $\varphi=\dfrac{\pi}{4}$。

```
%程序文件 gex8_7.mlx
clc, clear
s1=sym([1,-4,1]), s2=sym([2,-2,-1])        %使用符号数精确计算
cost=abs(dot(s1,s2))/norm(s1)/norm(s2)
cost=simplify(cost), t=acos(cost)
```

**例 8.8** 求直线 $\begin{cases} x+y-z-1=0, \\ x-y+z+1=0 \end{cases}$ 在平面 $x+y+z=0$ 上的投影直线的方程。

**解** 过直线 $\begin{cases} x+y-z-1=0, \\ x-y+z+1=0 \end{cases}$ 的平面束的方程为

$$(x+y-z-1)+t(x-y+z+1)=0,$$

即

$$(1+t)x+(1-t)y+(-1+t)z+(-1+t)=0, \tag{8.15}$$

其中 $t$ 为待定常数。这平面与平面 $x+y+z=0$ 垂直的条件为

$$(1+t)\cdot 1+(1-t)\cdot 1+(-1+t)\cdot 1=0,$$

解之，得 $t=-1$，代入式 (8.15)，得投影平面的方程为

$$2y-2z-2=0,$$

即

$$y-z-1=0.$$

所以投影直线的方程为

$$\begin{cases} y-z-1=0, \\ x+y+z=0. \end{cases}$$

```
%程序文件 gex8_8.mlx
clc, clear, syms x y z t
eq=x+y-z-1+t*(x-y+z+1)
c1=coeffs(eq,[z,y,x])         %系数排列是先常数项,再依次为 x,y,z 的系数
c2=c1(2:end)                  %提出 x,y,z 的系数
t0=solve(dot(c2,[1,1,1]))     %求 t 的取值
seq=subs(eq,t,t0)             %求平面的方程
```

## 8.4 曲面及其方程

**1. 旋转曲面**

以一条平面曲线绕其平面上的一条直线旋转一周所成的曲面叫作旋转曲面，旋转曲线和定直线分别叫作旋转曲面的母线和轴。

**2. 柱面**

一般地，直线 $L$ 沿定曲线 $C$ 平行移动形成的轨迹叫作柱面，定曲线 $C$ 叫作柱面的准线，动直线 $L$ 叫作柱面的母线。

### 3. 二次曲面

我们把三元二次方程 $F(x,y,z)=0$ 所表示的曲面称为二次曲面,把平面称为一次曲面。

**例 8.9** 绘制双曲抛物面 $\dfrac{x^2}{2}-\dfrac{y^2}{4}=z$。

绘制的图形如图 8.1 所示。

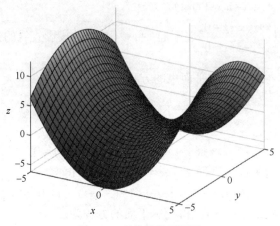

图 8.1 双曲抛物面图形

```
%程序文件 gex8_9.m
clc,clear,close all
fsurf(@(x,y)x.^2/2-y.^2/4),view(30,30)   %设置视角
xlabel("$x$","Interpreter","latex")
ylabel("$y$","Interpreter","latex")
zlabel("$z$","Interpreter","latex","Rotation",0)
```

**例 8.10** 画出下列各曲面所围立体的图形:

$$z=0, z=3, x-y=0, x-\sqrt{3}y=0, x^2+y^2=1 \text{（在第一卦限内）}.$$

所围立体的图形如图 8.2 所示。

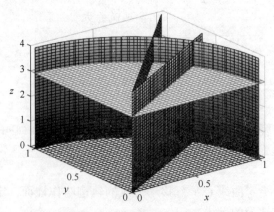

图 8.2 多曲面所围立体的图形

```
%程序文件 gex8_10.m
clc, clear, close all
fimplicit3(@(x,y,z)x.^2+y.^2-1,[0,2,0,2,0,4])
[x,y]=meshgrid(0:0.05:2);
hold on, mesh(x,y,zeros(size(x)))          %画平面 z=0
mesh(x,y,3*ones(size(x)))                   %画平面 z=3
fimplicit3(@(x,y,z)x-y,[0,1,0,1,0,4])       %画平面 x-y=0
fimplicit3(@(x,y,z)x-sqrt(3)*y,[0,1,0,1,0,4])
xlabel("$x$","Interpreter","latex")
ylabel("$y$","Interpreter","latex")
zlabel("$z$","Interpreter","latex","Rotation",0)
```

**例 8.11** 一球面过原点及 $A(4,0,0)$、$B(1,3,0)$ 和 $C(0,0,-4)$ 三点，求球面的方程及球心的坐标和半径。

**解** 设所求球面的方程为 $(x-a)^2+(y-b)^2+(x-c)^2=r^2$，将已知点的坐标代入方程，得方程组

$$\begin{cases} a^2+b^2+c^2=r^2, \\ (a-4)^2+b^2+c^2=r^2, \\ (a-1)^2+(b-3)^2+c^2=r^2, \\ a^2+b^2+(4+c)^2=r^2. \end{cases}$$

解之，得

$$a=2, b=1, c=-2, r=3.$$

因此所求球面方程为 $(x-2)^2+(y-1)^2+(z+2)^2=9$，其中球心坐标为 $(2,1,-2)$，半径为 3。

```
%程序文件 gex8_11.m
clc, clear,syms a b c r x y z, assume(r>0)
f(x,y,z)=(x-a)^2+(y-b)^2+(z-c)^2-r^2
[a,b,c,r]=solve(f(0,0,0),f(4,0,0),f(1,3,0),f(0,0,-4))
```

## 8.5 空间曲线及其方程

**1. 空间曲线的一般方程**

空间曲线可以看作两个曲面的交线。设

$$F(x,y,z)=0 \text{ 和 } G(x,y,z)=0$$

是两个曲面的方程，则方程组

$$\begin{cases} F(x,y,z)=0, \\ G(x,y,z)=0. \end{cases} \tag{8.16}$$

就是这两个曲面的交线 $C$ 的方程，方程组（8.16）也叫作空间曲线 $C$ 的一般方程。

**2. 空间曲线的参数方程**

空间曲线的参数方程为

$$\begin{cases} x = x(t), \\ y = y(t), \\ z = z(t). \end{cases} \tag{8.17}$$

### 3. 空间曲线在坐标面上的投影

空间曲线 $C$ 的一般方程（8.16）消去变量 $z$ 后（如果可能）得到方程

$$H(x,y) = 0. \tag{8.18}$$

式（8.18）表示一个母线平行于 $z$ 轴的柱面，叫作曲线 $C$ 关于 $xOy$ 面的投影柱面，投影柱面与 $xOy$ 面的交线叫作空间曲线 $C$ 在 $xOy$ 面上的投影曲线，或简称投影。空间曲线 $C$ 在 $xOy$ 面的投影曲线方程为

$$\begin{cases} H(x,y) = 0, \\ z = 0. \end{cases} \tag{8.19}$$

**例 8.12** 已知两球面的方程为

$$x^2 + y^2 + z^2 = 1, \tag{8.20}$$

和

$$x^2 + (y-1)^2 + (z-1)^2 = 1, \tag{8.21}$$

求它们的交线 $C$ 在 $xOy$ 面上的投影方程。

**解** 先求包含交线 $C$ 而母线平行于 $z$ 轴的柱面方程。由式（8.20）减去式（8.21）并化简，得到

$$y + z = 1.$$

再将 $z = 1-y$ 代入式（8.20）即得所求的柱面方程为

$$x^2 + 2y^2 - 2y = 0.$$

于是两球面的交线在 $xOy$ 面上的投影方程是

$$\begin{cases} x^2 + 2y^2 - 2y = 0, \\ z = 0. \end{cases}$$

```
%程序文件 gex8_12.m
clc, clear, syms x y z
eq1(x,y,z) = x^2+y^2+z^2-1
eq2(x,y,z) = x^2+(y-1)^2+(z-1)^2-1
eq3 = eq1-eq2, eq3 = simplify(eq3)
sz = solve(eq3,z)              %求解 z
eq4(x,y) = eq1(x,y,sz), eq4 = simplify(eq4)
```

## 8.6 创意平板折叠桌

**例 8.13** （取自 2014 年全国大学生数学建模竞赛 B 题）由尺寸为 120cm×50cm×3cm 的长方形平板加工成可折叠的桌子，桌面呈圆形。桌腿由两组木条组成，每组各用一根钢筋将木条连接，钢筋两端分别固定在桌腿各组最外侧的两根木条的中心位置，并

且沿木条有空槽以保证滑动的自由度，如图 8.3 所示。桌腿随着铰链的活动可以平摊成一张平板，每根木条宽 2.5cm，折叠后桌子的高度为 53cm。试建立模型描述此折叠桌的动态变化过程和桌脚边缘线。

图 8.3　折叠桌图片

**解**　虽然折叠桌设计是离散型的，但仍可以用连续型的方法进行建模。显然，圆形桌面在长方形木板的中心位置。基于圆形桌面下侧所在的平面建立直角坐标系 $xOy$，其中桌面圆心为原点 $O$，与长方形平板的长、宽平行的方向分别为 $x$ 轴、$y$ 轴，如图 8.4 所示，其中 $y$ 轴右侧的两个黑点表示最外侧桌腿上钢筋所在的位置。桌面对应的圆的方程为 $x^2+y^2=r^2$，其中 $r$ 为桌面的半径。记长方形的长为 $2l$，宽为 $2r$。过原点 $O$ 且垂直于 $xOy$ 平面、方向朝上的方向为 $z$ 轴正向，建立空间坐标系 $Oxyz$。设桌面底侧距离地面的高度为 $h$，最外侧桌腿与桌面的夹角为 $\alpha$，图 8.5 给出了二者之间的关系，即 $\sin\alpha=h/l$。简便起见，以下仅考虑桌面右侧的桌腿。

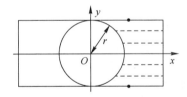 

图 8.4　桌面所在平面的直角坐标系　　图 8.5　桌面高度与桌腿示意图

最外侧两个桌腿关于 $xOz$ 平面对称，$y$ 轴正向一侧的最外侧桌腿的线段方程为

$$\begin{cases} z=-x\tan\alpha, \\ y=r, \\ 0 \leqslant x \leqslant l\cos\alpha. \end{cases}$$

此桌腿的中点 $P_1$ 的坐标为 $\dfrac{1}{2}(l\cos\alpha, 2r, -l\sin\alpha)$，对应的另一条最外侧桌腿的中点 $P_2$ 坐标为 $\dfrac{1}{2}(l\cos\alpha, -2r, -l\sin\alpha)$，因此钢筋所在的线段 $P_1P_2$ 方程为

$$\begin{cases} x = \dfrac{1}{2}l\cos\alpha, \\ -r \leq y \leq r, \\ z = -\dfrac{1}{2}l\sin\alpha. \end{cases}$$

在桌面右侧边缘（半圆）上任选一点 $Q_1$，其坐标可表示为

$$\begin{cases} x = r\cos\theta, \\ y = r\sin\theta, \\ z = 0, \end{cases}$$

其中，$-\pi/2 \leq \theta \leq \pi/2$。

过 $Q_1$ 的桌腿与钢筋的交点 $Q_2$ 的坐标为

$$\begin{cases} x = \dfrac{1}{2}l\cos\alpha, \\ y = r\sin\theta, \\ z = -\dfrac{1}{2}l\sin\alpha. \end{cases}$$

向量 $\overrightarrow{Q_1Q_2} = \left(\dfrac{1}{2}l\cos\alpha - r\cos\theta, 0, -\dfrac{1}{2}l\sin\alpha\right)$，其长度为

$$|\overrightarrow{Q_1Q_2}| = \sqrt{\left(\dfrac{1}{2}l\cos\alpha - r\cos\theta\right)^2 + \left(-\dfrac{1}{2}l\sin\alpha\right)^2}.$$

$Q_1$ 点到 $y$ 轴的距离为 $r\cos\theta$，$Q_2$ 对应的桌腿长度为 $l - r\cos\theta$，它所在的线段方程为

$$\begin{cases} x = r\cos\theta + \dfrac{l - r\cos\theta}{|\overrightarrow{Q_1Q_2}|}\left(\dfrac{1}{2}l\cos\alpha - r\cos\theta\right)t, \\ y = r\sin\theta, \\ z = \dfrac{l - r\cos\theta}{|\overrightarrow{Q_1Q_2}|}\left(-\dfrac{1}{2}l\sin\alpha\right)t, \end{cases}$$

其中，$t \in [0,1]$，$t=0$ 对应 $Q_1$ 点，$t=1$ 对应桌腿的底端。

由已知数据知 $l=0.6$，$r=0.25$，$h=0.5$。假设折叠桌的每侧均有 $N$ 条桌腿，在仿真中需要计算每条桌腿两端的空间坐标。在桌子折叠过程中，桌面高度 $h$ 的变化范围为 $0 \sim 50\mathrm{cm}$。对于不同的 $h$，可以绘制不同的桌腿，从而动态地演示桌子的折叠过程。

输出的图形如图 8.6 所示。

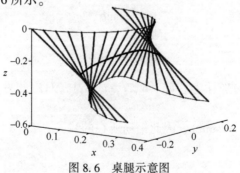

图 8.6 桌腿示意图

```
%程序文件 gex8_13.m
clc,clear,close all
L=0.6;r=0.25;h=0.5;
a=asin(h/L);N=21;                       %N 条桌腿
t=linspace(-pi/2,pi/2,N)';              %右侧边缘对应角度的离散化
Q1=[r*cos(t),r*sin(t),zeros(N,1)];      %Q1 点坐标
D=[L*cos(a)/2-r*cos(t),zeros(N,1),-L*sin(a)/2*ones(N,1)];
                                        %向量 Q1Q2
d=vecnorm(D,2,2);                       %求 D 的逐行 2 范数
%下面计算桌腿底端坐标
Qe=[r*cos(t)+(L-r*cos(t))./d.*D(:,1),r*sin(t),(L-r*cos(t))./d.*D(:,3)];
Q2=(Q1+Qe)/2;                           %钢筋端点坐标

hold on,plot3(Q1(:,1),Q1(:,2),Q1(:,3),'.-b')  %绘制桌腿上端 N 个点的连线
for i=1:N
    plot3([Q1(i,1),Qe(i,1)],[Q1(i,2),Qe(i,2)],[Q1(i,3),Qe(i,3)],...
        'r-','LineWidth',2)             %绘制第 i 条桌腿
end
plot3(Qe(:,1),Qe(:,2),Qe(:,3),'.-b');   %绘制桌腿底端 N 个点的连线
plot3(Q2(:,1),Q2(:,2),Q2(:,3),'-k','LineWidth',2)  %绘制钢筋对应的连线
view(35,15);                            %设置视角
xlabel('$x$','Interpreter','latex'),ylabel('$y$','Interpreter','latex')
zlabel('$z$','Interpreter','latex','Rotation',0)
```

# 习 题 8

8.1 求过$(1,1,-1)$，$(-2,-2,2)$和$(1,-1,2)$三点的平面方程。

8.2 求直线$\begin{cases}5x-3y+3z-9=0\\3x-2y+z-1=0\end{cases}$与直线$\begin{cases}2x+2y-z+23=0\\3x+8y+z-18=0\end{cases}$的夹角的余弦。

8.3 求过点$(3,1,-2)$且通过直线$\dfrac{x-4}{5}=\dfrac{y+3}{2}=\dfrac{z}{1}$的平面方程。

8.4 求点$P(3,-1,2)$到直线$\begin{cases}x+y-z+1=0\\2x-y+z-4=0\end{cases}$的距离。

8.5 画出下列各方程所表示的曲面：

(1) $\dfrac{x^2}{9}+\dfrac{z^2}{4}=1$；  (2) $z=2-x^2$。

8.6 画出下列各曲面所围立体的图形：

$x=0,\ y=0,\ z=0,\ x^2+y^2=4,\ y^2+z^2=4$（在第一卦限内）。

8.7 设一平面垂直于平面 $z=0$，并通过从点 $(1,-1,1)$ 到直线
$$\begin{cases} y-z+1=0, \\ x=0. \end{cases}$$
的垂线，求此平面的方程。

8.8 求过点 $(-1,0,4)$，且平行于平面 $3x-4y+z-10=0$，又与直线
$$\frac{x+1}{1}=\frac{y-3}{1}=\frac{z}{2}$$
相交的直线的方程。

# 第9章 多元函数微分法及其应用

本章介绍多元函数的微分法及其应用,并介绍 MATLAB 在多元函数微分法的应用。

## 9.1 偏导数及多元复合函数的导数

### 9.1.1 偏导数

**1. 偏导数的计算**

**例 9.1** 求 $z=x^2+3xy+y^2$ 在点 $(1,2)$ 处的偏导数。

**解** 求得

$$\left.\frac{\partial z}{\partial x}\right|_{(1,2)} = 8, \quad \left.\frac{\partial z}{\partial y}\right|_{(1,2)} = 7.$$

```
%程序文件 gex9_1.mlx
clc, clear, syms x y
z(x,y)=x^2+3*x*y+y^2
dzx=diff(z,x), s1=dzx(1,2)
dzy=diff(z,y), s2=dzy(1,2)
```

**2. 多元函数的梯度和 Hessian 矩阵的计算**

多元函数 $f(x_1,x_2,\cdots,x_n)$ 的梯度 $\mathrm{grad}f = \left[\dfrac{\partial f}{\partial x_1}, \dfrac{\partial f}{\partial x_2}, \cdots, \dfrac{\partial f}{\partial x_n}\right]^\mathrm{T}$,$f(x_1,x_2,\cdots,x_n)$ 的 Hessian 矩阵

$$H(f) = \left(\frac{\partial^2 f}{\partial x_i \partial x_j}\right)_{n\times n} = \begin{bmatrix} \dfrac{\partial^2 f}{\partial x_1^2} & \dfrac{\partial^2 f}{\partial x_1 \partial x_2} & \cdots & \dfrac{\partial^2 f}{\partial x_1 \partial x_n} \\ \dfrac{\partial^2 f}{\partial x_2 \partial x_1} & \dfrac{\partial^2 f}{\partial x_2^2} & \cdots & \dfrac{\partial^2 f}{\partial x_2 \partial x_n} \\ \vdots & \vdots & & \vdots \\ \dfrac{\partial^2 f}{\partial x_n \partial x_1} & \dfrac{\partial^2 f}{\partial x_n \partial x_2} & \cdots & \dfrac{\partial^2 f}{\partial x_n^2} \end{bmatrix}.$$

MATLAB 求多元函数梯度的命令为 gradient,求 Hessian 矩阵的命令为 hessian。

**例 9.2** 求函数 $f(x,y) = -(\sin x + \sin y)^2$ 的梯度向量,并画出梯度向量的向量场。

**解** 求得梯度向量 $\mathrm{grad}f = [-2(\sin x+\sin y)\cos x, -2(\sin x+\sin y)\cos y]^\mathrm{T}$,画出的梯度向

量的向量场如图 9.1 所示。

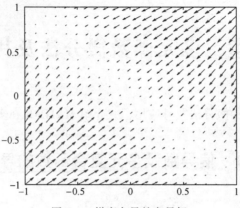

图 9.1　梯度向量的向量场

```
%程序文件 gex9_2.mlx
clc, clear, syms x y
f=-(sin(x)+sin(y))^2, g=gradient(f)
[X,Y]=meshgrid(-1:0.1:1);          %生成网格数据
G1=subs(g(1),[x,y],{X,Y});
G2=subs(g(2),[x,y],{X,Y});
quiver(X,Y,G1,G2)                  %画梯度向量的向量场
```

**3. Jacobian 矩阵的计算**

向量函数 $f=[f_1(x_1,x_2,\cdots,x_n),\cdots,f_n(x_1,x_2,\cdots,x_n)]^T$ 的 Jacobian 矩阵为

$$J=\left(\frac{\partial f_i}{\partial x_j}\right)_{n\times n}=\begin{bmatrix}\dfrac{\partial f_1}{\partial x_1} & \dfrac{\partial f_1}{\partial x_2} & \cdots & \dfrac{\partial f_1}{\partial x_n} \\ \dfrac{\partial f_2}{\partial x_1} & & & \dfrac{\partial f_2}{\partial x_n} \\ \vdots & & & \vdots \\ \dfrac{\partial f_n}{\partial x_1} & \dfrac{\partial f_n}{\partial x_2} & \cdots & \dfrac{\partial f_n}{\partial x_n}\end{bmatrix}.$$

MATLAB 中计算 Jacobian 矩阵的函数 jacobian 的调用格式为：

jacobian(F,V)

计算向量函数 F 关于 V 的 Jacobian 矩阵，当 F 和 V 为标量时，jacobian(F,V)等价于 diff(F,V)。

**例 9.3**　求二元函数 $f(x,y)=e^x\sin y+x\sin y$ 的梯度向量的 Jacobian 矩阵，即求 $f(x,y)$ 的 Hessian 矩阵。

**解**　求得的 Hessian 矩阵

$$H=\begin{bmatrix} e^x\sin y & \cos y+e^x\cos y \\ \cos y+e^x\cos y & -e^x\sin y-x\sin y \end{bmatrix}.$$

```
%程序文件 gex9_3.mlx
clc, clear, syms x y
f(x,y) = exp(x) * sin(y) +x * sin(y)
df = gradient(f)          %求 f 的梯度
Hf1 = jacobian(df)        %求梯度向量的 Jacobian 矩阵
Hf2 = hessian(f)          %求 f 的 Hessian 矩阵
```

**例 9.4** 已知球面坐标到直角坐标的变换公式为 $x=r\sin\theta\cos\phi$，$y=r\sin\theta\sin\phi$，$z=r\cos\theta$，试求向量函数 $[x,y,z]$ 对自变量向量 $[r,\theta,\phi]$ 的 Jacobian 矩阵 $\boldsymbol{J}$ 和行列式 $|\boldsymbol{J}|$。

**解** 求得 Jacobian 矩阵

$$\boldsymbol{J}=\begin{bmatrix} \sin\theta\cos\phi & r\cos\theta\cos\phi & -r\sin\theta\sin\phi \\ \sin\theta\sin\phi & r\cos\theta\sin\phi & r\sin\theta\cos\phi \\ \cos\theta & -r\sin\theta & 0 \end{bmatrix}, \quad |\boldsymbol{J}|=r^2\sin\theta.$$

```
%程序文件 gex9_4.mlx
clc, clear, syms r theta phi
x = r * sin(theta) * cos(phi)
y = r * sin(theta) * sin(phi)
z = r * cos(theta)
J = jacobian([x,y,z],[r,theta,phi])
D = det(J), D = simplify(D)
```

**4. 多元函数的 Laplace 算子**

多元函数 $f(x_1,x_2,\cdots,x_n)$ 的 Laplace 表达式为

$$\Delta f(x_1,x_2,\cdots,x_n)=\left(\frac{\partial^2}{\partial x_1^2}+\frac{\partial^2}{\partial x_2^2}+\cdots+\frac{\partial^2}{\partial x_n^2}\right)f(x_1,x_2,\cdots,x_n). \tag{9.1}$$

MATLAB 中计算 Laplace 表达式的函数为 laplacian。

**例 9.5** 证明函数 $u=\dfrac{1}{r}$ 满足方程

$$\frac{\partial^2 u}{\partial x^2}+\frac{\partial^2 u}{\partial y^2}+\frac{\partial^2 u}{\partial z^2}=0, \tag{9.2}$$

其中，$r=\sqrt{x^2+y^2+z^2}$。

```
%程序文件 gex9_5.mlx
clc, clear, syms x y z
u(x,y,z) = 1/sqrt(x^2+y^2+z^2)
d1 = laplacian(u,[x,y,z])
d2 = simplify(d1)
```

式（9.2）叫作 Laplace 方程，它是数学物理中一种很重要的方程。

### 9.1.2 多元复合函数的导数

**例 9.6** 设 $z=u\ln v$，而 $u=\dfrac{x}{y}$，$v=3x-2y$，求 $\dfrac{\partial^2 z}{\partial x \partial y}$。

**解** 求得 $\dfrac{\partial^2 z}{\partial x \partial y} = \dfrac{6x}{y(-2y+3x)^2} - \dfrac{\ln(-2y+3x)}{y^2} - \dfrac{2}{y(-2y+3x)} - \dfrac{3x}{y^2(-2y+3x)}$。

```
%程序文件 gex9_6.mlx
clc, clear, syms u(x,y) v(x,y)
u(x,y)=x/y, v(x,y)=3*x-2*y
z=u*log(v), d1=diff(z,x,y)
d2=simplify(d1)
```

**例 9.7** 设 $z=\mathrm{e}^u \sin v$，而 $u=xy$，$v=x+y$，求 $\dfrac{\partial z}{\partial x}$ 和 $\dfrac{\partial z}{\partial y}$。

**解** 求得 $\dfrac{\partial z}{\partial x} = \mathrm{e}^{xy}[y\sin(x+y)+\cos(x+y)]$，$\dfrac{\partial z}{\partial y} = \mathrm{e}^{xy}[x\sin(x+y)+\cos(x+y)]$。

```
%程序文件 gex9_7.mlx
clc, clear, syms x y
u(x,y)=x*y, v(x,y)=x+y, z=exp(u)*sin(v)
dx=diff(z,x), dx=simplify(dx)
dy=diff(z,y), dy=simplify(dy)
```

**定义 9.1** 如果 $F(x_1,x_2,\cdots,x_n)$ 为向量场，且 $F(x_1,x_2,\cdots,x_n) = \mathrm{grad} f(x_1,x_2,\cdots,x_n)$，则标量函数 $f(x_1,x_2,\cdots,x_n)$ 称为 $F(x_1,x_2,\cdots,x_n)$ 势函数。

**例 9.8**（续例 9.7）已知向量场

$$F(x,y) = [\mathrm{e}^{xy}[y\sin(x+y)+\cos(x+y)], \quad \mathrm{e}^{xy}[x\sin(x+y)+\cos(x+y)]]^{\mathrm{T}},$$

求其势函数。

**解** 求得的势函数 $f(x,y) = \mathrm{e}^{xy}\sin(x+y) + C$（$C$ 为任意常数）。

```
%程序文件 gex9_8.mlx
clc, clear, syms x y
F(x,y)=[exp(x*y)*(y*sin(x+y)+cos(x+y)),exp(x*y)*(x*sin(x+y)+cos(x
+y))]
f=potential(F)
```

## 9.2 隐函数的求导

**1. 一个方程的情形**

对于隐函数 $f(x,y,z)=0$，如果求出了 $\dfrac{\partial z}{\partial x}=F_1(x,y,z)$，则很容易地推导出其二阶偏

导数的计算

$$\frac{\partial^2 z}{\partial x^2} = F_2(x,y,z) = \frac{\partial F_1(x,y,z)}{\partial x} + \frac{\partial F_1(x,y,z)}{\partial z} F_1(x,y,z).$$

更高阶的偏导数可以由下式递推求出：

$$\frac{\partial^n z}{\partial x^n} = F_n(x,y,z) = \frac{\partial F_{n-1}(x,y,z)}{\partial x} + \frac{\partial F_{n-1}(x,y,z)}{\partial z} F_1(x,y,z).$$

**例 9.9** 设 $x^2 + y^2 + z^2 - 4z = 0$，求 $\dfrac{\partial^2 z}{\partial x^2}$。

**解** 设 $F(x,y,z) = x^2 + y^2 + z^2 - 4z$，则 $F_x = 2x$，$F_z = 2z - 4$，当 $z \neq 2$ 时，有

$$\frac{\partial z}{\partial x} = \frac{x}{2-z}.$$

再一次对 $x$ 求偏导数，得

$$\frac{\partial^2 z}{\partial x^2} = \frac{1}{2-z} + \frac{x^2}{(2-z)^3}.$$

%程序文件 gex9_9.mlx

clc, clear, syms x y z

F(x,y,z) = x^2+y^2+z^2-4*z

zx = -diff(F,x)/diff(F,z), zx = simplify(zx)

zx2 = diff(zx,x) + diff(zx,z)*zx

**2. 方程组的情形**

考虑方程组

$$\begin{cases} F(x,y,u,v) = 0, \\ G(x,y,u,v) = 0. \end{cases} \tag{9.3}$$

确定的隐函数 $u = u(x,y)$，$v = v(x,y)$。将式（9.3）中的每个方程两边分别对 $x$ 求导，应用复合函数求导法则得

$$\begin{cases} F_x + F_u \dfrac{\partial u}{\partial x} + F_v \dfrac{\partial v}{\partial x} = 0, \\ G_x + G_u \dfrac{\partial u}{\partial x} + G_v \dfrac{\partial v}{\partial x} = 0. \end{cases}$$

这是关于 $\dfrac{\partial u}{\partial x}$ 和 $\dfrac{\partial v}{\partial x}$ 的线性方程组，当系数行列式

$$D = \begin{vmatrix} F_u & F_v \\ G_u & G_v \end{vmatrix} \neq 0$$

时，可以解出

$$\frac{\partial u}{\partial x} = -\frac{1}{D} \begin{vmatrix} F_x & F_v \\ G_x & G_v \end{vmatrix}, \qquad \frac{\partial v}{\partial x} = -\frac{1}{D} \begin{vmatrix} F_u & F_x \\ G_u & G_x \end{vmatrix}.$$

同理，可得

$$\frac{\partial u}{\partial y} = -\frac{1}{D} \begin{vmatrix} F_y & F_v \\ G_y & G_v \end{vmatrix}, \qquad \frac{\partial v}{\partial y} = -\frac{1}{D} \begin{vmatrix} F_u & F_y \\ G_u & G_y \end{vmatrix}.$$

**例 9.10** 设 $xu-yv=0$, $yu+xv=1$, 求 $\dfrac{\partial u}{\partial x}$, $\dfrac{\partial v}{\partial x}$。

**解** 直接代入公式求得

$$\dfrac{\partial u}{\partial x}=-\dfrac{xu+yv}{x^2+y^2}, \quad \dfrac{\partial v}{\partial x}=\dfrac{yu-xv}{x^2+y^2}.$$

```
%程序文件 gex9_10.mlx
clc, clear, syms x y u v
F=x*u-y*v, G=y*u+x*v-1
ux=-det(jacobian([F,G],[x,v]))/det(jacobian([F,G],[u,v]))
vx=-det(jacobian([F,G],[u,x]))/det(jacobian([F,G],[u,v]))
```

**例 9.11** (续例 9.10) 设 $xu-yv=0$, $yu+xv=1$, 求 $\dfrac{\partial u}{\partial y}$, $\dfrac{\partial v}{\partial y}$。

**解** 用求解线性方程组的方法求 $\dfrac{\partial u}{\partial y}$, $\dfrac{\partial v}{\partial y}$。

对所给方程的两边对 $y$ 求导并移项，得

$$\begin{cases} x\dfrac{\partial u}{\partial y}-y\dfrac{\partial v}{\partial y}=v, \\ y\dfrac{\partial u}{\partial y}+x\dfrac{\partial v}{\partial y}=-u. \end{cases}$$

在 $D=\begin{vmatrix} x & -y \\ -y & x \end{vmatrix}=x^2+y^2\neq 0$ 的条件下，解之，得

$$\dfrac{\partial u}{\partial y}=\dfrac{xv-yu}{x^2+y^2}, \quad \dfrac{\partial v}{\partial y}=-\dfrac{xu+yv}{x^2+y^2}.$$

```
%程序文件 gex9_11.mlx
clc, clear, syms u(x,y) v(x,y) uy vy
F=x*u-y*v, G=y*u+x*v-1
eq11=diff(F,y), eq21=diff(G,y)
%check=symvar(eq11)                      %检测 eq11 中的符号变量
eq12=subs(eq11,{diff(u,y),diff(v,y)},{uy,vy})
eq22=subs(eq21,{diff(u,y),diff(v,y)},{uy,vy})
[uy,vy]=solve([eq12,eq22],[uy,vy])       %求解线性方程组
```

## 9.3 多元函数微分学的几何应用

**1. 空间曲线的切线与法平面**

**例 9.12** 求曲线 $x^2+y^2+z^2=6$, $x+y+z=0$ 在点 $(1,-2,1)$ 处的切线及法平面方程。

**解** 先求切线的方向向量。记 $F(x,y,z)=x^2+y^2+z^2-6$, $G(x,y,z)=x+y+z$。利用切线的方向向量

$$T = \left[ \begin{vmatrix} F_y & F_z \\ G_y & G_z \end{vmatrix}, \begin{vmatrix} F_z & F_x \\ G_z & G_x \end{vmatrix}, \begin{vmatrix} F_x & F_y \\ G_x & G_y \end{vmatrix} \right],$$

计算得到 $(1,-2,1)$ 处的切线方向向量 $T_0 = [1,0,-1]$，故所求切线方程为

$$\frac{x-1}{1} = \frac{y+2}{0} = \frac{z-1}{-1}.$$

法平面方程为

$$(x-1) + 0 \cdot (y+2) - (z-1) = 0,$$

即 $x-z = 0$。

%程序文件 gex9_12.mlx
clc, clear, syms x y z real
F = x^2+y^2+z^2-6, G = x+y+z
T(x,y,z) = [det(jacobian([F,G],[y,z])), det(jacobian([F,G],[z,x])),...
    det(jacobian([F,G],[x,y]))]        %计算切线方向向量
T0 = T(1,-2,1), X = [x,y,z]
eq = dot(X-[1,-2,1],T0), eq = factor(eq)    %求法平面方程

**2. 曲面的切平面与法线**

**例 9.13** 求球面 $x^2+y^2+z^2=14$ 在点 $(1,2,3)$ 处的切平面及法线方程。

**解** $F(x,y,z) = x^2+y^2+z^2-14$，$\boldsymbol{n} = [F_x, F_y, F_z] = [2x, 2y, 2z]$，$\boldsymbol{n}|_{(1,2,3)} = [2,4,6]$。所以在点 $(1,2,3)$ 处，此球面的切平面方程为

$$2(x-1) + 4(x-2) + 6(z-3) = 0,$$

即

$$x + 2y + 3z - 14 = 0.$$

法线方程为

$$\frac{x-1}{1} = \frac{y-2}{2} = \frac{z-3}{3},$$

即

$$\frac{x}{1} = \frac{y}{2} = \frac{z}{3}.$$

%程序文件 gex9_13.mlx
clc, clear, syms x y z
F(x,y,z) = x^2+y^2+z^2-14, G = gradient(F)
n = G(1,2,3)                %求法线向量
X = [x,y,z], P = 1:3
eq = (X-P)*n, eq = factor(eq)

**3. 方向导数**

**例 9.14** 求 $f(x,y,z) = xy+yz+zx$ 在点 $(1,1,2)$ 沿方向 $l$ 的方向导数，其中 $l$ 的方向角分别为 $60°$、$45°$、$60°$。

**解** 与 $l$ 同向的单位向量

$$e_l = [\cos 60°, \cos 45°, \cos 60°] = \left[\frac{1}{2}, \frac{\sqrt{2}}{2}, \frac{1}{2}\right].$$

计算得
$$f_x(1,1,2) = 3, \quad f_y(1,1,2) = 3, \quad f_z(1,1,2) = 2.$$

因此所求的方向导数
$$\left.\frac{\partial f}{\partial l}\right|_{(1,1,2)} = 3 \cdot \frac{1}{2} + 3 \cdot \frac{\sqrt{2}}{2} + 2 \cdot \frac{1}{2} = \frac{1}{2}(5 + 3\sqrt{2}).$$

```
%程序文件 gex9_14.mlx
clc, clear, syms x y z
a=sym([60,45,60]), e=cosd(a)              %使用符号数计算单位向量
f(x,y,z)=x*y+y*z+z*x, g=gradient(f)
g0=g(1,1,2)                                %计算梯度向量
s=e*g0                                     %计算方向导数
```

## 9.4 多元函数的极值及其求法

**1. 多元函数的极值及最大值与最小值**

**例 9.15** 求函数 $f(x,y) = x^3 - y^3 + 3x^2 + 3y^2 - 9x$ 的极值。

**解** 先解方程组
$$\begin{cases} f_x(x,y) = 3x^2 + 6x - 9 = 0, \\ f_y(x,y) = -3y^2 + 6y = 0, \end{cases}$$

求得驻点为 $(1,0)$、$(1,2)$、$(-3,0)$、$(-3,2)$。

再求出 $f(x,y)$ 的 Hessian 矩阵
$$H = \begin{bmatrix} 6+6x & 0 \\ 0 & 6-6x \end{bmatrix}.$$

当在驻点处 $H$ 为正定矩阵时，驻点为极小点；当在驻点处 $H$ 为负定矩阵时，驻点为极大点。当 $H$ 的特征值一正一负时，驻点是非极值点；否则，退化情形，即 $H$ 为半正定或半负定矩阵时需要仔细甄别。

可以判定出 $(1,0)$ 为极小点，对应的极小值 $f(1,0) = -5$；$(-3,2)$ 为极大点，对应的极大值 $f(-3,2) = 31$；驻点 $(1,2)$ 和 $(-3,0)$ 都为非极值点。

```
%程序文件 gex9_15.mlx
clc, clear, syms x y
f(x,y)=x^3-y^3+3*x^2+3*y^2-9*x
df=gradient(f), [sx,sy]=solve(df)         %求驻点
H=hessian(f)                               %计算 Hessian 矩阵
for i=1:length(sx)
    fv(i)=f(sx(i),sy(i)); H0{i}=H(sx(i),sy(i));
    L=eig(H0{i})                           %求 Hessian 矩阵的特征值
```

```
            if all(L>0)                              %H0 为正定矩阵时为极小值点
                fprintf("第%d 个驻点是极小值点。\n",i)
            elseif all(L<0)    %H0 为负定矩阵时为极大值点
                fprintf("第%d 个驻点是极大值点。\n",i)
            elseif all(L)                            %所有特征值非零
                fprintf("第%d 个驻点非极值点!",i)
            else
                fprintf("第%d 个驻点需人工判断是否为极值点!\n",i)
            end
       end
    fv          %显示4 个驻点的函数值
```

**例 9.16** 有一宽为 24cm 的长方形铁板,把它两边折起来做成一断面为等腰梯形的水槽。怎样折才能才能使断面的面积最大?

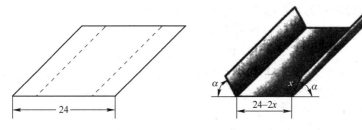

图 9.2 长方形铁板和断面示意图

**解** 设折起来的边长为 $x$cm,倾角为 $\alpha$(图 9.2),则梯形断面的下底长为 $(24-2x)$cm,上底长为 $(24-2x+2x\cos\alpha)$cm,高为 $(x\sin\alpha)$cm,所以断面面积

$$A = \frac{1}{2}(24-2x+24-2x+2x\cos\alpha) \cdot x\sin\alpha,$$

即

$$A = 24x\sin\alpha - 2x^2\sin\alpha + x^2\sin\alpha\cos\alpha, \quad 0<x<12, 0<\alpha \leq \frac{\pi}{2}.$$

令

$$\begin{cases} \dfrac{\partial A}{\partial x} = 0, \\ \dfrac{\partial A}{\partial \alpha} = 0, \end{cases}$$

化简,得

$$\begin{cases} x\cos\alpha - 2x + 12 = 0, \\ 2x\cos^2\alpha + 24\cos\alpha - x - 2x\cos\alpha = 0. \end{cases}$$

解方程组,得

$$\alpha = \frac{\pi}{3} = 60°, \quad x = 8.$$

根据题意可知断面面积的最大值一定存在,并且在 $D = \left\{(x,\alpha) \mid 0<x<12, 0<\alpha \leq \dfrac{\pi}{2}\right\}$ 上

取得。通过计算得知 $\alpha=\dfrac{\pi}{2}$ 时的函数值比 $\alpha=60°$，$x=8$ 时的函数值小。又函数在 $D$ 内只有一个驻点，因此可以断定，当 $x=8$，$\alpha=60°$ 时，就能使断面的面积最大，最大面积为 $48\sqrt{3}$。

```
%程序文件 gex9_16.mlx
clc, clear, syms x alpha
assume(0<x<12), assume(0<alpha<=pi/2)
A(x,alpha)=(24-2*x+24-2*x+2*x*cos(alpha))*x*sin(alpha)/2
dA=gradient(A), dA=simplify(dA)
[sa,sx]=solve(dA)            %求驻点
Az=A(sx,sa), vpa(Az)         %求驻点的函数值
Ae(x)=A(x,pi/2)              %alpha=pi/2 时的函数
```

**2. 条件极值**

**例 9.17** 设某电视机厂生产一台电视机的成本为 $C$，每台电视机的销售价格为 $p$，销售量为 $x$。假设该厂的生产处于平衡状态，即电视机的生产量等于销售量。根据市场预测，销售量 $x$ 与销售价格 $p$ 之间有下面的关系：

$$x=Me^{-ap}, \quad M>0, a>0, \tag{9.4}$$

其中 $M$ 为市场最大需求量，$a$ 是价格系数。同时，生产部门根据对生产环节的分析，对每台电视机的生产成本 $C$ 有如下测算：

$$C=C_0-k\ln x, \quad k>0, x>1, \tag{9.5}$$

其中 $C_0$ 是只生产一台电视机时的成本，$k$ 是规模系数。

根据上述条件，应如何确定电视机的售价 $p$，才能使厂获得最大利润？

**解** 设厂家获得的利润为 $u$，每台电视机售价为 $p$，每台生产成本为 $C$，销售量为 $x$，则

$$u=(p-C)x=(p-C_0+k\ln x)x.$$

于是问题转化为求利润函数 $u=(p-C_0+k\ln x)x$ 在附加条件式（9.4）下的极值问题。作拉格朗日函数

$$L(x,p)=(p-C_0+k\ln x)x+\lambda(x-Me^{-ap})$$
$$=[p-C_0+k(\ln M-ap)]x+\lambda(x-me^{-ap}).$$

令

$$\begin{cases}L_x=\mu-C_0+p+k(\ln M-ap)=0,\\ L_p=Ma\mu e^{-ap}-x(-1+ak)=0.\end{cases}$$

由 $L_x=0$，解出

$$p=\dfrac{\mu-C_0+k\ln M}{-1+ak}. \tag{9.6}$$

由 $L_p=0$ 和式（9.4），解出 $\mu=\dfrac{-1+ak}{a}$，代入式（9.6），得

$$p=\dfrac{k\ln M-C_0-\dfrac{1}{a}+k}{ak-1}. \tag{9.7}$$

因为由问题本身可知最优价格必定存在，所以这个 $p$ 就是电视机的最优价格。只要确定了规模系数 $k$、价格系数 $a$，电视机的最优价格问题就解决了。

**注 9.1** 这里使用拉格朗日乘数法可以求得 $p$ 的精确解，如果消去附加条件，直接求解单变量函数的极值问题，只能求数值解。

```
%程序文件 gex9_17.mlx
clc, clear, syms p x M a k C0 mu, assume(M>0)
L(x,p)=(p-C0+k*(log(M)-a*p))*x+mu*(x-M*exp(-a*p))
Lx=diff(L,x), sp=solve(Lx,p)            %求 p 的表达式
Lp=diff(L,p), Lm=diff(L,mu)
[smu,sx]=solve(Lp,Lm,[mu,x])            %求 mu 的表达式
ssp=subs(sp,mu,smu)                     %求 p 的最优值
```

## 9.5 最小二乘法

许多工程问题常常需要根据两个变量的几组观测值找出这两个变量间的函数关系的近似表达式。通常把这样得到的函数的近似表达式叫作经验公式。下面介绍通过最小二乘法来建立经验公式的方法。

### 9.5.1 最小二乘拟合

已知一组二维数据，即平面上的 $n$ 个点 $(x_i, y_i)(i=1,2,\cdots,n)$，要寻求一个函数（曲线）$y=f(x)$，使 $f(x)$ 在某种准则下与所有数据点最为接近，即曲线拟合得最好。记

$$\delta_i = f(x_i) - y_i, \quad i=1,2,\cdots,n,$$

则称 $\delta_i$ 为拟合函数 $f(x)$ 在 $x_i$ 点处的偏差（或残差）。为使 $f(x)$ 在整体上尽可能与给定数据最为接近，可以采用"偏差的平方和最小"作为判定准则，即通过使

$$J = \sum_{i=1}^{n} (f(x_i) - y_i)^2 \tag{9.8}$$

达到最小值。这一原则称为最小二乘原则，根据最小二乘原则确定拟合函数 $f(x)$ 的方法称为最小二乘法。

一般来讲，拟合函数应是自变量 $x$ 和待定参数 $a_1, a_2, \cdots, a_m$ 的函数，即

$$f(x) = f(x, a_1, a_2, \cdots, a_m) \tag{9.9}$$

因此，按照 $f(x)$ 关于参数 $a_1, a_2, \cdots, a_m$ 的线性与否，最小二乘法也分为线性最小二乘法和非线性最小二乘法两类。

**1. 线性最小二乘法**

给定一个线性无关的函数系 $\{\varphi_k(x) | k=1,2,\cdots,m\}$，如果拟合函数以其线性组合的形式

$$f(x) = \sum_{k=1}^{m} a_k \varphi_k(x) \tag{9.10}$$

出现，例如

$$f(x) = a_m x^{m-1} + a_{m-1} x^{m-2} + \cdots + a_2 x + a_1,$$

或者

$$f(x) = \sum_{k=1}^{m} a_k \cos(kx),$$

则 $f(x) = f(x, a_1, a_2, \cdots, a_m)$ 就是关于参数 $a_1, a_2, \cdots, a_m$ 的线性函数。

将式 (9.10) 代入式 (9.8), 则目标函数 $J = J(a_1, a_2, \cdots, a_m)$ 是关于参数 $a_1, a_2, \cdots, a_m$ 的多元函数。由

$$\frac{\partial J}{\partial a_k} = 0, \quad k = 1, 2, \cdots, m,$$

亦即

$$\sum_{i=1}^{n} \left[ (f(x_i) - y_i) \varphi_k(x_i) \right] = 0, \quad k = 1, 2, \cdots, m.$$

可得

$$\sum_{j=1}^{m} \left[ \sum_{i=1}^{n} \varphi_j(x_i) \varphi_k(x_i) \right] a_j = \sum_{i=1}^{n} y_i \varphi_k(x_i), \quad k = 1, 2, \cdots, m. \tag{9.11}$$

于是式 (9.11) 形成了一个关于 $a_1, a_2, \cdots, a_m$ 的线性方程组,称为正规方程组。记

$$R = \begin{bmatrix} \varphi_1(x_1) & \varphi_2(x_1) & \cdots & \varphi_m(x_1) \\ \varphi_1(x_2) & \varphi_2(x_2) & \cdots & \varphi_m(x_2) \\ \vdots & \vdots & & \vdots \\ \varphi_1(x_n) & \varphi_2(x_n) & \cdots & \varphi_m(x_n) \end{bmatrix}, \quad A = \begin{bmatrix} a_1 \\ a_2 \\ \vdots \\ a_m \end{bmatrix}, \quad Y = \begin{bmatrix} y_1 \\ y_2 \\ \vdots \\ y_n \end{bmatrix},$$

则式 (9.11) 可表示为

$$R^T R A = R^T Y. \tag{9.12}$$

由线性代数知识可知,当矩阵 $R$ 是列满秩时,$R^T R$ 是可逆的。于是式 (9.12) 有唯一解,即

$$A = (R^T R)^{-1} R^T Y \tag{9.13}$$

为所求的拟合函数的系数,就可得到最小二乘拟合函数 $f(x)$。

**2. 非线性最小二乘拟合**

对于给定的线性无关函数系 $\{\varphi_k(x) | k = 1, 2, \cdots, m\}$,如果拟合函数不能以其线性组合的形式出现,例如

$$f(x) = \frac{x}{a_1 x + a_2} \text{ 或者 } f(x) = a_1 + a_2 e^{-a_3 x} + a_4 e^{-a_5 x},$$

则 $f(x) = f(x, a_1, a_2, \cdots, a_m)$ 就是关于参数 $a_1, a_2, \cdots, a_m$ 的非线性函数。

将 $f(x)$ 代入式 (9.8) 中,则形成一个非线性函数的极小化问题。为得到最小二乘拟合函数 $f(x)$ 的具体表达式,可用非线性优化方法求解出参数 $a_1, a_2, \cdots, a_m$。

**3. 拟合函数的选择**

数据拟合时,首要也是最关键的一步就是选取恰当的拟合函数。如果能够根据问题的背景通过机理分析得到变量之间的函数关系,那么只需估计相应的参数即可。但很多情况下,问题的机理并不清楚。此时,一个较为自然的方法是先作出数据的散点图,从直观上判断应选用什么样的拟合函数。

一般来讲,如果数据分布接近于直线,则宜选用线性函数 $f(x) = a_1 x + a_2$ 拟合; 如

果数据分布接近于抛物线，则宜选用二次多项式 $f(x)=a_1x^2+a_2x+a_3$ 拟合；如果数据分布特点是开始上升较快随后逐渐变缓，则宜选用双曲线型函数或指数型函数，即用

$$f(x)=\frac{x}{a_1x+a_2} \text{或} f(x)=a_1\mathrm{e}^{-\frac{a_2}{x}}$$

拟合。如果数据分布特点是开始下降较快随后逐渐变缓，则宜选用

$$f(x)=\frac{1}{a_1x+a_2}, f(x)=\frac{1}{a_1x^2+a_2} \text{或} f(x)=a_1\mathrm{e}^{-a_2x}$$

等函数拟合。

常被选用的拟合函数有对数函数 $y=a_1+a_2\ln x$，S 形曲线函数 $y=\dfrac{1}{a+b\mathrm{e}^{-x}}$ 等。

### 9.5.2 线性最小二乘法的 MATLAB 实现

**1. 解线性方程组拟合参数**

要拟合式（9.10）中的参数 $a_1,\cdots,a_m$，把观测值代入式（9.10），在上面的记号下，得到线性方程组

$$\boldsymbol{RA}=\boldsymbol{Y},$$

则 MATLAB 中拟合参数向量 $\boldsymbol{A}$ 的命令为 A=pinv(R)*Y，或简化格式 A=R\Y。

**例 9.18** 为了测量刀具的磨损速度，我们做这样的实验：经过一定时间（如每隔 1h），测量一次刀具的厚度，得到一组实验数据 $(t_i,y_i)(i=1,2,\cdots,8)$ 如表 9.1 所示。试根据实验数据建立 $y$ 与 $t$ 之间的经验公式 $y=f(t)$。

表 9.1 实验观测数据

| $t_i$ | 0 | 1 | 2 | 3 | 4 | 5 | 6 | 7 |
|---|---|---|---|---|---|---|---|---|
| $y_i$ | 27.0 | 26.8 | 26.5 | 26.3 | 26.1 | 25.7 | 25.3 | 24.8 |

**解** 首先画出实验观测数据的散点图如图 9.3 所示，从图中可以看出 $y$ 与 $t$ 大致呈线性关系，因此建立线性经验函数 $y=at+b$，其中 $a$ 和 $b$ 是待定常数。

拟合参数 $a,b$ 的准则是最小二乘准则，即求 $a,b$，使得

$$\delta(a,b)=\sum_{i=1}^{8}(at_i+b-y_i)^2$$

达到最小值，由极值的必要条件，得

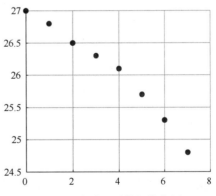

图 9.3 实验观测数据散点图

$$\begin{cases}\dfrac{\partial \delta}{\partial a}=2\sum_{i=1}^{8}(at_i+b-y_i)t_i=0,\\ \dfrac{\partial \delta}{\partial b}=2\sum_{i=1}^{8}(at_i+b-y_i)=0,\end{cases}$$

化简，得到正规方程组

$$\begin{cases} a\sum_{i=1}^{8} t_i^2 + b\sum_{i=1}^{8} t_i = \sum_{i=1}^{8} y_i t_i, \\ a\sum_{i=1}^{8} t_i + 8b = \sum_{i=1}^{8} y_i. \end{cases}$$

解之,得 $a,b$ 的估计值分别为

$$\hat{a} = \frac{\sum_{i=1}^{8}(t_i - \bar{t})(y_i - \bar{y})}{\sum_{i=1}^{8}(t_i - \bar{t})^2},$$

$$\hat{b} = \bar{y} - \hat{a}\bar{t},$$

其中 $\bar{t} = \frac{1}{8}\sum_{i=1}^{8} t_i$,$\bar{y} = \frac{1}{8}\sum_{i=1}^{8} y_1$ 分别为 $t_i$ 的均值和 $y_i$ 的均值。

利用给定的观测值和 MATLAB 软件,求得 $a,b$ 的估计值为 $\hat{a} = -0.3036$,$\hat{b} = 27.1250$。

```
%程序文件 gex9_18.m
clc, clear, t=[0:7]';
y=[27.0, 26.8, 26.5, 26.3, 26.1, 25.7, 25.3, 24.8]';
scatter(t,y,"filled"), grid on
tb=mean(t); yb=mean(y);
ahat=sum((t-tb).*(y-yb))/sum((t-tb).^2)   %编程计算参数值
bhat=yb-ahat*tb

a=[t,ones(8,1)];
cs=a\y                                     %解超定线性方程组求参数值

T=array2table([t,y],"VariableNames",["t","y"])
md=fitlm(T)                                %调用工具箱函数拟合模型
```

**2. 多项式拟合**

MATLAB 多项式拟合的函数为 polyfit,调用格式为

p=polyfit(x,y,n)   %拟合 n 次多项式,返回值 p 是多项式对应的系数,排列次序为从高次幂系数到低次幂系数

计算多项式 p 在 x 处的函数值命令为

y=polyval(p,x)

**例 9.19** 在研究某单分子化学反应速度时,得到数据 $(t_i, y_i)(i = 1, 2, \cdots, 8)$ 如表 9.2 所示。其中 $t$ 表示从实验开始算起的时间,$y$ 表示时刻 $t$ 反应物的量。试根据上述数据定出经验公式 $y = f(t)$。

表 9.2　反应物的观测值数据

| $t_i$ | 3 | 6 | 9 | 12 | 15 | 18 | 21 | 24 |
|---|---|---|---|---|---|---|---|---|
| $y_i$ | 57.6 | 41.9 | 31.0 | 22.7 | 16.6 | 12.2 | 8.9 | 6.5 |

**解** 由化学反应速度的理论知道,$y=f(t)$应是指数函数
$$y = ke^{mt}, \tag{9.14}$$
其中,$k$ 和 $m$ 是待定常数。

对式 (9.14) 两边取对数,得 $\ln y = mt + \ln k$,记 $\ln k = b$,则有 $\ln y = mt + b$。对这批数据,我们先来验证这个结论,把表 9.2 中各对数据 $(t_i, y_i)(i = 1, 2, \cdots, 8)$ 做变换后得到数据 $(t_i, \ln y_i)$,数据 $(t_i, \ln y_i)$ 的散点图如图 9.4(b)所示,从散点图可以看出 $\ln y$ 与 $t$ 呈线性关系,即 $y$ 与 $t$ 是指数函数关系。

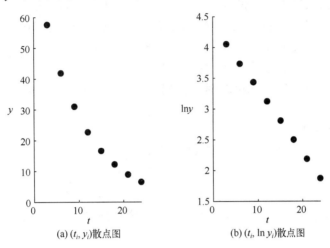

(a) $(t_i, y_i)$散点图　　(b) $(t_i, \ln y_i)$散点图

图 9.4　原始数据和变换数据散点图

使用线性最小二乘法拟合参数 $m, b$,即求 $m, b$ 的估计值使得
$$\sum_{i=1}^{8} (mt_i + b_i - \ln y_i)^2$$
达到最小值。

利用 MATLAB 软件,求得 $m, b$ 的估计值分别为
$$\hat{m} = -0.1037, \quad \hat{b} = 4.3640,$$
从而 $k$ 的估计值为 $\hat{k} = 78.5700$,即所求的经验公式为 $y = 78.5700 \mathrm{e}^{-0.1037t}$。

```
%程序文件 gex9_19.m
clc, clear, a=load('data9_19.txt');
t0=a(1,:); y0=a(2,:);
subplot(121), scatter(t0,y0,"filled")
xlabel("$t$","Interpreter","latex")
ylabel("$y$","Interpreter","latex","Rotation",0)
subplot(122), scatter(t0,log(y0),"filled")
xlabel("$t$","Interpreter","latex")
ylabel("ln$y$","Interpreter","latex","Rotation",0)
p=polyfit(t0,log(y0),1), p(2)=exp(p(2))
```

## 9.6 抢渡长江

### 9.6.1 问题描述

2003年全国大学生数学建模竞赛D题。

"渡江"是武汉城市的一张名片。1934年9月9日，武汉警备旅官兵与体育界人士联手，在武汉第一次举办横渡长江游泳竞赛活动，起点为武昌汉阳门码头，终点设在汉口三北码头，全程约5000m。有44人参加横渡，40人达到终点，张学良将军特意向冠军获得者赠送了一块银盾，上书"力挽狂澜"。

2001年，"武汉抢渡长江挑战赛"重现江城。2002年，正式命名为"武汉国际抢渡长江挑战赛"，于每年的5月1日进行。水情、水性的不可预测性，使得这种竞赛更富有挑战性和观赏性。

2002年5月1日，抢渡的起点设在武昌汉阳门码头，终点设在汉阳南岸嘴，江面宽约1160m。据报载，当日的平均水温16.8℃，江水的平均流速为1.89m/s。参赛的国内外选手共186人（其中专业人员将近一半），仅34人到达终点，第一名的成绩为14min8s。除了气象条件外，大部分选手由于路线选择错误，被滚滚的江水冲到下游，而未能准确到达终点。

假设在竞渡区域两岸为平行直线，它们之间的垂直距离为1160m，从武昌汉阳门的正对岸到汉阳南岸嘴的距离为1000m，见图9.5。

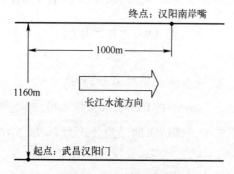

图9.5 竞渡区域示意图

请你们通过数学建模来分析上述情况，并回答以下问题：

（1）假定在竞渡过程中游泳者的速度大小和方向不变，且竞渡区域每点的流速均为1.89 m/s。试说明2002年第一名是沿着怎样的路线前进的，求他游泳的速度和方向。如何根据游泳者的速度选择游泳方向，试为一个速度能保持在1.5m/s的人选择游泳方向，并估计他的成绩。

（2）在（1）的假设下，如果游泳者始终以和岸边垂直的方向游，他（她）们能否到达终点？根据你们的数学模型说明为什么1934年和2002年能游到终点的人数的百分比有如此大的差别；给出能够成功到达终点的选手的条件。

(3) 若流速沿离岸边距离的分布为（设从武昌汉阳门垂直向上为 $y$ 轴正向）：

$$v(y) = \begin{cases} 1.47\text{m/s}, & 0\text{m} \leq y \leq 200\text{m}, \\ 2.11\text{m/s}, & 200\text{m} < y < 960\text{m}, \\ 1.47\text{m/s}, & 960\text{m} \leq y \leq 1160\text{m}. \end{cases}$$

游泳者的速度大小（1.5m/s）仍全程保持不变，试为他选择游泳方向和路线，估计他的成绩。

(4) 若流速沿离岸边距离为连续分布，例如

$$v(y) = \begin{cases} \dfrac{2.28}{200}y, & 0 \leq y \leq 200, \\ 2.28, & 200 < y < 960, \\ \dfrac{2.28}{200}(1160-y), & 960 \leq y \leq 1160. \end{cases}$$

或你们认为合适的连续分布，如何处理这个问题？

(5) 用普通人能懂的语言，给有意参加竞渡的游泳爱好者写一份竞渡策略的短文。

(6) 你们的模型还可能有什么其他的应用？

### 9.6.2 基本假设

(1) 不考虑风向、风速、水温等其他因素对游泳者的影响。
(2) 游泳者的游泳速度大小保持定值。
(3) 江岸是直线，两岸之间宽度为定值。
(4) 水流的速度方向始终与江岸一致，无弯曲、漩涡等现象。
(5) 将游泳者在长江水流中的运动看成质点在平面上的二维运动。

### 9.6.3 模型的建立与求解

**1. 问题（1）**

建立如图 9.6 所示平面直角坐标系，渡江起点为坐标原点，$x$ 轴与江岸重合，正方向与水流方向一致，终点 $A$ 的坐标为 $(L, H)$。

用 $u$ 表示游泳者的速度，$v$ 表示水流速度。假设竞渡是在平面区域进行，又设参赛者可看成质点沿游泳路线 $(x(t), y(t))$ 以速度 $U(t) = (u\cos\theta(t), u\sin\theta(t))$ 前进。要求参赛者在流速给定（$v$ 为常数或为 $y$ 的函数）的情况下控制 $\theta(t)$，能找到适当的路线，以最短的时间 $T$ 从起点游到终点。这是一个最优控制问题，即求满足下面的约束条件：

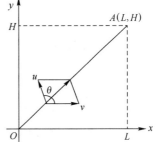

图 9.6 坐标系和速度合成

$$\begin{cases} \dfrac{\mathrm{d}x}{\mathrm{d}t} = u\cos\theta(t) + v, & x(0) = 0, \quad x(T) = L, \\ \dfrac{\mathrm{d}y}{\mathrm{d}t} = u\sin\theta(t), & y(0) = 0, \quad y(T) = H. \end{cases}$$

设游泳者的速度大小和方向均不随时间变化，即 $u,\theta$ 都为常数，这里 $\theta$ 为游泳者和 $x$ 轴正向间的夹角，当水流速度 $v$ 也是常数时，游泳者的路线 $(x(t),y(t))$ 满足

$$\begin{cases} \dfrac{dx}{dt}=u\cos\theta+v, & x(0)=0, \quad x(T)=L, \\ \dfrac{dy}{dt}=u\sin\theta, & y(0)=0, \quad y(T)=H. \end{cases} \quad (9.15)$$

$T$ 是到达终点的时刻。

如果式（9.15）有解，则

$$\begin{cases} x(t)=(u\cos\theta+v)t, & L=(u\cos\theta+v)T, \\ y(t)=(u\sin\theta)t, & H=(u\sin\theta)T. \end{cases}$$

即游泳者的路径一定是连接起点、终点的直线，且

$$T=\frac{L}{u\cos\theta+v}=\frac{H}{u\sin\theta}=\frac{H}{u\sqrt{1-\cos^2\theta}}. \quad (9.16)$$

由式（9.16），化简得

$$(L^2+H^2)u^2\cos^2\theta+2H^2uv\cos\theta+(H^2v^2-L^2u^2)=0, \quad (9.17)$$

解之得

$$\cos\theta=\frac{-H^2v\pm L\sqrt{(H^2+L^2)u^2-H^2v^2}}{(H^2+L^2)u}. \quad (9.18)$$

$\cos\theta$ 有实根的条件为

$$\Delta=(H^2+L^2)u^2-H^2v^2\geqslant 0,$$

即

$$u\geqslant v\frac{H}{\sqrt{H^2+L^2}}. \quad (9.19)$$

即只有在 $u$ 满足式（9.19）时才有可能游到终点。式（9.18）中，$\cos\theta$ 可能有两个值或一个值，当 $L,H,u,v$ 为给定的常数时，为了使式（9.16）中的 $T$ 值达到最小，$\cos\theta$ 要取最大的值，即

$$\cos\theta=\frac{-H^2v+L\sqrt{(H^2+L^2)u^2-H^2v^2}}{(H^2+L^2)u}. \quad (9.20)$$

把式（9.20）代入式（9.16），得到达终点的时间

$$T=\frac{H^2+L^2}{Lv+\sqrt{L^2u^2+H^2(u^2-v^2)}}. \quad (9.21)$$

（1）当 $T=14\min 8s=848s$，$H=1160m$，$L=1000m$，$v=1.89m/s$ 时，代入式（9.21），可以计算出 $u=1.54154m/s$，再由式（9.20）计算出 $\theta=117.4558°$。即第一名的游泳速度大小为 $u=1.5416m/s$，方向角 $\theta=117.4558°$。

（2）把 $H=1160m$，$L=1000m$，$v=1.89m/s$，$u=1.5m/s$ 代入式（9.20），计算得到角度 $\theta=121.8548°$，由式（9.21）计算得到 $T=910.4595s$。

（3）灵敏度分析。对于一个游泳速度 $u=1.5m/s$ 的游泳者，如果 $\theta=123°$，则 $L=989.4m$，在终点的上方，还可以游到终点。

如果 $\theta=121°$，则 $L=1008.2\text{m}$，已经到下游了，不过如果能在未到终点前看到终点目标，还是可以设法游到终点的。这说明游泳的方向对能否到达终点还是相当敏感的。因此，应当尽量使 $\theta>122$。

```
%程序文件 ganli9_1.mlx
clc, clear, syms T L H u v theta
Te(H,L,v,u)=(H^2+L^2)/(L*v+sqrt(L^2*u^2+H^2*(u^2-v^2)))
u0(T,H,L,v)=solve(T==Te,u)
theta(H,L,v,u)=acosd((-H^2*v+L*sqrt((H^2+L^2)*u^2-H^2*v^2))/((H^2+L^2)*u))
u1=double(u0(848,1160,1000,1.89))          %计算游泳速度
theta1=double(theta(1160,1000,1.89,u1(1)))  %计算角度
theta2=double(theta(1160,1000,1.89,1.5))    %计算第2个角度
T2=double(Te(1160,1000,1.89,1.5))           %计算第2个时间
L3=solve(L/(1.5*cosd(123)+1.89)==1160/(1.5*sind(123)))
L3=double(L3)                               %计算灵敏度分析中的L
L4=solve(L/(1.5*cosd(121)+1.89)==1160/(1.5*sind(121)))
L4=double(L4)                               %计算灵敏度分析中的L
```

**2. 问题（2）**

游泳者始终以和岸边垂直的方向（$y$ 轴正向）游，即 $\theta=90°$。由式（9.16）得

$$T=\frac{L}{v},\quad u=\frac{H}{T},$$

计算得到 $T=529.1\text{s}$，$u=2.19\text{m/s}$。游泳者速度不可能这么快，因此永远游不到终点，被冲到终点的下游去了。

**注9.2** 男子1500m自由泳世界纪录为14min41s66，其平均速度为 $1.7\text{m/s}$。

式（9.19）给出能够成功到达终点的选手的速度。1934年竞渡的全程为5000m，垂直距离 $H=1160\text{m}$，则 $L=4863.6\text{m}$，仍设 $v=1.89\text{m/s}$，则游泳者的速度只要满足 $u\geq 0.4385\text{m/s}$，就可以选到合适的角度游到终点，即使游5000m，也有很多人可以做到。

对于2002年的数据，$H=1160\text{m}$，$L=1000\text{m}$，$v=1.89\text{m/s}$，需要 $u\geq 1.4315\text{m/s}$。

1934年和2002年能游到终点的人数的百分比有如此大的差别的主要原因在于，1934年竞渡的路线长于2002年竞渡的路线，其 $L$ 大得多，对游泳者的速度要求低，很多选手能够达到。2002年的 $L$ 只有1000m，虽然路程短，但对选手的速度要求高，有些选手的速度达不到该最低要求，还有些选手的游泳路径选择不当，游泳的方向没有把握住，被水流冲过终点，而一旦冲过头，游泳速度还没有水流速度大，因而无力游回，只能眼看冲过终点而无可奈何。此外，2002年的气象条件较为不利，风大浪急，水流速度大，这些不利条件降低了选手的成功率。

**3. 问题（3）**

由于流速沿岸边分三段分布，且题目中假设人的速度大小不变，因此可以假设在每一段人的速度为一个不同的方向，它们的方向与岸的夹角分别为 $\theta_1,\theta_2,\theta_3$，人游过三段的时间分别为 $t_1,t_2,t_3$，总时间为 $T=t_1+t_2+t_3$。

$H$ 分为三段 $H=H_1+H_2+H_3$，$H_1=H_3=200\text{m}$，$H_2=760\text{m}$，第一段和第三段的水流速

度相等，$v_1 = v_3 = 1.47\text{m/s}$，第二段的水流速度 $v_2 = 2.11\text{m/s}$。游泳者的速度仍为 $u = 1.5\text{m/s}$。

建立如下的数学规划模型：

$$\min \quad T = t_1 + t_2 + t_3$$

$$\text{s.t.} \begin{cases} ut_i\sin\theta_i = H_i, & i = 1,2,3, \\ (u\cos\theta_i + v_i)t_i = L_i, & i = 1,2,3, \\ \sum_{i=1}^{3} L_i = 1000, \\ \dfrac{\pi}{2} \leq \theta_i \leq \pi, & i = 1,2,3. \end{cases}$$

利用 MATLAB 软件求得 $\theta_1 = \theta_3 = 126.0561°$，$\theta_2 = 118.0627°$，$T$ 的最小值为 $904.0228\text{s}$。

%程序文件 ganli9_2.m

clc, clear

t = optimvar("t", 3, "LowerBound", 0);

theta = optimvar("theta", 3, "LowerBound", pi/2, "UpperBound", pi);

u = 1.5; v = [1.47; 2.11; 1.47]; H = [200; 760; 200];

prob = optimproblem("Objective", sum(t));

prob.Constraints = [u*t.*sin(theta) == H; sum((u*cos(theta)+v).*t) == 1000];

s0.t = rand(3,1); s0.theta = rand(3,1);

[s, fval, flag, out] = solve(prob, s0)

st = s.t, sth = s.theta*180/pi     %提取决策变量的取值，弧度换算成度

### 4. 水流速度连续变化模型

水流随着其与岸边的垂直距离 $y$ 连续变化，记为 $v(y)$，如题中假设

$$v(y) = \begin{cases} \dfrac{2.28}{200}y, & 0 \leq y \leq 200, \\ 2.28, & 200 < y < 960, \\ \dfrac{2.28}{200}(1160-y), & 960 \leq y \leq 1160. \end{cases}$$

对于 $v(y)$ 为连续变化的情形，将江宽 $[0,H]$ 分成 $n$ 等份，分点为 $0 = y_0 < y_1 < \cdots < y_n = H$，记步长 $d = H/n$。当 $n$ 比较大时，区域 $[y_{i-1}, y_i]$ 上的流速可视为常数，记为 $v_i$。在每个小区间 $[y_{i-1}, y_i]$ $(i=1,2,\cdots,n)$，即小区间 $[(i-1)d, id]$ 上的流速取为该小区间中点的流速，因而取 $v_i = v\left(id - \dfrac{1}{2}d\right)$，这里

$$v_i = \begin{cases} \dfrac{2.28}{200}\left(id - \dfrac{1}{2}d\right), & 1 \leq i \leq \dfrac{200}{d}, \\ 2.28, & \dfrac{200}{d}+1 \leq i \leq \dfrac{960}{d}, \\ \dfrac{2.28}{200}\left(1160 - id + \dfrac{1}{2}d\right), & \dfrac{960}{d}+1 \leq i \leq \dfrac{1160}{d}. \end{cases}$$

在每个小区间上游泳角度分别为 $\theta_i$ ($i=1,2,\cdots,n$)。类似于问题（3），可以建立如下的数学规划模型：

$$\min \sum_{i=1}^{1160/d} t_i$$

$$\text{s. t.} \begin{cases} ut_i\sin\theta_i = d, & 1 \leqslant i \leqslant 1160/d, \\ \sum_{i=1}^{1160/d} t_i(u\cos\theta_i + v_i) = 1000, \\ \dfrac{\pi}{2} \leqslant \theta_i \leqslant \pi, & 1 \leqslant i \leqslant 1160/d. \end{cases}$$

取步长 $d=5$m 时，把江宽 $H=1160$m 分成 $n=232$ 等份。利用 MATLAB 软件求得，全程最少时间为 $T=881.7263$s。

```
%程序文件 ganli9_3. m
clc, clear,d=5; H=1160; n=H/d; u=1.5; v=zeros(n,1);
v(1:200/d)=2.28/200*([1:200/d]*d-d/2); v(200/d+1:960/d)=2.28;
v(960/d+1:n)=2.28/200*(H-[960/d+1:n]*d+d/2);
t=optimvar("t",n,"LowerBound",0);         %定义第1组符号决策向量
theta=optimvar("theta",n,"LowerBound",pi/2,"UpperBound",pi);
prob=optimproblem("Objective",sum(t));    %定义数学规划的目标函数
prob.Constraints=[u*t.*sin(theta)==d; sum((u*cos(theta)+v).*t)==1000];
s0.t=rand(n,1); s0.theta=rand(n,1);       %构造决策变量的初始值
[s,fval,flag,out]=solve(prob,s0)          %求解非线性规划问题
st=s.t, sth=s.theta*180/pi                %提取决策变量的取值,弧度换算成度
```

### 9.6.4 竞渡策略短文

从古到今，策略无论是在人们的日常生活中还是在经济生活中都占据着举足轻重的地位。好的策略是成功的开始。俗话说："知己知彼，百战不殆。"一个好的策略来源于对环境的充分了解，对一名渡江选手来说也不例外。因此，要实现成功渡江，选手首先必须要做的事是：知己＝了解自身的游泳速度，知彼＝明确当天比赛时水流的速度＋比赛全程。面对不同的水流速度和比赛路线，并受自身游泳速度大小的限制，选手应及时调整游泳的方向。

一个选手要获得最好的成绩就是要在最短时间内恰好到达终点。首先，选手的游泳速度与水流速度的比值要大于等于游泳区域的宽度与游泳距离的比值时才能游到终点，否则会被水流冲走，无法游到终点。其次，必须适当选择游泳方向，否则选手将会被水流冲到终点的下游。

### 9.6.5 模型的推广

我们建立模型的方法和思想对其他类似的问题也很适用，本文所建立的模型不但能指导竞渡者在竞渡比赛中如何以最短的时间游到终点，对其他一些水上的竞赛也具有参

考意义。例如,皮划艇比赛和飞机降落的分析等问题。此外还能对一些远洋航行的船只的路线规划问题给予指导,使船只能在最短的时间内到达目的地。

## 习 题 9

9.1 设 $z = x\ln(xy)$,求 $\dfrac{\partial^3 z}{\partial x^2 \partial y}$,$\dfrac{\partial^3 z}{\partial x \partial y^2}$ 及 $\dfrac{\partial^3 z}{\partial x \partial y^2}\bigg|_{(1,1)}$。

9.2 求函数 $z = e^{xy}$ 当 $x=1$,$y=1$,$\Delta x = 0.15$,$\Delta y = 0.1$ 时的全微分。

9.3 设 $z = \arctan \dfrac{x}{y}$,而 $x = u+v$,$y = u-v$,验证
$$\frac{\partial z}{\partial u} + \frac{\partial z}{\partial v} = \frac{u-v}{u^2+v^2}.$$

9.4 设 $e^z - xyz = 0$,求 $\dfrac{\partial^2 z}{\partial x^2}$。

9.5 求曲线 $\begin{cases} x^2+y^2+z^2-3x=0, \\ 2x-3y+5z-4=0 \end{cases}$ 在点 $(1,1,1)$ 处的切线及法平面方程。

9.6 求椭球面 $x^2+2y^2+z^2=1$ 上平行于平面 $x-y+2z=0$ 的切平面方程。

9.7 求函数 $u=xyz$ 在点 $(5,1,2)$ 处沿从点 $(5,1,2)$ 到点 $(9,4,14)$ 的方向的方向导数。

9.8 求函数 $f(x,y) = (6x-x^2)(4y-y^2)$ 的极值。

9.9 抛物面 $z=x^2+y^2$ 被平面 $x+y+z=1$ 截成一椭圆,求这椭圆上的点到原点的距离的最大值与最小值。

9.10 求函数 $f(x,y) = e^x \ln(1+y)$ 在点 $(0,0)$ 的三阶泰勒公式。

9.11 某种合金的含铅量百分比为 $p$(%),其熔解温度为 $\theta$(℃),由实验测得 $p$ 与 $\theta$ 的数据如表 9.3 所示,试用最小二乘法建立 $\theta$ 与 $p$ 之间的经验公式 $\theta = ap+b$。

表9.3 $\theta$ 与 $p$ 的观测数据

| $p$ | 36.9 | 46.7 | 63.7 | 77.8 | 84.0 | 87.5 |
|---|---|---|---|---|---|---|
| $\theta$ | 181 | 197 | 235 | 270 | 283 | 292 |

9.12 设有一小山,取它的底面所在的平面为 $xOy$ 坐标面,其底部所占的闭区域为 $D = \{(x,y) \mid x^2+y^2-xy \leq 75\}$,小山的高度函数为 $h=f(x,y)=75-x^2-y^2+xy$。

(1) 设 $M(x_0,y_0) \in D$,问 $f(x,y)$ 在该点沿平面上什么方向的方向导数最大?若记此方向导数的最大值为 $g(x_0,y_0)$,试写出 $g(x_0,y_0)$ 的表达式。

(2) 现欲利用此小山开展攀岩活动,为此需要在山脚找一上山坡度最大的点作为攀岩的起点,也就是说,要在 $D$ 的边界线 $x^2+y^2-xy=75$ 上找出 (1) 中的 $g(x,y)$ 达到最大值的点。试确定攀岩起点的位置。

# 第 10 章 重 积 分

本章首先介绍重积分的符号解和数值解,然后介绍重积分的应用,最后给出一个应用案例。

## 10.1 重积分的符号解和数值解

### 10.1.1 重积分的符号解

求多重积分的符号解,首先需要把多重积分化成累次积分,然后依次进行一重积分,同样使用 MATLAB 的一重积分函数 int。

**1. 二重积分**

**例 10.1** 计算 $\iint\limits_D xy\mathrm{d}\sigma$,其中 $D$ 是由抛物线 $y^2=x$ 及 $y=x-2$ 所围成的闭区域。

**解** 解方程组

$$\begin{cases} y^2 = x, \\ y = x-2, \end{cases}$$

求得抛物线与直线的交点为 $(1,-1)$,$(4,2)$。

画出的积分区域如图 10.1 所示,因而有

$$\iint\limits_D xy\mathrm{d}\sigma = \int_{-1}^{2}\left[\int_{y^2}^{y+2} xy\mathrm{d}x\right]\mathrm{d}y = \frac{45}{8}.$$

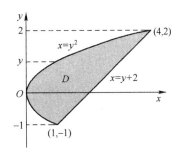

图 10.1 积分区域示意图

%程序文件 gex10_1.mlx
clc, clear, syms x y
[sx,sy] = solve(y^2==x, y==x-2)
f(x,y) = x*y, I1 = int(f,x,y^2,y+2)    %内层积分
I1 = expand(I1), I2 = int(I1,-1,2)    %外层积分

**例 10.2** 试求解二重积分 $I = \int_{-1}^{1}\mathrm{d}y\int_{-\sqrt{1-y^2}}^{\sqrt{1-y^2}} \mathrm{e}^{-x^2}\sin(x^2+y)\mathrm{d}x$。

**解** 无法求得 $I$ 的精确符号解,使用 vpa 函数求得的数值解为 $I = 0.4278$。

%程序文件 gex10_2.mlx
clc, clear, syms x y
f(x,y) = exp(-x^2)*sin(x^2+y)
I1 = int(f,x,-sqrt(1-y^2),sqrt(1-y^2))
I2 = int(I1,y,-1,1), vpa(I2)

**例 10.3** 计算由柱面 $x^2+4y^2=4$ 与两平面 $z=8+x-2y$，$z=0$ 所围成的立体体积。

**解** 立体的图形如图 10.2 所示。立体体积

$$V = \iint\limits_{x^2+4y^2 \leqslant 4} (8+x-2y)\mathrm{d}x\mathrm{d}y = \int_{-2}^{2}\mathrm{d}x\int_{-\sqrt{1-\frac{x^2}{4}}}^{\sqrt{1-\frac{x^2}{4}}}(8+x-2y)\mathrm{d}y = 16\pi.$$

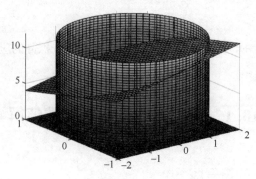

图 10.2 立体图形

```
%程序文件 gex10_3.mlx
clc, clear, syms x y z
f1(x,y,z)=x^2+4*y^2-4, fimplicit3(f1,[-2,2,-1,1,0,12])
hold on, fsurf(0), f2(x,y)=8+x-2*y, fsurf(f2,[-2,2,-1,1])
y1=-sqrt((4-x^2)/4), y2=-y1
I1=int(f2,y,y1,y2), I2=int(I1,-2,2)
```

**2. 三重积分**

三重积分计算方法一般有两种：一种是"穿针法"，将积分化为"先一后二"的三次积分；另一种是"切片法"，将积分化为"先二后一"的三次积分：

$$\iiint\limits_{V} f(x,y,z)\mathrm{d}x\mathrm{d}y\mathrm{d}z = \iint\limits_{D_{xy}}\mathrm{d}x\mathrm{d}y\int_{z_1(x,y)}^{z_2(x,y)}f(x,y,z)\mathrm{d}z = \int_a^b\mathrm{d}x\int_{y_1(x)}^{y_2(x)}\mathrm{d}y\int_{z_1(x,y)}^{z_2(x,y)}f(x,y,z)\mathrm{d}z,$$

(10.1)

$$\iiint\limits_{V} f(x,y,z)\mathrm{d}x\mathrm{d}y\mathrm{d}z = \int_a^b\mathrm{d}z\iint\limits_{D_z}f(x,y,z)\mathrm{d}x\mathrm{d}y = \int_a^b\mathrm{d}z\int_{x_1(z)}^{x_2(z)}\mathrm{d}x\int_{y_1(x,z)}^{y_2(x,z)}f(x,y,z)\mathrm{d}y \quad (10.2)$$

再用程序求解。

**例 10.4** 计算三重积分 $\iiint\limits_{\Omega} z^2\mathrm{d}x\mathrm{d}y\mathrm{d}z$，其中 $\Omega$ 是由椭球面 $\dfrac{x^2}{a^2}+\dfrac{y^2}{b^2}+\dfrac{z^2}{c^2}=1$ 所围成的空间闭区域。

**解** 空间闭区域 $\Omega$ 可表示为

$$\left\{(x,y,z)\left|\dfrac{x^2}{a^2}+\dfrac{y^2}{b^2}\leqslant 1-\dfrac{z^2}{c^2},\quad -c\leqslant z\leqslant c\right.\right\},$$

如图 10.3 所示，因而有

$$\iiint\limits_{\Omega} z^2\mathrm{d}x\mathrm{d}y\mathrm{d}z = \int_{-c}^{c}z^2\mathrm{d}z\iint\limits_{D_z}\mathrm{d}x\mathrm{d}y = \pi ab\int_{-c}^{c}\left(1-\dfrac{z^2}{c^2}\right)z^2\mathrm{d}z = \dfrac{4}{15}\pi abc^3.$$

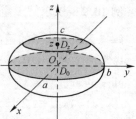

图 10.3 闭区域示意图

```
%程序文件 gex10_4.mlx
clc, clear, syms a b c z
f=pi*a*b*(1-z^2/c^2)*z^2
I=int(f,z,-c,c)
```

**例 10.5** 计算 $\iiint\limits_{\Omega}(x^2+y^2+z)\mathrm{d}x\mathrm{d}y\mathrm{d}z$，其中 $\Omega$ 由曲面 $z=\sqrt{2-x^2-y^2}$ 与 $z=\sqrt{x^2+y^2}$ 围成。

**解** 曲面 $z=\sqrt{2-x^2-y^2}$ 与 $z=\sqrt{x^2+y^2}$ 的交线在 $xOy$ 平面上的投影为

$$\begin{cases}\sqrt{2-x^2-y^2}=\sqrt{x^2+y^2},\\ z=0,\end{cases}$$

即

$$\begin{cases}x^2+y^2=1,\\ z=0.\end{cases}$$

积分区域如图 10.4 所示。

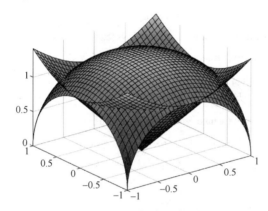

图 10.4 积分区域

采用柱坐标计算，令

$$\begin{cases}x=r\cos\theta,\\ y=r\sin\theta,\\ z=z,\end{cases}$$

柱坐标下的积分区域为

$$\begin{cases}r\leqslant z\leqslant\sqrt{2-r^2},\\ 0\leqslant r\leqslant 1,\\ 0\leqslant\theta\leqslant 2\pi.\end{cases}$$

计算得

$$\iiint\limits_{\Omega}(x^2+y^2+z)\mathrm{d}x\mathrm{d}y\mathrm{d}z=\iint\limits_{x^2+y^2\leqslant 1}\mathrm{d}x\mathrm{d}y\int_{\sqrt{x^2+y^2}}^{\sqrt{2-x^2-y^2}}(x^2+y^2+z)\mathrm{d}z$$

$$=\int_0^{2\pi}\mathrm{d}\theta\int_0^1\mathrm{d}r\int_r^{\sqrt{2-r^2}}(r^2+z)r\mathrm{d}z=\pi\left(\frac{16\sqrt{2}}{15}-\frac{5}{6}\right).$$

```
%程序文件 gex10_5.mlx
clc, clear, syms x y z r theta, assume(r>=0)
z1(x,y)= sqrt(2-x^2-y^2), z2(x,y)= sqrt(x^2+y^2)
fsurf(z1,[-1,1,-1,1]), hold on, fsurf(z2,[-1,1,-1,1])
f(x,y,z)= x^2+y^2+z
z11 = z1(r*cos(theta),r*sin(theta)), z11 = simplify(z11)
z22 = z2(r*cos(theta),r*sin(theta)), z22 = simplify(z22)
I1 = int(f(r*cos(theta),r*sin(theta),z)*r,z,z22,z11)
I2 = int(I1,r,0,1)*2*pi
```

### 10.1.2 重积分的数值解

MATLAB 中求二重积分和三重积分数值解的函数分别为 integral2，integral3。integral2 的调用格式为

q = integral2(fun,xmin,xmax,ymin,ymax)

在平面区域 xmin≤x≤xmax 和 ymin(x)≤y≤ymax(x) 上求函数 z=fun(x,y) 的数值积分。

q = integral2(fun,xmin,xmax,ymin,ymax,Name,Value)

指定具有一个或多个 Name，Value 对组参数的其他选项。

integral3 的调用格式为

q = integral3(fun,xmin,xmax,ymin,ymax,zmin,zmax)

在区域 xmin≤x≤xmax、ymin(x)≤y≤ymax(x) 和 zmin(x,y)≤z≤zmax(x,y) 求函数 z=fun(x,y,z) 的数值积分。

**1. 二重积分**

**例 10.6** 计算二重积分 $I = \int_0^\pi dy \int_\pi^{2\pi} xy^2\cos(xy)dx$。

**解** 求得 $I = -4.2929$。

```
%程序文件 gex10_6.m
clc, clear, f=@(x,y)x.*y.^2.*cos(x.*y)
I=integral2(f,pi,2*pi,0,pi)
```

**例 10.7** （续例 10.2）试求解二重积分 $I = \int_{-1}^1 dy \int_{-\sqrt{1-y^2}}^{\sqrt{1-y^2}} e^{-x^2}\sin(x^2+y)dx$。

**解** 求得 $I = 0.4278$。

```
%程序文件 gex10_7.m
clc, clear, f=@(x,y)exp(-x.^2).*sin(x.^2+y);
x1=@(y)-sqrt(1-y.^2); x2=@(y)-x1(y);
I=integral2(f,-1,1,x1,x2)
```

**2. 三重积分**

**例 10.8** 计算三重积分 $I = \int_\pi^{2\pi} dz \int_0^\pi dy \int_0^1 (y\sin x + x\cos y + e^{-z^2})dx$。

**解** 求得 $I = 7.1268$。

```
%程序文件 gex10_8.m
clc, clear, f=@(x,y,z)y.*sin(x)+x.*cos(y)+exp(-z.^2);
I=integral3(f,0,1,0,pi,pi,2*pi)
```

**例 10.9** 求 $I = \iiint_\Omega \sqrt{x^2+y^2+z^2}\,\mathrm{d}x\mathrm{d}y\mathrm{d}z$ 的数值解，其中 $\Omega$ 是由球面 $x^2+y^2+z^2=z$ 所围成的闭区域。

**解** 球面 $x^2+y^2+z^2=z$ 等价于 $x^2+y^2+\left(z-\dfrac{1}{2}\right)^2 = \left(\dfrac{1}{2}\right)^2$，即是以 $\left(0,0,\dfrac{1}{2}\right)$ 为球心、$\dfrac{1}{2}$ 为半径的球面，因而有

$$I = \int_0^1 \mathrm{d}z \iint_{x^2+y^2 \leqslant z-z^2} \sqrt{x^2+y^2+z^2}\,\mathrm{d}x\mathrm{d}y = \int_0^1 \mathrm{d}z \int_{-\sqrt{z-z^2}}^{\sqrt{z-z^2}} \mathrm{d}x \int_{-\sqrt{z-z^2-x^2}}^{\sqrt{z-z^2-x^2}} \sqrt{x^2+y^2+z^2}\,\mathrm{d}y = 0.3142.$$

本题也可以利用球面坐标做变换，求得符号解。令

$$\begin{cases} x = r\sin\varphi\cos\theta, \\ y = r\sin\varphi\sin\theta, \\ z = r\cos\varphi, \end{cases}$$

积分区域为

$$\begin{cases} 0 \leqslant r \leqslant \cos\varphi, \\ 0 \leqslant \varphi \leqslant \dfrac{\pi}{2}, \\ 0 \leqslant \theta \leqslant 2\pi. \end{cases}$$

积分

$$I = \int_0^{2\pi} \mathrm{d}\theta \int_0^{\frac{\pi}{2}} \mathrm{d}\varphi \int_0^{\cos\varphi} r^3 \sin\varphi\,\mathrm{d}r = \dfrac{\pi}{10}.$$

```
%程序文件 gex10_9.mlx
clc, clear
f=@(x,y,z)sqrt(x.^2+y.^2+z.^2);
x1=@(z)-sqrt(z-z.^2); x2=@(z)-x1(z);
y1=@(z,x)-sqrt(z-z.^2-x.^2); y2=@(z,x)-y1(z,x);
I1=integral3(f,0,1,x1,x2,y1,y2)

syms r theta phi
I21=int(r^3*sin(phi),r,0,cos(phi))
I22=int(I21,phi,0,pi/2), I23=int(I22,theta,0,2*pi)
vpa(I23)         %显示浮点形式的符号数
```

**注 10.1** 注意计算三重数值积分时，用匿名函数定义积分限时，一定要注意函数自变量的书写顺序，千万不要搞错顺序，否则答案是错的。

## 10.2 重积分的应用

曲顶柱体的体积、平面薄片的质量可用二重积分计算，空间物体的质量可用三重积分计算。本节讨论重积分在几何、物理上的一些其他应用。

**1. 曲面的面积**

**例 10.10** 已知地球半径为 $R=6400\text{km}$，重力加速度 $g=9.8\text{m/s}$，现有一颗地球同步轨道卫星在位于地球赤道平面的轨道上运行，卫星运行的角速度 $\omega$ 与地球自转的角速度相同。求卫星距地面的高度 $h$，并计算该卫星的覆盖面积。

**解** 首先进行受力分析并结合牛顿第二定律，先确定卫星的高度；当卫星距离地面高度已知时，其覆盖面积可用球冠面积来确定。

记地球的质量为 $M$，通信卫星的质量为 $m$，万有引力常数为 $G$，通信卫星运行的角速度为 $\omega$。卫星所受的万有引力为 $G\dfrac{Mm}{(R+h)^2}$，卫星所受离心力为 $m\omega^2(R+h)$。根据牛顿第二定律，得

$$G\frac{Mm}{(R+h)^2}=m\omega^2(R+h), \tag{10.3}$$

若把卫星放在地球表面，则卫星所受的万有引力就是卫星所受的重力，即有

$$G\frac{Mm}{R^2}=mg, \tag{10.4}$$

消去式（10.3）和式（10.4）中的万有引力常数 $G$，得

$$(R+h)^3=g\frac{R^2}{\omega^2}. \tag{10.5}$$

将 $g=9.8$，$R=6400\text{km}$，$\omega=\dfrac{2\pi}{T}=\dfrac{2\pi}{24\times3600}$，代入式（10.5），得

$$h=3.5940\times10^7(\text{m}),$$

即卫星距地面的高度为 35940km。

取地心为坐标原点，地心与卫星中心的连线为 $z$ 轴建立三维右手空间坐标系，其 $zOx$ 平面图如图 10.5 所示。

卫星的覆盖面积为

$$S=\iint_{\Sigma}\mathrm{d}S,$$

其中 $\Sigma$ 为球面 $x^2+y^2+z^2=R^2$ 的上半部被圆锥角 $\alpha$ 所限定的部分曲面。所以卫星的覆盖面积为

$$S=\iint_{D}\sqrt{1+z_x^2+z_y^2}\mathrm{d}x\mathrm{d}y,$$

其中 $z=\sqrt{R^2-x^2-y^2}$，积分区域 $D$ 为 $xOy$ 平面上的区域 $x^2+y^2\leqslant R^2$

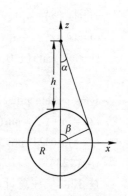

图 10.5　$zOx$ 平面图

$\sin^2\beta$,这里 $\cos\beta = \sin\alpha = \dfrac{R}{R+h}$,利用极坐标得

$$S = \int_0^{2\pi} d\theta \int_0^{R\sin\beta} \frac{R}{\sqrt{R^2-r^2}} r\, dr = 2\pi R^2(1-\cos\beta) = 2\pi R^2 \cdot \frac{h}{R+h}.$$

代入 $R = 6400000$,$h = 3.594\times 10^7$,计算得 $S = 2.1846\times 10^{14}\,\mathrm{m}^2$,即 $S = 2.1846\times 10^8\,\mathrm{km}^2$。

地球表面的总面积为 $5.1472\times 10^{14}\,\mathrm{m}^2$,一颗通信卫星能覆盖地球表面积的 42.44%,故使用 3 颗相间 $\dfrac{2\pi}{3}$ 的通信卫星就可以覆盖整个地球表面。

```
%程序文件 gex10_10.mlx
clc, clear, g=9.8; R0=6400000; omiga=2*pi/(24*3600);
h0=(g*R0^2/omiga^2)^(1/3)-R0
syms x y h R r theta beta
assume(R>0), assume(0<beta<pi/2)
z=sqrt(R^2-x^2-y^2)
ds(x,y)=sqrt(1+diff(z,x)^2+diff(z,y)^2), ds=simplify(ds)
f=ds(r*cos(theta),r*sin(theta))*r, f=simplify(f)
s=2*pi*int(f,r,0,R*sin(beta))
s=subs(s,cos(beta),R/(R+h))
s=double(subs(s,{R,h},{R0,h0}))
TS=4*pi*R0^2          %计算地球的表面积
rate=s/TS             %计算同步卫星覆盖的比率
```

**2. 质心**

设在 $xOy$ 平面上有 $n$ 个质点,它们位于点 $(x_i, y_i)$ $(i=1,2,\cdots,n)$ 处,质量为 $m_i$ $(i=1,2,\cdots,n)$。由力学知道,该质点系的质心的坐标为

$$\bar{x} = \frac{M_y}{M} = \frac{\sum\limits_{i=1}^n m_i x_i}{\sum\limits_{i=1}^n m_i}, \quad \bar{y} = \frac{M_x}{M} = \frac{\sum\limits_{i=1}^n m_i y_i}{\sum\limits_{i=1}^n m_i},$$

其中 $M$ 为该质点系的总质量,$M_x$ 和 $M_y$ 分别为该质点系对 $y$ 轴和 $x$ 轴的静矩,且

$$M = \sum_{i=1}^n m_i, \quad M_y = \sum_{i=1}^n m_i x_i, \quad M_x = \sum_{i=1}^n m_i y_i.$$

设有一薄片,占有 $xOy$ 面上的闭区域 $D$,在点 $(x,y)$ 处的面密度为 $\mu(x,y)$,假定 $\mu(x,y)$ 在 $D$ 上连续。则该薄片的质心的坐标为

$$\bar{x} = \frac{M_y}{M} = \frac{\iint_D x\mu(x,y)\,d\sigma}{\iint_D \mu(x,y)\,d\sigma}, \quad \bar{y} = \frac{M_x}{M} = \frac{\iint_D y\mu(x,y)\,d\sigma}{\iint_D \mu(x,y)\,d\sigma}.$$

**例 10.11** 利用三重积分计算下列曲面所围立体的质心(设密度 $\rho = 1$):

$$z = \sqrt{A^2 - x^2 - y^2}, \quad z = \sqrt{a^2 - x^2 - y^2} \quad (A > a > 0), \quad z = 0.$$

**解** 立体 $\Omega$ 由两个同心的上半球面和 $xOy$ 面所围成，关于 $z$ 轴对称，又由于它是均质的，故其质心位于 $z$ 轴上，即有 $\bar{x}=\bar{y}=0$。立体的体积为

$$V=\frac{2}{3}\pi(A^3-a^3).$$

$$\bar{z}=\frac{1}{V}\iiint\limits_{\Omega}zdv=\frac{1}{V}\int_0^{2\pi}d\theta\int_0^{\frac{\pi}{2}}d\varphi\int_a^A r\cos\varphi\cdot r^2\sin\varphi dr=\frac{3(A^4-a^4)}{8(A^3-a^3)}.$$

%程序文件 gex10_11.mlx

clc, clear, syms r phi a A

assume(0<a<A), V=2/3*pi*(A^3-a^3)

zb=int(int(r^3*cos(phi)*sin(phi),r,a,A),0,pi/2)*2*pi/V

### 3. 转动惯量

设在 $xOy$ 平面上有 $n$ 个质点，它们位于点 $(x_i,y_i)$ ($i=1,2,\cdots,n$) 处，质量为 $m_i$ ($i=1,2,\cdots,n$)。由力学知道，该质点系对于 $x$ 轴和 $y$ 轴的转动惯量依次为

$$I_x=\sum_{i=1}^n y_i^2 m_i, \quad I_y=\sum_{i=1}^n x_i^2 m_i.$$

设有一薄片，占有 $xOy$ 面上的闭区域 $D$，在点 $(x,y)$ 处的面密度为 $\mu(x,y)$，假定 $\mu(x,y)$ 在 $D$ 上连续。则该薄片对于 $x$ 轴和 $y$ 轴的转动惯量依次为

$$I_x=\iint\limits_D y^2\mu(x,y)d\sigma, \quad I_y=\iint\limits_D x^2\mu(x,y)d\sigma.$$

**例 10.12** 求密度为 $\rho$ 的均匀球对于过球心的一条轴 $l$ 的转动惯量。

**解** 取球心为坐标原点，$z$ 轴与 $l$ 轴重合，又设球的半径为 $a$，则球所占空间闭区域

$$\Omega=\{(x,y,z)\,|\,x^2+y^2+z^2\leq a^2\}.$$

所求转动惯量即球对于 $z$ 轴的转动惯量为

$$I_z=\iiint\limits_{\Omega}(x^2+y^2)\rho dv=\int_0^{2\pi}d\theta\int_0^{\pi}d\varphi\int_0^a r^2\sin^2\varphi\rho r^2\sin\varphi dr=\frac{8\pi a^5\rho}{15}.$$

%程序文件 gex10_12.mlx

clc, clear, syms x y a r theta phi rho

f(x,y)=x^2+y^2

f=f(r*sin(phi)*cos(theta),r*sin(phi)*sin(theta))

g=simplify(f*rho*r^2*sin(phi))

I1=int(g,r,0,a), I2=int(I1,phi,0,pi)

Iz=I2*2*pi

### 4. 其他应用

**例 10.13** （照明问题）有一个简易展台，展台表面中心点 $O$ 正上方高度为 $h=3$m 处设置有一个灯 $P$。展台后面设有一个长为 $a=5$m，高为 $b=3$m 的长方形背景墙，背景墙的底边位于展台表面所在的水平面上。展台表面中心点 $O$ 到背景墙的距离是 $c=2$m。展台中心的亮度是多少？假定只考虑灯光直射亮度及背景墙的反射亮度。

**解** 假设灯（简化为点光源）的照明强度为 $I_0=900$lm（光照度单位——流明），

背景墙的反射率为 $\rho=0.4$，由光度学理论知道，点光源照射到平面上一点的亮度为

$$E=\frac{I_0}{R^2}\cos\theta,$$

式中：$E$ 为受光点的亮度；$I_0$ 为发光点的亮度；$R$ 为发光点到受光点的距离；$\theta$ 为发光点到受光点的连线与受光平面的法线之间的夹角。

以展台中心 $O$ 为坐标原点，建立如图 10.6 所示的坐标系，根据题设，展台中心的亮度可表达为

$O$ 点的实际亮度 $E=$ 光源直接照射的亮度 $E_1+$ 背景墙的反射光亮度 $E_2$。

由于受光点（展台中心 $O$）与发光点（灯）的连线与展台的法向重合，所以 $\theta=0°$，这样，灯对展台中心 $O$ 的直接照射亮度为 $E_1=I_0/h^2$。

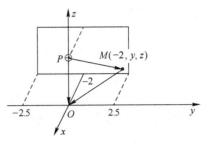

图 10.6 展台背景墙、灯示意图

下面考虑背景墙对 $O$ 点的反射亮度 $E_2$，设 $M(-c,y,z)$ 为在墙面上任意一点，线段 $PM$ 与背景墙法线的夹角为 $\theta_1$，则 $M$ 点受灯直接照射的亮度为

$$\phi(y,z)=\frac{I_0}{|PM|^2}\cos\theta_1=\frac{I_0}{(-c)^2+y^2+(z-h)^2}\cdot\frac{c}{\sqrt{(-c)^2+y^2+(z-h)^2}},$$

整理得

$$\phi(y,z)=\frac{I_0 c}{(c^2+y^2+(z-h)^2)^{\frac{3}{2}}}.$$

设在点 $M$ 处取一个面积元素 $\mathrm{d}s$，其面积为 $\mathrm{d}s=\mathrm{d}y\mathrm{d}z$，则该面积微元的亮度为 $\phi(y,z)\mathrm{d}y\mathrm{d}z$。面积微元 $\mathrm{d}s$ 反射给 $O$ 点的亮度为

$$\mathrm{d}E=\frac{\rho\phi(y,z)\mathrm{d}y\mathrm{d}z}{(-c)^2+y^2+z^2}\cdot\frac{z}{\sqrt{(-c)^2+y^2+z^2}}=\frac{\rho z\phi(y,z)\mathrm{d}y\mathrm{d}z}{(c^2+y^2+z^2)^{\frac{3}{2}}}.$$

于是，背景墙对 $O$ 点的反射亮度可用以背景墙的长方形区域为积分区域的二重积分表示为

$$E_2=\iint_D \frac{\rho z\phi(y,z)}{(c^2+y^2+z^2)^{\frac{3}{2}}}\mathrm{d}y\mathrm{d}z,$$

其中 $D=\left\{(y,z)\,\bigg|\,-\frac{a}{2}\leqslant y\leqslant\frac{a}{2},0\leqslant z\leqslant b\right\}$。

综上所述，展台中心 $O$ 点的亮度为

$$E=E_1+E_2=\frac{I_0}{h^2}+\iint_D \frac{\rho z\phi(y,z)}{(c^2+y^2+z^2)^{\frac{3}{2}}}\mathrm{d}y\mathrm{d}z.$$

利用 MATLAB 软件，求得展台中心 $O$ 点的亮度为 131.9313（lm）。

```
%程序文件 gex10_13.m
clc, clear, I0=900; rho=0.4; h=3; a=5; b=3; c=2;
E1=I0/h^2
f=@(y,z)rho*z*I0*c./(c^2+y.^2+(z-h).^2).^(3/2)./(c^2+y.^2+z.^2).^(3/
```

2);

E2=integral2(f,-a/2,a/2,0,b), E=E1+E2

**例 10.14** 某景区计划堆积一座人工高地，其表面形状可近似地用曲面

$$z = 10e^{-\frac{x^2}{10^4}-\frac{2y^2}{10^4}} + 6e^{-\frac{(x-160)^2}{10^4}-\frac{(y+85)^2}{2\times10^4}}$$

表示（其中 $-200 \leq x \leq 300$，$-300 \leq y \leq 100$，单位为 m），在高地表面上的点 $(24,-2.5,10.1)$ 处设置有人工喷泉口，让泉水自由地从高地上流下，直到水流到达水平高度为 0.3m 的地面上某处。为了防止水流冲刷地表，施工时需要在水流路线上采取一定措施。为此，请帮助施工人员绘制出人工高地的等高线图、经过喷泉口的梯度线图及水流路线图，并求该水流路线的近似长度。

**解** 由梯度的理论及水流的特征，水流路线应该沿着负梯度方向从高向低流。绘制水流路线图时，首先在等值线图中绘制梯度线图，然后在高地的曲面图上画出梯度线的相应空间曲线。

画梯度线的方法：首先定义高地曲面的符号函数表达式，利用 gradient 函数求得曲面函数的梯度表达式，把梯度向量函数代入当前点的坐标值，得到当前点的梯度向量。从泉水出口点起求梯度，水流方向为梯度的反方向，以一定的长度取梯度的负向量（本题的程序中用 step 表示步长，step=1m），计算该向量的终点坐标，即为水流下一步到达的点的 $x,y$ 坐标，并计算出该点的高度 $h$。如此反复，直到该点的高度 $h$ 低于 0.3。取到梯度线上的这些点的 $x,y$ 坐标后，利用 plot 函数画图。

画水流路线图的方法：首先画出曲面图，然后利用得到的水流路线上离散点的坐标 $(x,y,z)$，使用 MATLAB 函数 plot3 绘制水流路线图。

由于取的离散点充分密，因此计算水流路线长度时，两个相邻离散点间的长度用该两点间的线段近似。利用 MATLAB 软件求得水流路线的长度为 248.2113m，梯度线图及水流路线图见图 10.7。

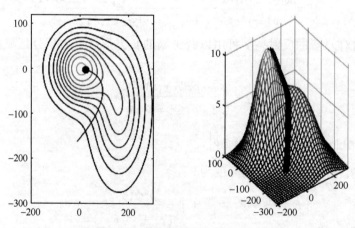

图 10.7 等高线图及水流路线图

%程序文件 gex10_14.mlx
clc, clear, close all, syms x y real
z(x,y)= 10 * exp(-x^2/10^4-2 * y^2/10^4)+6 * exp(-(x-160)^2/10^4-(y+85)^2/2/10^4)

```
dz=gradient(z)                                          %计算梯度向量函数
xi(1)=24;yi(1)=-2.5;zi(1)=10.1;
step=1;k=1;dz=matlabFunction(dz);                       %符号函数转换为匿名函数
while zi(k)>0.3
    d1=dz(xi(k),yi(k));                                 %计算当前点的梯度向量
    d2=-step*d1/norm(d1);                               %计算增量向量
    xi(k+1)=xi(k)+d2(1);yi(k+1)=yi(k)+d2(2);            %计算下一点的x,y坐标
    k=k+1;zi(k)=double(z(xi(k),yi(k)));
end
subplot(121),fcontour(z,[-200,300,-300,120])            %画等高线图
hold on,scatter(24,-2.5,"filled")
plot(xi,yi)                                             %画投影平面上的水流路线
subplot(122),fmesh(z,[-200,300,-300,100])
hold on,plot3(xi,yi,zi,'*-r')
dxi=diff(xi);dyi=diff(yi);dzi=diff(zi);                 %计算向量的差分
L=sum((dxi.^2+dyi.^2+dzi.^2).^(1/2))                    %计算流水路线长度
```

## 10.3 储油罐的容积计算

**例 10.15** （取自于 2010 年全国大学生数学建模竞赛 A 题）现有一种典型的储油罐，其主体为圆柱体，两端为球冠体，油位计用来测量罐内油位高度，储油罐的尺寸和形状如图 10.8 所示。由于地基变形等原因，储油罐罐体会产生变位，即存在纵向倾斜和横向偏转。当纵向倾斜角度 $\alpha=2°$，横向偏转角度 $\beta=4°$，油位计显示高度 $h=2\mathrm{m}$ 时，计算储油罐内油的容积。

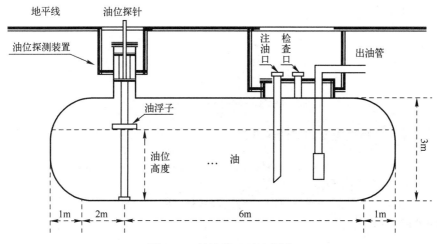

图 10.8 储油罐正面示意图

**解** 储油罐内油的容积可用三重积分计算。但由于油罐两侧为球冠且罐体发生变位，故直接推导容积的计算公式是比较繁琐的。

下面考虑罐内油容积的数值计算方法。记圆柱体的半径为 $r$，长度为 $L$，球冠的半径为 $R$，则由题意知 $r=1.5$m，$L=8$m。球冠半径 $R$ 满足 $(R-1)^2+r^2=R^2$，即 $R=(1+r^2)/2=1.625$m。由于存在横向偏转，因此需要先计算油位计处实际的油面高度 $H$。过油位计作垂直于圆柱面的截面，如图 10.9 所示。当油位计显示高度 $h \geq r$ 时，$H=r+(h-r)\cos\beta$；当 $h<r$ 时，$H=r-(r-h)\cos\beta$。总之，$H=r-(r-h)\cos\beta$。

当储油罐发生变位时，建立空间直角坐标系 $Oxyz$，如图 10.10 所示，其中圆柱体的中心线在 $z$ 轴上，$O$ 在圆柱体中心线的中点，$y$ 轴在水平面上且与 $z$ 轴垂直，$x$ 轴垂直于 $yOz$ 平面且正向朝上。

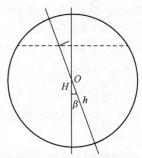

图 10.9 油位计截面示意图

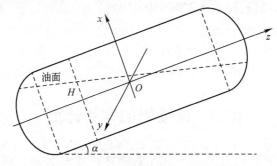

图 10.10 变位时储油罐油面示意图

左右球冠对应的球心坐标分别记为 $(0,0,-s)$ 和 $(0,0,s)$，此处 $s=L/2-(R-1)=3.375$m。圆柱面的方程为 $x^2+y^2=r^2$，左球冠所在的球面方程为 $x^2+y^2+(z+s)^2=R^2$，右球冠所在的球面方程为 $x^2+y^2+(z-s)^2=R^2$。油浮的坐标为 $(H-r,0,-(L/2-2))$，故油面所在平面的方程为

$$x-(H-r)=-\left(z+\frac{L}{2}-2\right)\tan\alpha,$$

即

$$x=(h-r)\cos\beta-\left(z+\frac{L}{2}-2\right)\tan\alpha.$$

所以，油位计高度为 $h$ 的储油区域为

$$D=\left\{(x,y,z)\left|\begin{array}{l}x^2+y^2\leq r^2,\quad x\leq(h-r)\cos\beta-\left(z+\frac{L}{2}-2\right)\tan\alpha,\\ -s-\sqrt{R^2-x^2-y^2}\leq z\leq s+\sqrt{R^2-x^2-y^2}\end{array}\right.\right\},$$

储油罐内油的容积为

$$V=\iiint_D \mathrm{d}x\mathrm{d}y\mathrm{d}z,$$

其中被积函数为常数 1。

求 $V$ 的解析表达式很困难，故可以采用数值积分方法求解。整个储油罐存在于一个长方体内，则有

$$D \subset \widetilde{D} = \left\{ (x,y,z) \,\middle|\, |x| \leq r, \quad |y| \leq r, \quad |z| \leq \frac{L}{2}+1 \right\},$$

$$V = \iiint_{\widetilde{D}} \chi_D(x,y,z)\,\mathrm{d}x\mathrm{d}y\mathrm{d}z,$$

其中，

$$\chi_D(x,y,z) = \begin{cases} 1, & (x,y,z) \in D, \\ 0, & (x,y,z) \notin D. \end{cases}$$

利用 MATLAB 软件，求得 $V = 44.2413$。

```
%程序文件 gex10_15.m
clc, clear, a=2; b=4;           %两个角度
r=1.5; L=8;                     %圆柱体的半径和长度
R=1.625; s=3.375;               %球冠半径和右球冠球心 z 坐标
h=2;                            %油位计显示的高度
f=@(x,y,z)(x.^2+y.^2<=r^2).*(x<=(h-r)*cosd(b)-...
    (z+L/2-2)*tand(a)).*(z>=-s-sqrt(R^2-x.^2-y.^2)).*...
    (z<=s+sqrt(R^2-x.^2-y.^2));
V=triplequad(f,-r,r,-r,r,-(L/2+1),L/2+1)
```

# 习 题 10

10.1 画出积分区域，并计算下列二重积分：

$$\iint_D \mathrm{e}^{x+y}\mathrm{d}\sigma,$$

其中 $D = \{(x,y) \mid |x|+|y| \leq 1\}$。

10.2 画出曲面 $z = x^2+2y^2$ 及 $z = 6-2x^2-y^2$ 所围成的立体，并求立体的体积。

10.3 选用适当的坐标计算

$$\iint_D \sqrt{\frac{1-x^2-y^2}{1+x^2+y^2}},$$

其中 $D$ 是由圆周 $x^2+y^2=1$ 及坐标轴所围成的在第一象限内的闭区域。

10.4 计算 $\iiint_\Omega z\sqrt{x^2+y^2+z^2+1}\,\mathrm{d}x\mathrm{d}y\mathrm{d}z$ 的符号解和数值解，其中 $\Omega$ 为柱面 $x^2+y^2=4$ 与 $z=0$、$z=6$ 两平面所围成的空间区域。

10.5 选用适当的坐标计算三重积分

$$\iiint_\Omega \sqrt{x^2+y^2+z^2}\,\mathrm{d}v,$$

其中 $\Omega$ 是由球面 $x^2+y^2+z^2=z$ 所围成的闭区域。

10.6 一均匀物体（密度 $\rho$ 为常量）占有的闭区域 $\Omega$ 由曲面 $z=x^2+y^2$ 和平面 $z=0$，$|x|=a$，$|y|=a$ 所围成。(1) 求物体的体积；(2) 求物体的质心；(3) 求物体关于 $z$ 轴的转动惯量。

10.7 求由抛物线 $y=x^2$ 及直线 $y=1$ 所围成的均匀薄片（面密度为常数 $\mu$）对于直线 $y=-1$ 的转动惯量。

# 第 11 章　曲线积分与曲面积分

本章介绍曲线积分与曲面积分的 MATLAB 计算，最后给出一个应用案例。

## 11.1　向量场的散度和旋度

第 9 章介绍了求标量函数的梯度向量的 MATLAB 函数 gradient，求标量函数的 Hessian 矩阵的函数 hessian，求向量函数的 Jacobian 矩阵函数 jacobian，求向量场的势函数 potential 等 MATLAB 函数。下面介绍 MATLAB 求向量场的散度和旋度函数 divergence、curl。

**定义 11.1**　对于一般的向量场
$$A(x,y,z)=P(x,y,z)\boldsymbol{i}+Q(x,y,z)\boldsymbol{j}+R(x,y,z)\boldsymbol{k},$$
$\dfrac{\partial P}{\partial x}+\dfrac{\partial Q}{\partial y}+\dfrac{\partial R}{\partial z}$ 叫作向量场 $A$ 的散度，记作 div $A$，即

$$\operatorname{div} \boldsymbol{A} = \frac{\partial P}{\partial x}+\frac{\partial Q}{\partial y}+\frac{\partial R}{\partial z}. \tag{11.1}$$

利用向量微分算子 $\nabla=\dfrac{\partial}{\partial x}\boldsymbol{i}+\dfrac{\partial}{\partial y}\boldsymbol{j}+\dfrac{\partial}{\partial z}\boldsymbol{k}$，$A$ 的散度 div $A$ 也可表达为 $\nabla\cdot A$，即

$$\operatorname{div} \boldsymbol{A} = \nabla \cdot \boldsymbol{A}.$$

MATLAB 中函数 divergence 既可以求符号函数的散度，也可以求向量场的数值散度。MATLAB 如下调用

　　div = divergence(X,Y,Z,Fx,Fy,Fz)

计算具有向量分量 Fx、Fy 和 Fz 的三维向量场的数值散度。数组 X、Y 和 Z 用于定义向量分量 Fx、Fy 和 Fz 的坐标，它们必须是单调的，但无须间隔均匀。X、Y 和 Z 必须为大小相同的三维数组，可以由 meshgrid 生成。

**定义 11.2**　设有一向量场
$$A(x,y,z)=P(x,y,z)\boldsymbol{i}+Q(x,y,z)\boldsymbol{j}+R(x,y,z)\boldsymbol{k},$$
其中函数 $P$、$Q$ 与 $R$ 均具有一阶连续偏导数，则向量

$$\left(\frac{\partial R}{\partial y}-\frac{\partial Q}{\partial z}\right)\boldsymbol{i}+\left(\frac{\partial P}{\partial z}-\frac{\partial R}{\partial x}\right)\boldsymbol{j}+\left(\frac{\partial Q}{\partial x}-\frac{\partial P}{\partial y}\right)\boldsymbol{k}$$

称为向量场 $A$ 的旋度，记作 rot $A$，即

$$\operatorname{rot} \boldsymbol{A} = \left(\frac{\partial R}{\partial y}-\frac{\partial Q}{\partial z}\right)\boldsymbol{i}+\left(\frac{\partial P}{\partial z}-\frac{\partial R}{\partial x}\right)\boldsymbol{j}+\left(\frac{\partial Q}{\partial x}-\frac{\partial P}{\partial y}\right)\boldsymbol{k}. \tag{11.2}$$

利用向量微分算子 $\nabla$，向量场 $A$ 的旋度 rot $A$ 可表示为 $\nabla\times A$，即

$$\text{rot } \boldsymbol{A} = \nabla \times \boldsymbol{A} = \begin{vmatrix} \boldsymbol{i} & \boldsymbol{j} & \boldsymbol{k} \\ \dfrac{\partial}{\partial x} & \dfrac{\partial}{\partial y} & \dfrac{\partial}{\partial z} \\ P & Q & R \end{vmatrix}.$$

向量场 $\boldsymbol{A}$ 的角速度定义为

$$\omega = \frac{1}{2}(\nabla \times A) \cdot \boldsymbol{A}^\circ, \tag{11.3}$$

其中 $\boldsymbol{A}^\circ$ 表示向量 $\boldsymbol{A}$ 上的单位向量。

**例 11.1** 已知向量场 $\boldsymbol{A} = (x^2-y)\boldsymbol{i} + 4z\boldsymbol{j} + x^2\boldsymbol{k}$，求 $\boldsymbol{A}$ 的散度 div $\boldsymbol{A}$ 和旋度 rot $\boldsymbol{A}$。

**解** 求得 div $\boldsymbol{A} = 2x$，rot $\boldsymbol{A} = -4\boldsymbol{i} - 2x\boldsymbol{j} + \boldsymbol{k}$。

%程序文件 gex11_1.mlx
clc, clear, syms x y z
A=[x^2-y,4*z,x^2],
divA=divergence(A), rotA=curl(A)

**例 11.2** 试证明 rot($\nabla u(x,y,z)$) = **0**。

**证明** $\nabla u(x,y,z) = \dfrac{\partial u}{\partial x}\boldsymbol{i} + \dfrac{\partial u}{\partial y}\boldsymbol{j} + \dfrac{\partial u}{\partial z}\boldsymbol{k}$，rot($\nabla u(x,y,z)$) = $0\boldsymbol{i} + 0\boldsymbol{j} + 0\boldsymbol{k}$。

%程序文件 gex11_2.mlx
clc, clear, syms u(x,y,z)
s=curl(gradient(u))

## 11.2 曲线积分

**1. 对弧长的曲线积分**

**例 11.3** 计算曲线积分 $\int_\Gamma (x^2+y^2+z^2)\mathrm{d}s$，其中 $\Gamma$ 为螺旋线 $x=a\cos t$、$y=a\sin t$、$z=kt$ 上相应于 $t$ 从 0 到 $2\pi$ 的一段弧。

**解** 
$$\int_\Gamma (x^2+y^2+z^2)\mathrm{d}s = \int_0^{2\pi} \left[(a\cos t)^2 + (a\sin t)^2 + (kt)^2\right]\sqrt{(-a\sin t)^2 + (a\cos t)^2 + k^2}\,\mathrm{d}t$$
$$= \frac{2}{3}\pi\sqrt{a^2+k^2}(3a^2+4\pi^2 k^2).$$

%程序文件 gex11_3.mlx
clc, clear, syms a k t real
v=[a*cos(t),a*sin(t),k*t]
f=norm(v)^2*norm(diff(v))
f=simplify(f), I=int(f,t,0,2*pi)

**2. 对坐标的曲线积分**

**例 11.4** 试求曲线积分 $\oint_L \dfrac{(x+y)\mathrm{d}x - (x-y)\mathrm{d}y}{x^2+y^2}$，其中 $L$ 为正向圆周 $x^2+y^2=a^2$

($a>0$)。

**解** $L$ 的参数方程为 $x=a\cos t$，$y=a\sin t$，$0\leqslant t\leqslant 2\pi$。于是

$$原式 = \frac{1}{a^2}\int_0^{2\pi}[a(\cos t+\sin t)(-a\sin t)-a(\cos t-\sin t)a\cos t]dt = -2\pi.$$

```
% 程序文件 gex11_4.mlx
clc, clear, syms t a, assume(a>0)
x=a*cos(t), y=a*sin(t)
f=((x+y)*diff(x)-(x-y)*diff(y))/(x^2+y^2)
f=simplify(f), I=int(f,t,0,2*pi)
```

## 11.3 格林公式及其应用

**1. 格林公式**

**定理 11.1** 设闭区域 $D$ 由分段光滑的曲线 $L$ 围成，若函数 $P(x,y)$ 及 $Q(x,y)$ 在 $D$ 上具有一阶连续偏导数，则有

$$\iint_D\left(\frac{\partial Q}{\partial x}-\frac{\partial P}{\partial y}\right)dxdy = \oint_L Pdx+Qdy, \tag{11.4}$$

其中 $L$ 是 $D$ 的取正向的边界曲线。式（11.4）称为格林公式。

**例 11.5** 计算 $\oint_L x^2ydx-xy^2dy$，其中 $L$ 为正向圆周 $x^2+y^2=a^2$。

**解** 令 $P=x^2y$，$Q=-xy^2$，则

$$\frac{\partial Q}{\partial x}-\frac{\partial P}{\partial y}=-y^2-x^2,$$

因此，由式（11.4）有

$$\oint_L x^2ydx-xy^2dy = -\iint_D(x^2+y^2)dxdy = -\frac{\pi}{2}a^4.$$

```
% 程序文件 gex11_5.mlx
clc, clear, syms x y a
P=x^2*y, Q=-x*y^2
f=diff(Q,x)-diff(P,y)
y1=-sqrt(a^2-x^2), y2=-y1
I=int(int(f,y,y1,y2),x,-a,a)
```

**2. 二元函数的全微分求积**

**定理 11.2** 设区域 $G$ 是一个单连通域，若函数 $P(x,y)$ 与 $Q(x,y)$ 在 $G$ 内具有一阶连续偏导数，则 $P(x,y)dx+Q(x,y)dy$ 在 $G$ 内为某一函数 $u(x,y)$ 的全微分的充要条件是

$$\frac{\partial P}{\partial y}=\frac{\partial Q}{\partial x} \tag{11.5}$$

在 $G$ 内恒成立。

**例 11.6** 求解方程

$$(5x^4+3xy^2-y^3)dx+(3x^2y-3xy^2+y^2)dy=0.$$

**解** 设 $P(x,y)=5x^4+3xy^2-y^3$，$Q(x,y)=3x^2y-3xy^2+y^2$，则

$$\frac{\partial P}{\partial y}=6xy-3y^2=\frac{\partial Q}{\partial x},$$

因此，所给方程是全微分方程。方程的解可由向量场 $[P(x,y),Q(x,y)]$ 的势函数得到，利用 MATLAB 求得势函数

$$u(x,y)=x^5+\frac{3}{2}x^2y^2-xy^3+\frac{1}{3}y^3,$$

所以，方程的通解为 $x^5+\frac{3}{2}x^2y^2-xy^3+\frac{1}{3}y^3=C$。

```
%程序文件 gex11_6.mlx
clc, clear, syms x y
P=5*x^4+3*x*y^2-y^3, Q=3*x^2*y-3*x*y^2+y^2
f=diff(P,y)-diff(Q,x)
s=potential([P,Q])
```

## 11.4 曲面积分

**1. 对面积的曲面积分**

**定理 11.3** 曲面 $\Sigma$ 由 $z=f(x,y)$ 给出，则

$$\iint_{\Sigma}\phi(x,y,z)dS=\iint_{D_{xy}}\phi(x,y,f(x,y))\sqrt{1+f_x^2+f_y^2}dxdy,$$

其中，$D_{xy}$ 为 $\Sigma$ 在 $xOy$ 面上的投影区域。

**定理 11.4** 若曲面由参数方程

$$x=x(u,v),\quad y=y(u,v),\quad z=z(u,v) \tag{11.6}$$

给出，则曲面积分可以由下面的公式求出：

$$\iint_{\Sigma}\phi(x,y,z)dS=\iint_{D_{uv}}\phi(x(u,v),y(u,v),z(u,v))\sqrt{EG-F^2}dudv, \tag{11.7}$$

其中，

$$E=x_u^2+y_u^2+z_u^2,\quad F=x_ux_v+y_uy_v+z_uz_v,\quad G=x_v^2+y_v^2+z_v^2.$$

**例 11.7** 计算下列对面积的曲面积分

$$\iint_{\Sigma}(xy+yz+zx)dS,$$

其中 $\Sigma$ 为锥面 $z=\sqrt{x^2+y^2}$ 被柱面 $x^2+y^2=2ax$（$a>0$）所截得的有限部分。

**解** $\Sigma$ 在 $xOy$ 面上的投影区域 $D_{xy}$ 为圆域 $x^2+y^2\leq 2ax$。由于 $\Sigma$ 关于 $zOx$ 面对称，而函数 $xy$ 和 $yz$ 关于 $y$ 均为奇函数，故

$$\iint_{\Sigma}xydS=0,\quad \iint_{\Sigma}yzdS=0.$$

于是

$$\iint\limits_{\Sigma}(xy+yz+zx)\mathrm{d}S = \iint\limits_{\Sigma}zx\mathrm{d}S = \sqrt{2}\iint\limits_{D_{xy}}x\sqrt{x^2+y^2}\mathrm{d}x\mathrm{d}y = \sqrt{2}\int_{-\frac{\pi}{2}}^{\frac{\pi}{2}}\mathrm{d}\theta\int_0^{2a\cos\theta}r\cos\theta \cdot r \cdot r\mathrm{d}r = \frac{64}{15}\sqrt{2}a^4.$$

%程序文件 gex11_7.mlx

clc, clear, syms x y r a theta

z(x,y) = sqrt(x^2+y^2)

f(x,y) = x * z * sqrt(1+diff(z,x)^2+diff(z,y)^2)

f = simplify(f)

g(r,theta) = f(r * cos(theta), r * sin(theta)) * r

g = simplify(g)

I = int(int(g,r,0,2 * a * cos(theta)), theta,-pi/2,pi/2)

**2. 对坐标的曲面积分**

两类曲面积分之间有如下关系：

**定理 11.5** 对坐标的曲面积分可以转换成对面积的曲面积分

$$\iint\limits_{\Sigma}P(x,y,z)\mathrm{d}y\mathrm{d}z + Q(x,y,z)\mathrm{d}z\mathrm{d}x + R(x,y,z)\mathrm{d}x\mathrm{d}y$$
$$= \iint\limits_{\Sigma}[P(x,y,z)\cos\alpha + Q(x,y,z)\cos\beta + R(x,y,z)\cos\gamma]\mathrm{d}S, \quad (11.8)$$

其中有向曲面 $\Sigma$ 上侧由方程 $z=f(x,y)$ 给出，且

$$\cos\alpha = \frac{-f_x}{\sqrt{1+f_x^2+f_y^2}}, \quad \cos\beta = \frac{-f_y}{\sqrt{1+f_x^2+f_y^2}}, \quad \cos\gamma = \frac{1}{\sqrt{1+f_x^2+f_y^2}}.$$

**定理 11.6** 若曲面由参数方程式（11.6）给出，则可以由下式求出：

$$\cos\alpha = \frac{A}{D}, \quad \cos\beta = \frac{B}{D}, \quad \cos\gamma = \frac{C}{D}, \quad (11.9)$$

其中，$A = y_u z_v - z_u y_v$，$B = z_u x_v - x_u z_v$，$C = x_u y_v - y_u x_v$，$D = \sqrt{A^2+B^2+C^2}$。式（11.9）的分母和 $\sqrt{EG-F^2}$ 抵消，则有

$$\iint\limits_{\Sigma}P(x,y,z)\mathrm{d}y\mathrm{d}z + Q(x,y,z)\mathrm{d}z\mathrm{d}x + R(x,y,z)\mathrm{d}x\mathrm{d}y = \iint\limits_{D_{uv}}[AP(u,v) + BQ(u,v) + CR(u,v)]\mathrm{d}u\mathrm{d}v.$$
(11.10)

**例 11.8** 计算曲面积分 $\iint\limits_{\Sigma}(z^2+x)\mathrm{d}y\mathrm{d}z - z\mathrm{d}x\mathrm{d}y$，其中 $\Sigma$ 是旋转抛物面 $z=\frac{1}{2}(x^2+y^2)$ 介于平面 $z=0$ 及 $z=2$ 之间的部分的下侧。

**解** 利用式（11.10），可得

$$\iint\limits_{\Sigma}(z^2+x)\mathrm{d}y\mathrm{d}z - z\mathrm{d}x\mathrm{d}y = \iint\limits_{\Sigma}(z^2+x)\begin{vmatrix} y_x & y_y \\ z_x & z_y \end{vmatrix}\mathrm{d}x\mathrm{d}y - z\mathrm{d}x\mathrm{d}y = -\iint\limits_{\Sigma}[(z^2+x)x + z]\mathrm{d}x\mathrm{d}y,$$

因而有

$$\iint\limits_{\Sigma}(z^2+x)\mathrm{d}y\mathrm{d}z - z\mathrm{d}x\mathrm{d}y = \iint\limits_{D_{xy}}\left\{\left[\frac{1}{4}(x^2+y^2)^2 + x\right]x + \frac{1}{2}(x^2+y^2)\right\}\mathrm{d}x\mathrm{d}y.$$

注意到 $\iint_{D_{xy}} \frac{1}{4}(x^2+y^2)^2 x \mathrm{d}x\mathrm{d}y = 0$，于是

$$\iint_{\Sigma}(z^2+x)\mathrm{d}y\mathrm{d}z - z\mathrm{d}x\mathrm{d}y = \int_0^{2\pi}\mathrm{d}\theta\int_0^2\left(r^2\cos^2\theta + \frac{1}{2}r^2\right)r\mathrm{d}r = 8\pi.$$

%程序文件 gex11_8.mlx
```
clc, clear, syms x y r theta, z=(x^2+y^2)/2
f(x,y)=(z^2+x)*det(jacobian([y,z],[x,y]))-z
g(r,theta)=-f(r*cos(theta),r*sin(theta))*r   %不利用对称性
g=simplify(g), I=int(int(g,r,0,2),theta,0,2*pi)
```

**例 11.9** 试求出曲面积分 $\iint_{\Sigma}(xy+z)\mathrm{d}y\mathrm{d}z$，其中 $\Sigma$ 是椭球面 $\frac{x^2}{a^2}+\frac{y^2}{b^2}+\frac{z^2}{c^2}=1$ 的上半部，且积分沿椭球面的上面。

**解** 引入参数方程

$$\begin{cases} x = a\sin u\cos v, \\ y = b\sin u\sin v, \\ z = c\cos u, \end{cases}$$

其中 $0 \leqslant u \leqslant \frac{\pi}{2}$，$0 \leqslant v \leqslant 2\pi$。则所求曲面积分问题可以转换为一般二重积分问题

$$\int_0^{\pi/2}\mathrm{d}u\int_0^{2\pi}(ab\sin^2 u\sin v\cos v + c\cos u)\cdot\begin{vmatrix} y_u & y_v \\ z_u & z_v \end{vmatrix}\mathrm{d}v = 0.$$

%程序文件 gex11_9.mlx
```
clc, clear, syms u v a b c
x=a*sin(u)*cos(v), y=b*sin(u)*sin(v)
z=c*cos(u), J=jacobian([y,z],[u,v]), g=det(J)
f=(x*y+z)*g, I=int(int(f,u,0,pi/2),v,0,2*pi)
```

## 11.5 飞越北极问题

**例 11.10** 飞越北极问题（2000 年全国大学生数学建模竞赛 C 题）。问题描述如下：

2000 年 6 月，扬子晚报发布消息"中美航线下月可飞越北极，北京至底特律可节省 4 小时"，摘要如下：

7 月 1 日起，加拿大和俄罗斯将允许民航班机飞越北极，此改变可大幅度缩短北美与亚洲间的飞行时间，旅客可直接从休斯顿、丹佛及明尼阿波利斯直飞北京等地。据加拿大空中交通管制局估计，如飞越北极，底特律至北京的飞行时间可节省 4 个小时。由于不需中途降落加油，实际节省的时间不止此数。

假设飞机飞行高度约为 10km，飞行速度约为 980km/h；从北京至底特律原来的航线飞经以下 10 处：

A1（北纬 31°，东经 122°）；A2（北纬 36°，东经 140°）；
A3（北纬 53°，西经 165°）；A4（北纬 62°，西经 150°）；
A5（北纬 59°，西经 140°）；A6（北纬 55°，西经 135°）；
A7（北纬 50°，西经 130°）；A8（北纬 47°，西经 125°）；
A9（北纬 47°，西经 122°）；A10（北纬 42°，西经 87°）．

请对"北京至底特律的飞行时间可节省 4 小时"从数学上作出一个合理的解释，分两种情况讨论：

① 设地球是半径为 6371km 的球体；

② 设地球是一旋转椭球体，赤道半径为 6378km，子午线短半轴为 6357km。

**解** （1）模型的假设。

① 不考虑地球的自转。

② 飞机每经相邻两地的航程，均以曲面上两点间最短距离进行计算。

③ 飞机飞行中途不需降落加油，同时忽略升降时间。

④ 开辟新航线后，飞机由北京经过北极上空直飞底特律。

（2）数据与符号的说明。

在以下计算中，北京的坐标为 $A_0$（北纬 40°，东经 116°），底特律的坐标为 $A_{10}$（北纬 43°，西经 83°）。符号说明如下：

$(x_i, y_i, z_i)$：球面（或椭球面）上的点 $A_i$ 的直角坐标。

$(\theta_i, \varphi_i)$：球面（或椭球面）上的点 $A_i$ 的经度和纬度。

$R$：地球半径。

$h$：飞机飞行高度。

$a, b$：旋转椭球体的长半轴与短半轴。

（3）模型的建立与求解。

第一种情况，地球是一个半径为 $R$ 的均匀球体时的情形。先建立直角坐标系，以地心为坐标原点 $O$，以赤道平面为 $xOy$ 平面，以 0°经线（即本初子午线）圈所在的平面为 $xOz$ 平面。于是我们可以写出球面的参数方程如下：

$$\begin{cases} x = R\cos\varphi\cos\theta, \\ y = R\cos\varphi\sin\theta, \quad -\pi \leq \theta \leq \pi, \quad -\dfrac{\pi}{2} \leq \varphi \leq \dfrac{\pi}{2}. \\ z = R\sin\varphi, \end{cases} \tag{11.11}$$

其中 $\theta$ 为经度，东经为正，西经为负；$\varphi$ 为纬度，北纬为正，南纬为负。球面上任意两点（不是一条直径的两个端点）之间的最短距离就是过这两点的大圆（即经过球心的圆）的劣弧长，根据这一方法，可以确定任意两点之间的飞行最短航线，过 $A$、$B$ 两点的大圆的劣弧长即为两点的最短距离，$A$、$B$ 两点的坐标分别为

$$A((R+h)\cos\theta_1\cos\varphi_1, (R+h)\sin\theta_1\cos\varphi_1, (R+h)\sin\varphi_1),$$
$$B((R+h)\cos\theta_2\cos\varphi_2, (R+h)\sin\theta_2\cos\varphi_2, (R+h)\sin\varphi_2).$$

从 $A$ 到 $B$ 的飞行路程为

$$l_{AB} = (R+h)\arccos\frac{\overrightarrow{OA} \cdot \overrightarrow{OB}}{|\overrightarrow{OA}||\overrightarrow{OB}|}. \tag{11.12}$$

令 $\overrightarrow{oa}$ 和 $\overrightarrow{ob}$ 的坐标分别为

$$(\cos\theta_1\cos\varphi_1, \sin\theta_1\cos\varphi_1, \sin\varphi_1),$$
$$(\cos\theta_2\cos\varphi_2, \sin\theta_2\cos\varphi_2, \sin\varphi_2).$$

则 $|\overrightarrow{oa}|=1$, $|\overrightarrow{ob}|=1$, 于是有

$$\frac{\overrightarrow{OA}\cdot\overrightarrow{OB}}{|\overrightarrow{OA}||\overrightarrow{OB}|}=\overrightarrow{oa}\cdot\overrightarrow{ob},$$

从而得到

$$l_{AB}=(R+h)\arccos(\overrightarrow{oa}\cdot\overrightarrow{ob}).$$

从 $A$ 到 $B$ 的飞行时间 $t_{AB}=\dfrac{l_{AB}}{980}$，球面上各点 $A_i$ 所形成的向量 $\overrightarrow{OA_i}$ 可表示为

$$\overrightarrow{OA_i}=(R+h)(\cos\theta_i\cos\varphi_i, \sin\theta_i\cos\varphi_i, \sin\varphi_i), \quad i=0,1,\cdots,11.$$

利用 MATLAB 软件，求得的计算结果如下（单位：km）：

北京与 A1 之间的距离是 1139.7223；
A1 与 A2 之间的距离是 1758.7886；
A2 与 A3 之间的距离是 4624.4077；
A3 与 A4 之间的距离是 1339.0829；
A4 与 A5 之间的距离是 641.1639；
A5 与 A6 之间的距离是 538.5959；
A6 与 A7 之间的距离是 651.5371；
A7 与 A8 之间的距离是 497.5686；
A8 与 A9 之间的距离是 227.8474；
A9 与 A10 之间的距离是 2810.8587；
A10 与底特律之间的距离是 346.7662；

北京原到达底特律的距离是 14576.3394km，原路线飞行总时间 14.8738（h）；北京直达底特律的距离是 10606.9448km，飞机从北京直达底特律的时间 10.8234h。节省的飞行时间 $\Delta t=4.0504$h。

```
%程序文件 gex11_10_1.m
clc, clear, format longG
x=[116,122,140,-165,-150,-140,-135,-130,-125,-122,-87,-83];
y=[40,31,36,53,62,59,55,50,47,47,42,43];
R=6371; h=10;
for i=1:12
    oa{i}=[cosd(x(i))*cosd(y(i)),sind(x(i))*cosd(y(i)),sind(y(i))];
end
for i=1:11
    L(i)=(R+h)*acos(oa{i}*oa{i+1}');
end
L, L1=sum(L)                   %原来路径长度
L2=(R+h)*acos(oa{1}*oa{12}')   %直飞北极路径长度
T1=L1/980                      %原来花费时间
```

```
T2 = L2/980                         %直达时间
dt = T1-T2                          %节省的时间
p = (R+h) * cell2mat(oa')           %所有点的直角坐标
save data11_10 p T1                 %数据保存到 mat 文件
```

第二种情况，假设地球是一个旋转椭球体，赤道半径 6378km，子午线短半轴为 6357km，建立上面类似的直角坐标系。$A$、$B$ 是地球上空距地面 10km 的任意两点，直角坐标分别为 $A(x_1,y_1,z_1)$ 和 $B(x_2,y_2,z_2)$，则过 $A$、$B$ 和地心 $O$ 三点的平面与地球表面相交的椭圆曲线方程为

$$\begin{cases} \begin{vmatrix} x & y & z \\ x_1 & y_1 & z_1 \\ x_2 & y_2 & z_2 \end{vmatrix} = 0, \\ \dfrac{x^2+y^2}{(6387+10)^2} + \dfrac{z^2}{(6357+10)^2} = 1. \end{cases} \tag{11.13}$$

由此方程组可以求得椭圆曲线参数方程

$$\begin{cases} x = x(t), \\ y = y(t), \quad t_1 \leq t \leq t_2, \\ z = z(t), \end{cases} \tag{11.14}$$

则 $A$、$B$ 两点之间的弧长为

$$l_{AB} = \int_{t_1}^{t_2} \sqrt{x_t'^2 + y_t'^2 + z_t'^2}\, dt, \tag{11.15}$$

即为 $A$、$B$ 之间的曲面最短路线长度的近似值。

由式（11.13）写出式（11.14）的参数方程的表达式是很繁杂的。首先由式（11.13）的第一式解出 $z = a_1 x + b_1 y$，代入式（11.13）的第二式，不妨记得到的方程为 $ax^2 + bxy + cy^2 = 1$，配方得

$$a\left(x + \frac{b}{2a}y\right)^2 + \left(c - \frac{b^2}{4a}\right)y^2 = 1,$$

令

$$\begin{cases} x + \dfrac{b}{2a}y = \dfrac{1}{\sqrt{a}}\cos t, \\ y = \dfrac{1}{\sqrt{c - \dfrac{b^2}{4a}}}\sin t, \end{cases}$$

从而得到参数方程

$$\begin{cases} x = \dfrac{1}{\sqrt{a}}\cos t - \dfrac{b}{\sqrt{a(4ac-b^2)}}\sin t, \\ y = 2\sqrt{\dfrac{a}{4ac-b^2}}\sin t, \end{cases}$$

再代入 $z = a_1 x + b_1 y$，即可得到 $z$ 的参数方程。

利用式（11.15），求得北京直达底特律的距离是10595.0096km，飞机从北京直达底特律的时间10.8112h。节省的飞行时间 $\Delta t = 4.0626$h。

```
%程序文件 gex11_10_2.mlx
clc, clear, format longG
load data11_10.mat, A=p(1,:); B=p(12,:);
syms x y z t, eq1=det([x,y,z; A; B])
sz=solve(eq1,z), vpa(sz,6)
eq2=(x^2+y^2)/6397^2+z^2/6367^2-1
eq3=subs(eq2,z,sz), eq4=expand(eq3)
vpa(eq4,6), c=coeffs(eq4); d=double(c)
c1=d(4), c2=d(3), c3=d(2)        %提出a, b, c的系数分别为c1, c2, c3
xt=cos(t)/sqrt(c1)-c2/sqrt(c1*(4*c1*c3-c2^2))*sin(t);
yt=2*sqrt(c1/(4*c1*c3-c2^2))*sin(t);
zt=subs(sz,{x,y},{xt,yt});
vpa(xt), vpa(yt), vpa(zt)
ds=sqrt(diff(xt)^2+diff(yt)^2+diff(zt)^2)
ft1=matlabFunction((xt-A(1))^2+(yt-A(2))^2+(zt-A(3))^2);
t1=fminbnd(ft1,0,2*pi)           %求起点的参数t值
check1=double([subs(xt,t1),subs(yt,t1),subs(zt,t1)]), A
ft2=matlabFunction((xt-B(1))^2+(yt-B(2))^2+(zt-B(3))^2);
t2=fminbnd(ft2,0,2xpi)           %求终点的参数t值
check2=double([subs(xt,t2),subs(yt,t2),subs(zt,t2)]), B
L=int(ds,t,t1,t2), L=double(L)
T=L/980, dt2=T1-T                %计算节省的时间
```

# 习 题 11

11.1 计算下列对弧长的曲线积分。

$\int_L y^2 \mathrm{d}s$，其中 $L$ 为摆线的一拱 $x = a(t - \sin t)$，$y = a(1 - \cos t)$ ($0 \le t \le 2\pi$).

11.2 设螺旋形弹簧一圈的方程为 $x = a\cos t$，$y = a\sin t$，$z = kt$，其中 $0 \le t \le 2\pi$，它的线密度 $\rho(x, y, z) = x^2 + y^2 + z^2$，求：

(1) 它关于 $z$ 轴的转动惯量 $I_z$；

(2) 它的质心。

11.3 计算 $\int_L (x+y)\mathrm{d}x + (y-x)\mathrm{d}y$，其中 $L$ 是抛物线 $y^2 = x$ 上从点 $(1,1)$ 到点 $(4,2)$ 的一段弧。

11.4 利用曲线积分，求星形线 $x = a\cos^3 t$，$y = a\sin^3 t$ 所围成的图形的面积。

11.5 计算曲线积分 $\oint_L \dfrac{y\mathrm{d}x - x\mathrm{d}y}{2(x^2+y^2)}$，其中 $L$ 为圆周 $(x-1)^2 + y^2 = 2$，$L$ 的方向为逆时

针方向。

11.6 证明下列曲线积分在整个 $xOy$ 面内与路径无关,并计算积分值。
$$\int_{(1,2)}^{(3,4)} (6xy^2 - y^3)dx + (6x^2y - 3xy^2)dy.$$

11.7 计算曲面积分 $\iint\limits_{\Sigma}(x^2+y^2)dS$,其中 $\Sigma$ 为抛物面 $z=2-(x^2+y^2)$ 在 $xOy$ 面上方的部分。

11.8 求面密度为 $\mu$ 的均匀半球壳 $x^2+y^2+z^2=a^2(z\geq 0)$ 对于 $z$ 轴的转动惯量。

11.9 计算 $\oiint\limits_{\Sigma} xydydz + yzdzdx + xzdxdy$,其中 $\Sigma$ 是平面 $x=0$,$y=0$,$z=0$,$x+y+z=1$ 所围成的空间区域的整个边界曲面的外侧。

11.10 求力 $\boldsymbol{F}=y\boldsymbol{i}+z\boldsymbol{j}+x\boldsymbol{k}$ 沿着有向闭曲线 $\Gamma$ 所作的功,其中 $\Gamma$ 为平面 $x+y+z=1$ 被三个坐标面所截成的三角形的整个边界,从 $z$ 轴正向看去,沿顺时针方向。

# 第12章 无穷级数

本章介绍 MATLAB 的级数求和，无穷级数的收敛性判定，最后介绍用 MATLAB 将函数展开成幂级数和三角级数。

## 12.1 级数求和

**1. 常数项级数求和**

**例 12.1** 求下列级数的和

(1) $\sum_{n=1}^{\infty} (-1)^{n-1} \dfrac{n}{3^{n-1}}$；   (2) $\sum_{n=1}^{\infty} \dfrac{(-1)^{n-1}}{n}$；   (3) $\sum_{n=1}^{\infty} \dfrac{1}{n^2}$；   (4) $\sum_{n=1}^{\infty} \dfrac{1}{n^4}$.

**解** 求得

$$\sum_{n=1}^{\infty} (-1)^{n-1} \dfrac{n}{3^{n-1}} = \dfrac{9}{16}; \quad \sum_{n=1}^{\infty} \dfrac{(-1)^{n-1}}{n} = \ln 2; \quad \sum_{n=1}^{\infty} \dfrac{1}{n^2} = \dfrac{\pi^2}{6}; \quad \sum_{n=1}^{\infty} \dfrac{1}{n^4} = \dfrac{\pi^4}{90}.$$

```
%程序文件 gex12_1.mlx
clc, clear, syms n
s1 = symsum(((-1)^(n-1) * n/3^(n-1),n,1,inf)
s2 = symsum(((-1)^(n-1)/n,n,1,inf)
s3 = symsum(1/n^2,n,1,inf)
s4 = symsum(1/n^4,n,1,inf)
```

**2. 幂级数求和**

**例 12.2** 求下列幂级数的和：

(1) $\sum_{n=1}^{\infty} (-1)^{n-1} \dfrac{x^n}{n}$；   (2) $\sum_{n=0}^{\infty} \dfrac{(2n)!}{(n!)^2} x^{2n}$；   (3) $\sum_{n=1}^{\infty} \dfrac{(x-1)^n}{2^n \cdot n}$.

**解** (1) $\sum_{n=1}^{\infty} (-1)^{n-1} \dfrac{x^n}{n} = \ln(1+x), \quad -1 < x \leqslant 1$；

(2) $\sum_{n=0}^{\infty} \dfrac{(2n)!}{(n!)^2} x^{2n} = \dfrac{1}{\sqrt{1-4x^2}}, \quad |x| < \dfrac{1}{2}$；

(3) $\sum_{n=1}^{\infty} \dfrac{(x-1)^n}{2^n \cdot n} = -\ln\left(\dfrac{3}{2} - \dfrac{x}{2}\right), \quad -1 \leqslant x < 3$.

```
%程序文件 gex12_2.mlx
clc, clear, syms n x
s1 = symsum((-1)^(n-1) * x^n/n,n,1,inf)
s2 = symsum(factorial(2*n) * x^(2*n)/factorial(n)^2,n,0,inf)
```

s3=symsum((x-1)^n/2^n/n,n,1,inf)

### 3. Weierstrass 函数

德国数学家 Karl Theodor Wilhelm Weierstrass 于 1972 年构造了一个处处连续但处处不可导的函数，即

$$W(x) = \sum_{k=0}^{\infty} \lambda^{(s-2)k}\sin(\lambda^k x), \quad -\infty < x < \infty, \quad (12.1)$$

其中，$\lambda>1$ 且 $1<s<2$。Weierstrass 函数是一种特殊的分形。

**例 12.3** 考虑函数 $W(x)$ 的有限取值区间为 $[a,b]$，且用前 101 项来逼近它。绘制出的 $W(x)$ 曲线的图形如图 12.1 所示。

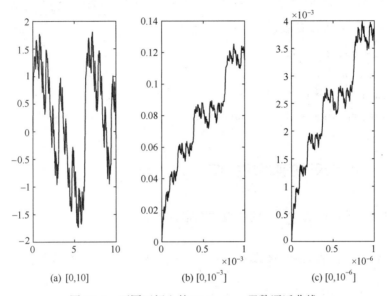

图 12.1  不同区间上的 Weierstrass 函数逼近曲线

```
%程序文件 gex12_3.m
clc,clear
subplot(131),Weierstrass(2,1.5,100,0,10,200)
subplot(132),Weierstrass(2,1.5,100,0,1e-3,200)
subplot(133),Weierstrass(2,1.5,100,0,1e-6,200)

function Weierstrass(lambda,s,n,a,b,m);    %n+1 为求和项数，m 为离散点个数
K=[0:n]';                                   %级数的求和项
x=linspace(a,b,m);                          %将区间[a,b]离散化
y=sum(lambda.^((s-2)*K).*sin(lambda.^K*x));
plot(x,y)
end
```

## 12.2 无穷级数的收敛性判定

### 12.2.1 根据定义判定级数的收敛性

**例 12.4** 根据定义判定级数 $\sum_{n=1}^{\infty} \sin \dfrac{n\pi}{6}$ 的收敛性。

**解** 求得级数的前 $n$ 项和 $s_n = \sum_{k=1}^{n} \sin \dfrac{k\pi}{6} = \dfrac{1}{2}\sin\left(\dfrac{n\pi}{6}\right) - \left(\dfrac{\sqrt{3}}{2}+1\right)\cos\left(\dfrac{n\pi}{6}\right) + \dfrac{\sqrt{3}}{2} + 1$，$\lim\limits_{n\to+\infty} s_n$ 不存在，所以级数发散。

```
%程序文件 gex12_4.mlx
clc, clear, syms k n
sn = symsum(sin(k*pi/6),k,1,n)      %求前n项和
sn = rewrite(sn,"sincos"), sn = simplify(sn)
s = limit(sn,n,inf)
```

### 12.2.2 正向级数的收敛性判定

**定理 12.1** 正项级数 $\sum_{n=1}^{\infty} a_n$ 的收敛性判定方法如下。

(1) D'Alembert 判定法：计算 $L = \lim\limits_{n\to+\infty} \dfrac{a_{n+1}}{a_n}$，如果 $L<1$，则级数收敛；若 $L>1$ 则级数发散；如果 $L=1$，无法判定级数的收敛性。

(2) Raabe 判定法：如果方法(1)中 $L=1$，则计算 $R = \lim\limits_{n\to+\infty} n\left(\dfrac{a_n}{a_{n+1}}-1\right)$。如果 $R>1$ 则级数收敛；若 $R<1$ 则级数发散；如果 $R=1$，则无法判定级数的收敛性。

(3) Bertrand 判定法：如果方法(2)中 $R=1$，则计算 $R' = \lim\limits_{n\to+\infty} n\ln n \cdot \left(\dfrac{a_n}{a_{n+1}}-1-\dfrac{1}{n}\right)$。如果 $R'>1$ 则级数收敛；若 $R'<1$ 则级数发散；如果 $R'=1$，则无法判定级数的收敛性。

**例 12.5** 判定级数 $\sum_{n=1}^{\infty} \sqrt{n+1}\left(1-\cos\dfrac{\pi}{n}\right)$ 的收敛性。

**解** 计算得 $R = \lim\limits_{n\to+\infty} n\left(\dfrac{a_n}{a_{n+1}}-1\right) = \lim\limits_{n\to+\infty} n\left(\dfrac{\sqrt{n+1}\left(1-\cos\dfrac{\pi}{n}\right)}{\sqrt{n+2}\left(1-\cos\dfrac{\pi}{n+1}\right)}-1\right) = \dfrac{3}{2} > 1$，所以级数收敛。

```
%程序文件 gex12_5.mlx
clc, clear, syms n
```

```
a(n) = sqrt(n+1) * (1-cos(pi/n))
R = limit(n * (a(n)/a(n+1) - 1), n, inf)
```

**定理 12.2** 设 $\sum_{n=1}^{\infty} a_n$ 为正向级数，如果 $\lim_{n \to +\infty} \sqrt[n]{a_n} = R$，那么当 $R<1$ 时级数收敛，$R>1$（或 $\lim_{n \to +\infty} \sqrt[n]{a_n} = +\infty$）时级数发散，$R=1$ 时级数可能收敛也可能发散。

**例 12.6** 判断级数 $\sum_{n=1}^{\infty} \dfrac{2+(-1)^n}{2^n}$ 的收敛性。

**解** $\lim_{n \to +\infty} \sqrt[n]{a_n} = \lim_{n \to +\infty} \dfrac{1}{2} \sqrt[n]{2+(-1)^n} = \dfrac{1}{2}$，因而所给级数收敛。

```
%程序文件 gex12_6.mlx
clc, clear, syms n positive
a(n) = (2+(-1)^n)/2^n, b = simplify(a^(1/n))
R = limit(b, n, inf)
```

### 12.2.3 交错级数的收敛性判定

对如下定义的交错级数

$$\sum_{n=1}^{\infty} (-1)^{n-1} b_n = b_1 - b_2 + b_3 - \cdots + (-1)^{n-1} b_n + \cdots, \qquad (12.2)$$

其中 $b_i \geq 0 (i=1,2,3,\cdots)$。

**定理 12.3** 交错级数的收敛性判别方法如下。

（1）计算 $L = \lim_{n \to +\infty} \dfrac{b_{n+1}}{b_n}$，若 $L<1$，则级数绝对收敛；若 $L>1$，则级数发散；若 $L=1$，则不能直接判定收敛性。

（2）莱布尼茨判定法：如果 $b_{n+1} \leq b_n$，且 $b_n$ 的极限为 0，则级数收敛。

（3）假设 $b_n>0$，计算 $R = \lim_{n \to +\infty} n \left( \dfrac{b_n}{b_{n+1}} - 1 \right)$。若 $R>1$，则级数绝对收敛；若 $0<R \leq 1$，则交错级数条件收敛；否则级数发散。

**例 12.7** 判断级数 $\sum_{n=1}^{\infty} (-1)^{n+1} \dfrac{2^{n^2}}{n!}$ 的收敛性，如果是收敛的，则判断是绝对收敛还是条件收敛。

**解** 记 $b_n = \dfrac{2^{n^2}}{n!}$，$\lim_{n \to +\infty} n \left( \dfrac{b_n}{b_{n+1}} - 1 \right) = -\infty$，所以级数发散。

```
%程序文件 gex12_7.mlx
clc, clear, syms n positive
b(n) = 2^(n^2)/factorial(n)
R = limit(n * (b(n)/b(n+1) - 1), n, inf)
```

### 12.2.4 幂级数的收敛半径

**例 12.8** 求幂级数 $\sum_{n=0}^{\infty}(-1)^n \dfrac{x^{2n+1}}{2n+1}$ 的收敛半径。

**解** 根据比值审敛法来求收敛半径。

$$\lim_{n\to+\infty}\left|\dfrac{(-1)^{n+1}\dfrac{x^{2(n+1)+1}}{2(n+1)+1}}{(-1)^n\dfrac{x^{2n+1}}{2n+1}}\right|=x^2,$$

当 $|x|<1$ 时，级数绝对收敛；当 $|x|>1$ 时，级数发散，故级数收敛半径为 1。

```
%程序文件 gex12_8.mlx
clc, clear, syms x n, assume(n>=0)
u(n)=(-1)^n*x^(2*n+1)/(2*n+1)
F=abs(u(n+1)/u(n)), L=limit(F,n,inf)
```

**例 12.9** 求级数 $\sum_{n=1}^{\infty}\left[\dfrac{1\times 3\times 5\times\cdots\times(2n-1)}{2\times 4\times 6\times\cdots\times(2n)}\right]^2\left(\dfrac{x-1}{2}\right)^n$ 的收敛半径。

**解** 计算得

$$\lim_{n\to+\infty}\left|\dfrac{\left[\dfrac{1\times 3\times 5\times\cdots\times(2n+1)}{2\times 4\times 6\times\cdots\times(2n+2)}\right]^2\left(\dfrac{x-1}{2}\right)^{n+1}}{\left[\dfrac{1\times 3\times 5\times\cdots\times(2n-1)}{2\times 4\times 6\times\cdots\times(2n)}\right]^2\left(\dfrac{x-1}{2}\right)^n}\right|=\dfrac{|x-1|}{2},$$

当 $|x-1|<2$ 时，级数绝对收敛；当 $|x-1|>2$ 时，级数发散，故级数收敛半径为 2。

```
%程序文件 gex12_9.mlx
clc, clear, syms k x n, assume(n>0)
u(n)=(symprod(2*k-1,k,1,n)/symprod(2*k,k,1,n))^2*((x-1)/2)^n
L=limit(abs(u(n+1)/u(n)),n,inf)
s=symsum(u,n,1,inf)          %求级数的和,可以得到收敛域
```

## 12.3 函数展开成幂级数

第 4 章介绍了把函数展开成泰勒级数的 MATLAB 函数 taylor，利用 taylor 函数也可以把函数展开成幂级数，还可以利用 MATLAB 函数 series 把函数展开成级数，函数 series 调用格式和 taylor 是一样的。

**例 12.10** 求下列函数展开成 $x$ 的幂级数前 6 项。

(1) $f_1(x)=e^x$;　　(2) $f_2(x)=\sin x$;　　(3) $f_3(x)=(1-x)\ln(1+x)$.

**解** 展开成 $x$ 的幂级数前 6 项分别为

(1) $\hat{f}_1(x)=1+x+\dfrac{x^2}{2}+\dfrac{x^3}{6}+\dfrac{x^4}{24}+\dfrac{x^5}{120}$;　　(2) $\hat{f}_2(x)=x-\dfrac{x^3}{6}+\dfrac{x^5}{120}$;

(3) $\hat{f}_3(x) = x - \dfrac{3}{2}x^2 + \dfrac{5}{6}x^3 - \dfrac{7}{12}x^4 + \dfrac{9}{20}x^5 - \dfrac{11}{30}x^6$.

%程序文件 gex12_10.mlx

clc, clear, syms x

f1(x) = exp(x), s1 = series(f1)

f2(x) = sin(x), s2 = series(f2)

f3(x) = (1-x) * log(1+x), s3 = series(f3)

**例 12.11** 求 $f(x) = \dfrac{\sin x}{x}$ 的 6 阶、8 阶和 10 阶幂级数展开式。

**解** 所求的 $f(x)$ 的展开式分别为

$$f(x) = 1 - \frac{x^2}{6} + \frac{x^4}{120} + O(x^6),$$

$$f(x) = 1 - \frac{x^2}{6} + \frac{x^4}{120} - \frac{x^6}{5040} + O(x^8),$$

$$f(x) = 1 - \frac{x^2}{6} + \frac{x^4}{120} - \frac{x^6}{5040} + \frac{x^8}{362880} + O(x^{10}).$$

所求的展开式与 $f(x)$ 对比图形如图 12.2 所示。

%程序文件 gex12_11.mlx

clc, clear, syms x, f = sin(x)/x

P6 = series(f), P8 = series(f,"order",8)

P10 = series(f,"order",10), str = ["--o",":p","-.d",".-"];

name = [P6,P8,P10,f]; xlim([-4,4]), hold on

for i = 1:4

　　fplot(name(i),str(i))

end

legend("$O(x^6)$","$O(x^8)$","$O(x^{10})$","$\frac{\sin(x)}{x}$",...

　　"Interpreter","latex","Location","south")

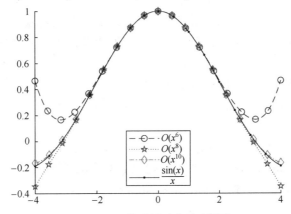

图 12.2　函数及展开式对比图形

**例 12.12** 求函数 $f(x,y) = (x^2+y^2)e^{x^2-xy}$ 的 3 阶泰勒展开式。

**解** $f(x,y)$ 的 3 阶泰勒展开式为

$$f_2(x,y) = y^2 - xy^3 + x^2 + x^2y^2 + \frac{x^2y^4}{2}.$$

```
%程序文件 gex12_12.mlx
clc, clear, syms x y
f(x,y) = (x^2+y^2)*exp(x^2-x*y)
f1 = taylor(f,"order",3), f1 = expand(f1)
f2 = series(f,"order",3), f2 = expand(f2)
```

## 12.4 傅里叶级数

法国数学家傅里叶（1768—1830）在求解热传导方程与振动等问题时，提出了周期信号的三角函数近似方法，被后人称为傅里叶级数。

**定理 12.4** 设周期为 $2L$ 的周期函数 $f(x)$ 满足：

(1) 在一个周期内连续或只有有限个第一类间断点；

(2) 在一个周期内至多只有有限个极值点。

则它的傅里叶级数展开式为

$$f(x) = \frac{a_0}{2} + \sum_{n=1}^{\infty}\left(a_n\cos\frac{n\pi x}{L} + b_n\sin\frac{n\pi x}{L}\right)(x \in D), \quad (12.3)$$

其中

$$\begin{cases} a_n = \frac{1}{L}\int_{-L}^{L} f(x)\cos\frac{n\pi x}{L}dx, & n = 0,1,2,\cdots, \\ b_n = \frac{1}{L}\int_{-L}^{L} f(x)\sin\frac{n\pi x}{L}dx, & n = 1,2,3,\cdots, \end{cases} \quad (12.4)$$

$$D = \left\{x \,\Big|\, f(x) = \frac{1}{2}[f(x^-) + f(x^+)]\right\}.$$

MATLAB 工具箱没有直接求解傅里叶系数和级数展开式的现成函数。由式（12.3）和式（12.4）编写求 $[a,b]$ 区间上 $f(x)$ 的 $p$ 阶傅里叶级数展开式和展开系数的 MATLAB 函数如下：

```
function [F,A,B] = myfourier(f,x,a,b,p)
L = (b-a)/2; A = int(f,x,a,b)/L; B = []; F(x) = A/2;
for n = 1:p
    an = int(f*cos(n*pi*x/L),x,a,b)/L; A = [A,an];
    bn = int(f*sin(n*pi*x/L),x,a,b)/L; B = [B,bn];
    F = F+an*cos(n*pi*x/L)+bn*sin(n*pi*x/L);
end
fplot([f,F],[a,b])         %画原函数和傅里叶展开式的图形
title([int2str(p),'阶傅里叶级数'])
```

end

其中 f 为给定的符号函数，x 为符号变量，a，b 为取值区间的左右端点，p 为阶数；返回值 F 为展开式，A，B 为傅里叶系数向量。

**例 12.13** 考虑[$-\pi,\pi$]区间上的符号函数

$$f(x) = \text{sign}(x) = \begin{cases} 1, & x \in (0,\pi], \\ 0, & x = 0, \\ -1, & x \in [-\pi,0). \end{cases}$$

试对该函数进行傅里叶级数拟合，并观测用多少阶能有较好的拟合效果。

**解** 画出的 2、8、14、20 阶傅里叶级数展开式曲线如图 12.3 所示。从图中可以看出，14 阶傅里叶级数就能得出较好的拟合结果，再增加阶次也不会有显著的改善结果。

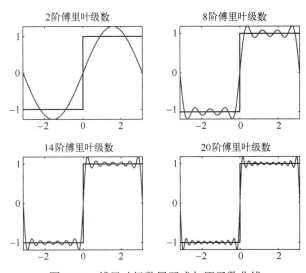

图 12.3 傅里叶级数展开式与原函数曲线

得到的 8 阶傅里叶级数展开式

$$\hat{f}_8(x) = \frac{4\sin x}{\pi} + \frac{4\sin(3x)}{3\pi} + \frac{4\sin(5x)}{5\pi} + \frac{4\sin(7x)}{7\pi}.$$

%程序文件 gex12_13.mlx

clc, clear, syms x, f(x) = sign(x)

subplot(221), [F1,A1,B1] = myfourier(f,x,-pi,pi,2)

subplot(222), [F2,A2,B2] = myfourier(f,x,-pi,pi,8)

subplot(223), [F3,A3,B3] = myfourier(f,x,-pi,pi,14)

subplot(224), [F4,A4,B4] = myfourier(f,x,-pi,pi,20)

**例 12.14** 试求函数 $f(x) = x(x-\pi)(x-2\pi), x \in [0,2\pi]$ 的 2 阶和 8 阶傅里叶级数展开式。

**解** 得到的 2 阶和 8 阶傅里叶级数展开式分别为

$$\hat{f}_2(x) = 12\sin x + \frac{3\sin(2x)}{2},$$

$$\hat{f}_8(x) = 12\sin x + \frac{3}{2}\sin(2x) + \frac{4}{9}\sin(3x) + \frac{3\sin(4x)}{16} + \frac{12\sin(5x)}{125} + \frac{\sin(6x)}{18} + \frac{12\sin(7x)}{343} + \frac{3\sin(8x)}{128}.$$

2阶和8阶傅里叶展开式与原函数的对比曲线如图12.4所示。

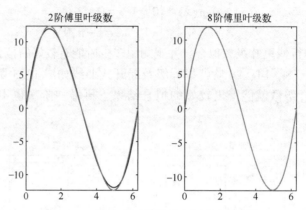

图12.4 傅里叶级数展开式与原函数曲线

从图12.4中可以看出，2阶傅里叶级数展开式与原函数略微有些误差，8阶傅里叶级数展开式与原函数拟合效果很好。

%程序文件 gex12_14.mlx

clc, clear, syms x, f(x) = x * (x-pi) * (x-2 * pi)

subplot(121), [F1,A1,B1] = myfourier(f,x,0,2*pi,2)

subplot(122), [F2,A2,B2] = myfourier(f,x,0,2*pi,8)

**例 12.15** 设$f(x)$是周期为$2\pi$的周期函数，它在$[-\pi,\pi)$内的表达式为$f(x) = |x|$，将$f(x)$展开成傅里叶级数。

**解** 所给函数在整个数轴上连续，因此傅里叶级数处处收敛于$f(x)$。

因为$f(x)$为偶函数，所以按式（12.4），有$b_n = 0(n=1,2,3,\cdots)$，而

$$a_0 = \frac{2}{\pi}\int_0^\pi f(x)\,\mathrm{d}x = \pi,$$

$$a_n = \frac{2}{\pi}\int_0^\pi f(x)\cos nx\,\mathrm{d}x = \frac{(-1)^n(1-(-1)^n)^2}{n^2\pi} = \begin{cases} -\dfrac{4}{\pi n^2}, & n=1,3,5,\cdots, \\ 0, & n=2,4,6,\cdots. \end{cases}$$

从而得到$f(x)$的傅里叶级数展开式为

$$f(x) = \frac{\pi}{2} - \frac{4}{\pi}\sum_{k=1}^\infty \frac{1}{(2k-1)^2}\cos(2k-1)x, \quad -\infty < x < +\infty.$$

%程序文件 gex12_15.mlx

clc, clear, syms x n, assume(n, {'positive','integer'})

f(x) = abs(x), a0 = 2*int(f,x,0,pi)/pi

an = 2*int(f*cos(n*x),x,0,pi)/pi, an = simplify(an)

**例 12.16** 将函数

$$M(x) = \begin{cases} \dfrac{px}{2}, & 0 \leq x < \dfrac{a}{2}, \\ \dfrac{p(a-x)}{2}, & \dfrac{a}{2} \leq x \leq a, \end{cases}$$

展开成正弦级数。

**解** $M(x)$是定义在$[0,a]$上的函数,要将它展开成正弦级数,必须对$M(x)$进行奇延拓,奇延拓后的函数的傅里叶系数

$$b_n = \frac{2}{a}\int_0^a M(x)\sin\frac{n\pi x}{a}\mathrm{d}x = \frac{(-1)^{\frac{n+1}{2}}ap((-1)^n - 1)}{n^2\pi^2}.$$

当$n=2k$为偶数时,$b_{2k}=0$;当$n=2k-1$为奇数时,$b_{2k-1}=\dfrac{2ap(-1)^{k-1}}{(2k-1)^2\pi^2}$。因而得到$M(x)$的正弦级数展开式为

$$M(x) = \frac{2ap}{\pi^2}\sum_{k=1}^{\infty}\frac{(-1)^{k-1}}{(2k-1)^2}\sin\frac{(2k-1)\pi x}{a}, \quad 0 \leq x \leq a.$$

%程序文件 gex12_16.mlx
clc, clear, syms x p a n
assume(n,{'positive','integer'}), assume(a>0)
M(x)=piecewise(0<=x<=a/2,p*x/2,a/2<=x<=a,p*(a-x)/2)
bn=2/a*int(M*sin(n*pi*x/a),x,0,a), bn=simplify(bn)

在电子技术中,经常应用傅里叶级数的复数形式。设$f(x)$是周期$2L$的周期函数,则$f(x)$傅里叶级数的复数形式为

$$\sum_{n=-\infty}^{\infty} c_n \mathrm{e}^{\frac{n\pi x}{L}\mathrm{i}}, \tag{12.5}$$

其中,

$$c_n = \frac{1}{2L}\int_{-L}^{L} f(x)\mathrm{e}^{-\frac{n\pi x}{L}\mathrm{i}}\mathrm{d}x, \quad n = 0, \pm 1, \pm 2, \cdots. \tag{12.6}$$

**例 12.17** 在一个周期$\left[-\dfrac{T}{2},\dfrac{T}{2}\right)$内矩形波的函数

$$u(x) = \begin{cases} 0, & -\dfrac{T}{2} \leq x < -\dfrac{a}{2}, \\ b, & -\dfrac{a}{2} \leq x < \dfrac{a}{2}, \\ 0, & \dfrac{a}{2} \leq x < \dfrac{T}{2}. \end{cases}$$

把$u(x)$展开成复数形式的傅里叶级数。

**解** 计算得

$$c_0 = \frac{1}{T}\int_{-T/2}^{T/2} u(x)\,\mathrm{d}x = \frac{ab}{T},$$

$$c_n = \frac{1}{T}\int_{-T/2}^{T/2} u(x)\mathrm{e}^{-\frac{2n\pi x}{T}\mathrm{i}}\,\mathrm{d}x = \frac{b\sin\left(\dfrac{n\pi a}{T}\right)}{n\pi},\quad n = \pm 1,\ \pm 2,\cdots,$$

因而有

$$u(x) = \frac{ab}{T} + \frac{b}{\pi}\sum_{\substack{n=-\infty \\ n\neq 0}}^{\infty}\frac{1}{n}\sin\frac{n\pi a}{T}\cdot \mathrm{e}^{\frac{2n\pi x}{T}\mathrm{i}},\quad -\infty < x < +\infty; x \neq nT \pm \frac{a}{2}, n = 0,\ \pm 1,\ \pm 2,\cdots.$$

```
%程序文件 gex12_17.mlx
clc, clear, syms x a b T n
assume(n,'integer'), assume(0<a<T)
u(x) = piecewise(-a/2<=x<a/2,b,0)
c0 = int(u,x,-T/2,T/2)/T
cn = int(u(x)*exp(-2*n*pi*x/T*i),x,-T/2,T/2)/T
cn = simplify(cn)
```

# 习 题 12

**12.1** 求下列级数的和：

(1) $\sum_{n=1}^{\infty}\dfrac{n^2}{3^n}$;  (2) $\sum_{n=1}^{\infty}\dfrac{1}{n^2(n+1)^2(n+2)^2}$;  (3) $\sum_{n=1}^{\infty}\dfrac{1}{9n^2-1}$.

**12.2** 求下列幂级数的和：

(1) $\sum_{n=1}^{\infty}\dfrac{x^n}{n\cdot 3^n}$;  (2) $\sum_{n=1}^{\infty}(-1)^n\dfrac{x^{2n+1}}{2n+1}$;  (3) $\sum_{n=1}^{\infty}(n+2)x^{n+3}$.

**12.3** 求下列幂级数的收敛半径：

(1) $\sum_{n=1}^{\infty}\dfrac{2^n}{n^2+1}x^n$;  (2) $\sum_{n=1}^{\infty}\dfrac{2n-1}{2^n}x^{2n-2}$.

**12.4** 在一个图形界面，分别绘制 $f(x) = x$, $g(x) = -x$, $x \in [-\pi,\pi]$ 的 1~6 阶傅里叶展开式的曲线。

**12.5** 设 $f(x)$ 是周期为 $2\pi$ 的周期函数，它在 $[-\pi,\pi)$ 内的表达式为

$$f(x) = \begin{cases} -\dfrac{\pi}{2}, & -\pi \leq x < -\dfrac{\pi}{2}, \\ x, & -\dfrac{\pi}{2} \leq x < \dfrac{\pi}{2}, \\ \dfrac{\pi}{2}, & \dfrac{\pi}{2} \leq x < \pi, \end{cases}$$

将 $f(x)$ 展开成傅里叶级数。

**12.6** 周期函数 $f(x)$ 在一个周期内的表达式为

$$f(x)=\begin{cases} x, & -1\leqslant x<0, \\ 1, & 0\leqslant x<\dfrac{1}{2}, \\ -1, & \dfrac{1}{2}\leqslant x<1, \end{cases}$$

将 $f(x)$ 展开成傅里叶级数。

12.7 设 $f(x)$ 是周期为 2 的周期函数，它在 $[-1,1)$ 内的表达式为 $f(x)=\mathrm{e}^{-x}$。试将 $f(x)$ 展开成复数形式的傅里叶级数。

# 参 考 文 献

［1］陈华.数学实验［M］.北京：石油工业出版社，2020.
［2］薛定宇.MATLAB 程序设计［M］.北京：清华大学出版社，2019.
［3］史家荣.MATLAB 程序设计及数学实验与建模［M］.西安：西安电子科技大学出版社，2019.
［4］薛定宇.MATLAB 微积分运算［M］.北京：清华大学出版社，2019.
［5］同济大学数学系.高等数学［M］.7 版.北京：高等教育出版社，2014.
［6］同济大学数学系.高等数学习题全解指南［M］.7 版.北京：高等教育出版社，2014.
［7］邓建平.微积分Ⅰ，Ⅱ［M］.北京：科学出版社，2019.
［8］蔡光兴，金裕红.大学数学实验［M］.北京：科学出版社，2007.
［9］许在库，赵明.高等数学计算机实验［M］.北京：科学出版社，2005.

# 第二部分 习 题 解 答

## 第1章 MATLAB程序设计基础习题解答

**1.1** 输入如下数值矩阵：

(1) $A_{10\times 10} = \begin{bmatrix} 1 & -2 & 4 & \cdots & (-2)^9 \\ 0 & 1 & -2 & \cdots & (-2)^8 \\ 0 & 0 & 1 & \cdots & (-2)^7 \\ \vdots & \vdots & \vdots & \ddots & \vdots \\ 0 & 0 & 0 & 0 & 1 \end{bmatrix}$；  (2) $B_{4\times 6} = \begin{bmatrix} 1 & 2 & -3 & 0 & 0 & 0 \\ 0 & 1 & 2 & -3 & 0 & 0 \\ 0 & 0 & 1 & 2 & -3 & 0 \\ 0 & 0 & 0 & 1 & 2 & -3 \end{bmatrix}$.

```
%程序文件 xt1_1.m
clc, clear
A1 = eye(10);           %初始化为10阶单位阵
for i = 1:9
    A1 = A1+diag((-2)^i*ones(1,10-i),i);
end
A1
A2 = eye(4,6);          %初始化
A2(5:5:end) = 2;        %用一维地址对矩阵赋值
A2(9:5:end) = -3        %再用一维地址对矩阵赋值
```

**1.2** 输入如下符号矩阵：

$$A_{10\times 10} = \begin{bmatrix} 1 & 0 & \cdots & 0 & 0 \\ 0 & 1 & \cdots & 0 & 0 \\ \vdots & \vdots & \ddots & \vdots & \vdots \\ 0 & 0 & \cdots & 1 & 0 \\ a_1 & a_2 & \cdots & a_9 & a_{10} \end{bmatrix}.$$

```
%程序文件 xt1_2.mlx
clc, clear, syms a [1,10]    %a后面必须加空格
A = sym(eye(10))             %构造符号单位矩阵
A(end,:) = a                 %修改矩阵最后一行元素值
```

**1.3** 对于矩阵

$$A = \begin{bmatrix} 1 & 5 & 8 & 9 & 12 \\ 2 & 4 & 6 & 15 & 3 \\ 18 & 7 & 10 & 8 & 16 \end{bmatrix},$$

（1）求每一列的最小值，并指出该列的哪个元素取该最小值。
（2）求每一行的最大值，并指出该行的哪个元素取该最大值。
（3）求矩阵所有元素的最大值。

```
%程序文件 xt1_3.m
clc, clear
A = [1,5,8,9,12;2,4,6,15,3;18,7,10,8,16];
[M1,I1] = min(A)            %逐列求最小值，并返回最小值所在的地址
[M2,I2] = max(A,[],2)       %逐行求最大值，并返回最大值所在的地址
[M3,I3] = max(A,[],'all')   %求所有元素的最大值，并返回所在的 1 维地址
```

**1.4** 已知 $A = \begin{bmatrix} 1 & 2 & 3 & 4 \\ \inf & \inf & \inf & \inf \\ \inf & 5 & 6 & 7 \\ 8 & 9 & \text{NaN} & \text{NaN} \end{bmatrix}$。

（1）求 $A$ 中哪些位置的元素为 inf；
（2）求 $A$ 中哪些行含有 inf；
（3）将 $A$ 中的 NaN 替换成 $-1$；
（4）将 $A$ 中元素全为 inf 的行删除。
（5）将 $A$ 所有的 inf 和 NaN 元素删除。

```
%程序文件 xt1_4.m
clc, clear
A = [1:4;inf*ones(1,4);inf,5:7;8,9,nan,nan]
[r,c] = find(isinf(A))              %查找 inf 所在的行标和列标
ind = find(any(isinf(A),2))         %查找哪些行含有 inf
B = A; B(isnan(B)) = -1             %把 NaN 替换为 -1
C = A; C(all(isinf(A),2),:) = []    %删除元素全为 inf 的行
D = A; D(isinf(D) | isnan(D)) = []  %删除所有的 inf 和 nan
```

**1.5** 求解线性方程组

$$\begin{bmatrix} 8 & 1 & & & \\ 1 & 8 & \ddots & & \\ & \ddots & \ddots & 1 & \\ & & 1 & 8 \end{bmatrix}_{10 \times 10} \begin{bmatrix} x_1 \\ x_2 \\ \vdots \\ x_{10} \end{bmatrix} = \begin{bmatrix} 1 \\ 2 \\ \vdots \\ 10 \end{bmatrix}.$$

```
%程序文件 xt1_5.m
clc, clear
A = 8*eye(10)+diag(ones(1,9),-1)+diag(ones(1,9),1);
```

b = [1:10]'; x = inv(A) * b

**1.6** 设计九九乘法表，输出形式如下所示：

1×1=1
1×2=2   2×2=4
1×3=3   2×3=6   3×3=9
1×4=4   2×4=8   3×4=12   4×4=16
……
1×9=9   2×9=18   3×9=27   4×9=36   5×9=45   6×9=54   …   9×9=81

```
%程序文件 xt1_6.m
clc, clear
for i=1:9
    for j=1:i
        s = [num2str(j),'×',num2str(i),'=',num2str(i*j)];    %构造字符数组
        if i*j<=9
            fprintf([s,blanks(3)])                            %补充3个空格
        else
            fprintf([s,blanks(2)])                            %补充2个空格
        end
    end
    fprintf('\n')                                             %输出换行符
end
```

**1.7** 用图解的方式求解下面方程组的近似解：
$$\begin{cases} x^2+y^2=3xy^2, \\ x^3-x^2=y^2-y. \end{cases}$$

**解** 首先用符号函数画图命令画出方程组中两个方程对应的两个隐函数的图形，可以看出两条曲线有两个交点，使用 MATLAB 的 ginput 函数可以读出用鼠标点击坐标区的坐标，作为方程组的近似解，进一步可以求出方程组的数值解。

但使用 vpasolve 函数可以求出方程组的 7 组解，除了上面的两组解外，还有 4 组虚数解，和 (0,0) 解。具体求解结果见程序运行结果。

```
%程序文件 xt1_7.mlx
syms x y                              %定义符号变量
f(x,y) = x^2+y^2-3*x*y^2              %定义符号函数
g(x,y) = x^3-x^2-y^2+y
fimplicit(f,[-5,8]), hold on
fimplicit(g,[-5,8])
scatter(0,0,30,"filled")              %画(0,0)点
[sx0,sy0] = ginput(2)                 %识别单击的两个点坐标
[sx1,sy1] = vpasolve(f,g)             %求浮点形式的符号解
[sx2,sy2] = solve(f,g)                %求符号解
```

**1.8** 画出二元函数

$$z = f(x,y) = -20\exp\left(-0.2\sqrt{\frac{x^2+y^2}{2}}\right) - \exp(0.5\cos(2\pi x)) + 0.5\cos(2\pi y)$$

的图形，并求出所有极大值，其中 $x \in [-5,5]$，$y \in [-5,5]$。

**解** 函数 $f(x,y)$ 在其定义域内可能有多个极大值，因此基于梯度下降法等通常的优化算法难以求出所有极大值。为此可采用网格搜索算法，即先将 $x$ 和 $y$ 的取值区间离散化，得到网格化矩阵 $X$ 和 $Y$，再计算函数值矩阵 $Z = f(X,Y)$，最后根据矩阵 $Z$ 求解所有极大值的近似值。对于 $Z$ 的第 $i$ 行第 $j$ 列元素 $z_{ij}$，考虑以 $z_{ij}$ 为中心的 3×3 维子矩阵

$$\begin{bmatrix} z_{i-1,j-1} & z_{i-1,j} & z_{i-1,j+1} \\ z_{i,j-1} & z_{ij} & z_{i,j+1} \\ z_{i+1,j-1} & z_{i+1,j} & z_{i+1,j+1} \end{bmatrix},$$

若 $z_{ij}$ 在上述 3 阶矩阵中取值最大，则可将它作为一个近似的极大值。

在计算过程中，不考虑矩阵 $Z$ 的边界，二维网格搜索程序如下：

```
%程序文件 xt1_8.m
clc, clear, N = 200;
x = linspace(-5,5,N); y = linspace(-5,5,N);
[X,Y] = meshgrid(x,y);                              %生成网格数据
Z = -20*exp(-0.2*sqrt((X.^2+Y.^2)/2))-exp(0.5*cos(2*pi*X))+0.5*
cos(2*pi*Y);
s = [];                                             %用于保存所有极大值信息
for i = 2:N-1
    for j = 2:N-1
        T=Z((i-1):(i+1),(j-1):(j+1));               %提取3×3的子矩阵
        if Z(i,j) == max(T,[],"all")
            s=[s;X(i,j),Y(i,j),Z(i,j)];
        end
    end
end
L = size(s,1)                                       %所求极大值的个数
mesh(X,Y,Z)                                         %画二元函数的三维网格图
hold on, scatter3(s(:,1),s(:,2),s(:,3),50,'fill')   %画三维散点图
xlabel('$x$','Interpreter','Latex'), ylabel('$y$','Interpreter','Latex')
zlabel('$f$','Interpreter','Latex','Rotation',0)
```

输出图形如图 1.1 所示，从该图可以看出，所求的极大值均在峰值附近。

在程序中，取 $N = 200, 500, 1000$，得到极大值的个数都是 100 个，这说明网格划分的精细程度对极大值的求解影响不大。

**1.9** 已知正弦函数 $y = \sin(wt)$，$t \in [0, 2\pi]$，$w \in [0.01, 10]$，试绘制当 $w$ 变化时正弦函数曲线的动画。

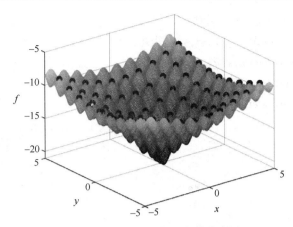

图 1.1 三维网格图与极大值分布图

%程序文件 xt1_9.m
clc,clear
t=linspace(0,2*pi);
h=animatedline('color','red','LineWidth',2);    %生成动画线句柄
for w=0.01:0.01:10
    y=sin(w*t);
    clearpoints(h)                              %清除旧线
    addpoints(h,t,y)
    pause(0.02)                                 %停顿 0.02 秒
end

**1.10** 已知 4×15 维矩阵 **B** 的数据如表 1.1 所列，其第一行表示 $x$ 坐标，第二行表示 $y$ 坐标，第三行表示 $z$ 坐标，第四行表示类别。

表 1.1  矩阵 **B** 的数据

| 7.7 | 5.1 | 5.4 | 5.1 | 5.1 | 5.5 | 6.1 | 5.5 | 6.7 | 7.7 | 6.4 | 6.2 | 4.9 | 5.4 | 6.9 |
| 2.8 | 2.5 | 3.4 | 3.4 | 3.7 | 4.2 | 3 | 2.6 | 3 | 2.6 | 2.7 | 2.8 | 3.1 | 3.9 | 3.2 |
| 6.7 | 3 | 1.5 | 1.5 | 1.5 | 1.4 | 4.6 | 4.4 | 5.2 | 6.9 | 5.3 | 4.8 | 1.5 | 1.7 | 5.7 |
| 3 | 2 | 1 | 1 | 1 | 1 | 2 | 2 | 3 | 3 | 3 | 3 | 1 | 1 | 3 |

（1）使用 scatter3 绘制散点图。对于类别为 1、2、3 的点，圆圈大小分别为 40、30、20；不同类别的点，其颜色不同。

（2）使用 $x,y$ 坐标利用 gscatter 绘制散点图，对于类别为 1、2、3 的点，对应点分别用圆圈、正方形、三角形表示，颜色分别为红色、绿色和蓝色。

绘制的图形如图 1.2 所示。

%程序文件 xt1_10.m
clc,clear,a=load('tdata1_10.txt')';
x=a(:,1);y=a(:,2);z=a(:,3);g=a(:,4);
sz=zeros(size(g));sz(g==1)=40;

sz(g==2)=30; sz(g==3)=20;
subplot(121), scatter3(x,y,z,sz,sz,'filled')
subplot(122), gscatter(x,y,g,'rgb','os^')
xlabel('$x$','Interpreter','Latex')
ylabel('$y$','Interpreter','Latex','Rotation',0)

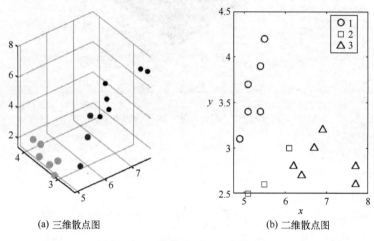

(a) 三维散点图　　　　　(b) 二维散点图

图 1.2　三维散点图和二维散点图

**1.11** 绘制平面 $3x-4y+z-10=0$，$x\in[-5,5]$，$y\in[-5,5]$。所画的平面图形如图 1.3 所示。

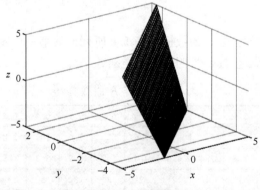

图 1.3　平面图形

```
%程序文件 xt1_11.m
clc, clear, close all
fimplicit3(@(x,y,z)3*x-4*y+z-10)
xlabel('$x$','Interpreter','Latex')
ylabel('$y$','Interpreter','Latex')
zlabel('$z$','Interpreter','Latex','Rotation',0)
```

**1.12** 绘制瑞士卷曲面

$$\begin{cases} x = t\cos t, \\ 0 \leqslant y \leqslant 3, \quad t \in [\pi, 9\pi/2]. \\ z = t\sin t, \end{cases}$$

**解** 瑞士卷曲面的参数方程为

$$\begin{cases} x = t\cos t, \\ y = y, \quad t \in [\pi, 9\pi/2], 0 \leqslant y \leqslant 3. \\ z = t\sin t, \end{cases}$$

所画的瑞士卷图形如图 1.4 所示。

```
%程序文件 xt1_12.m
clc, clear, close all
t = linspace(pi, 9*pi/2, 100); y = linspace(0, 3, 30);
[T, Y] = meshgrid(t, y);
X = T.*cos(T); Z = T.*sin(T);
mesh(X, Y, Z, T)         %使用 T 的取值控制颜色
figure, syms t y         %下面使用符号表达式画图
X = t*cos(t); Y = y;
Z = t*sin(t); fmesh(X, Y, Z, [pi, 9*pi/2, 0, 3])
```

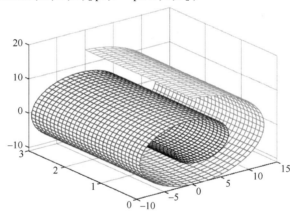

图 1.4 瑞士卷曲面图形

**1.13** 附件 1：区域高程数据.xlsx 给出了某区域 43.65×58.2（km）的高程数据，画出该区域的三维网格图和等高线图，在 A(30,0) 点和 B(43,30)（单位：km）点建立了两个基地，在等高线图上标注出这两个点，并求该区域地表面积的近似值。

**解** 利用 MATLAB 所画的三维网格图和等高线图如图 1.5 所示。

我们使用剖分的小三角形面积和作为地表面积的近似值。利用分点 $x_i = 50i(i=0,1,\cdots,873)$ 把 $0 \leqslant x \leqslant 50 \times 873$ 剖分成 873 个小区间，利用分点 $y_j = 50j(j=0,1,\cdots,1164)$ 把 $0 \leqslant y \leqslant 50 \times 1164$ 剖分成 1164 个小区间，对应地把平面区域剖分成 873×1164 个小矩形，把三维曲面剖分成 873×1164 个小曲面进行计算，每个小曲面的面积用对应的三维空间中 4 个点所构成的两个小三角形面积的和作为近似值。

计算三角形面积时，使用海伦公式，即设 $\triangle ABC$ 的边长为 $a, b, c$，$p = (a+b+c)/2$，

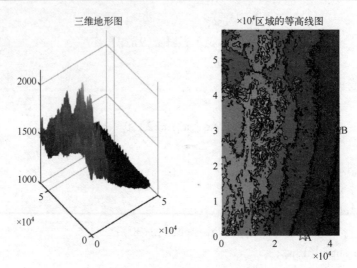

图 1.5 三维网格图和等高线图

则 $\triangle ABC$ 的面积 $s=\sqrt{p(p-a)(p-b)(p-c)}$。

利用 MATLAB 求得的地表面积的近似值为 $2.5752\times10^9 \text{m}^2$。

```
%程序文件 xt1_13.m
clc, clear, close all
z=readmatrix('附件1：区域高程数据.xlsx','Range','A1:ARU874');   %读入高程数据
[m,n]=size(z); z=z';                    %矩阵转置
x=0:50:(m-1)*50; y=0:50:(n-1)*50;
[X,Y]=meshgrid(x,y);                    %该语句可以省略
subplot(121), mesh(X,Y,z)               %画三维网格图
title('三维地形图')
subplot(122), hold on, contourf(x,y,z)  %画等高线图
plot(30000,0,'p','MarkerSize',10,'Color','r')    %画出A点位置
text(30500,-200,'A') %标注A点
plot(43000,30000,'p','MarkerSize',10,'Color','r')%画出B点位置
text(44000,30000,'B'), title('区域的等高线图')
s=0;                                    %面积初始化
for i=1:m-1
    for j=1:n-1
        p1=[x(i),y(j),z(j,i)];
        p2=[x(i+1),y(j),z(j,i+1)];
        p3=[x(i+1),y(j+1),z(j+1,i+1)];
        p4=[x(i),y(j+1),z(j+1,i)];
        p12=norm(p1-p2); p23=norm(p3-p2); p13=norm(p3-p1);
        p14=norm(p4-p1); p34=norm(p4-p3);
```

```
z1=(p12+p23+p13)/2;s1=sqrt(z1*(z1-p12)*(z1-p23)*(z1-p13));
z2=(p13+p14+p34)/2;s2=sqrt(z2*(z2-p13)*(z2-p14)*(z2-p34));
s=s+s1+s2;
    end
end
s                          %显示面积的值
```

**1.14** 数据文件"B题_附件_通话记录.xlsx"取自2017年第10届华中地区大学生数学建模邀请赛B题：基于通信数据的社群聚类。该文件包括某营业部近三个月的内部通信记录，内容涉及通话的起始时间、主叫、时长、被叫、漫游类型和通话地点等，共10713条记录，每条数据有7列，部分数据如表1.2所列。

表1.2 某营业部近三个月的内部通信记录

| 序号 | 起始时间 | 主叫 | 时长/s | 被叫 | 漫游类型 | 通话地点 |
|---|---|---|---|---|---|---|
| 1 | 2016/09/01 10:08:51 | 涂蕴知 | 431 | 孙翼茜 | 本地 | 武汉 |
| 2 | 2016/09/01 10:17:37 | 毕婕靖 | 351 | 潘立 | 本地 | 武汉 |
| 3 | 2016/09/01 10:18:29 | 张培芸 | 1021 | 梁茵 | 本地 | 武汉 |
| 4 | 2016/09/01 10:23:22 | 张培芸 | 983 | 文芝 | 本地 | 武汉 |
| ⋮ | ⋮ | ⋮ | ⋮ | ⋮ | ⋮ | ⋮ |
| 10713 | 2016/12/31 9:36:15 | 柳谓 | 327 | 张荆 | 本地 | 武汉 |

（1）主叫和被叫分别有多少人？主叫和被叫是否是同一组人？

（2）统计主叫和被叫之间的呼叫次数和总呼叫时间。

（3）将日期中"2016/09/01"视为第1天，"2016/09/02"视为第2天，依此类推，将所有日期按上述方法转换。

（4）已知2016/09/01为星期四，将日期编码为数字。编码规则为：星期日对应"0"，星期一对应"1"，……，星期六对应"6"。

（5）假设周六和周日不上班，不考虑法定节假日，周一到周五上班时间为上午8:00～12:00和下午14:00～18:00。计算任意两人在上班时间的通话次数。

**解** Excel文件中数据共有10713行，7列。其中第1列为序号，对于最后两列，漫游类型均为"本地"，通话地点均为"武汉"，故读取数据时不再读取这3列。

（1）利用MATLAB软件，统计得主叫人数为36人，被叫人数也为36人，并且他们为同一组人。

（2）用$i=1,2,\cdots,36$分别表示36个人；$i$主叫，$j(j=1,2,\cdots,36)$被叫之间的呼叫次数记为$c_{ij}$，$i$主叫，$j$被叫之间的通话时间记作$d_{ij}$，构造数据矩阵$\boldsymbol{C}=(c_{ij})_{36\times36}$，$\boldsymbol{D}=(d_{ij})_{36\times36}$，$\boldsymbol{C}$，$\boldsymbol{D}$的取值见Excel文件tdata1_14.xlsx。为了直观地看$\boldsymbol{C}$的取值，画出的$-\boldsymbol{C}$的图像如图1.6所示。

（3）所有的日期转换为天数的顺序编码为$1,2,\cdots,122$。

（4）利用MATLAB的函数weekday可以把日期转换为星期几，其中的1表示星期日，2表示星期一，…，7表示星期六，星期几编码再减去1就得到题目中要求的编码。

（5）把上班期间主叫和被叫之间的呼叫次数保存在矩阵$\boldsymbol{G}=(g_{ij})_{36\times36}$中，具体数据存放在 Excel 文件 tdata1_14.xlsx 的表单 3 中，所有人工作期间的总呼叫次数为 4751 次。

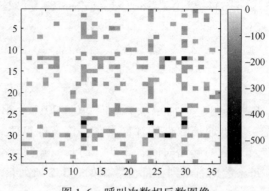

图 1.6　呼叫次数相反数图像

```matlab
%程序文件 xt1_13.m
clc, clear, close all
a = readcell('B题_附件_通话记录.xlsx','Range','B2:E10714');
b1 = unique(a(:,2));              %读取主叫姓名
n1 = length(b1)                   %主叫人数
b2 = unique(a(:,4));              %读取被叫姓名
n2 = length(b2)                   %被叫人数
n = sum(strcmp(b1,b2))            %比较已排序的两个单元数组相等元素个数
N = length(a);                    %总的记录个数
t = cell2mat(a(:,3));             %提出时长数据
c = zeros(n);                     %主叫和被叫之间的呼叫次数初始化矩阵
d = zeros(n);                     %主叫和被叫之间的呼叫时长初始化矩阵
for k=1:N
    i=find(ismember(b1,a(k,2)));  %找第 k 个记录的主叫人编号
    j=find(ismember(b2,a(k,4)));  %找第 k 个记录的被叫人编号
    c(i,j)=c(i,j)+1; d(i,j)=d(i,j)+t(k);
end
imagesc(-c), colormap(gray), colorbar
writematrix(c,'tdata1_14.xlsx'), warning('off')
writematrix(d,'tdata1_14.xlsx','Sheet',2)

e = datenum(a(:,1));              %提出起始时间
eu = unique(floor(e));            %日期的天数
em = eu-min(eu)+1                 %日期的编码
f = weekday(e)-1;                 %把起始时间转换为星期编码
g = zeros(n);                     %工作时间呼叫次数初始化
```

```
T = 24 * (e-floor(e));                    %把时间取值从0-1还原为0-24
for k = 1:N
    if all([f(k)>=1, f(k)<=5, (T(k)>=8 & T(k)<=12 | T(k)>=14 & T(k)<=18)])
        i = find(ismember(b1,a(k,2)));    %找第k个记录的主叫人编号
        j = find(ismember(b2,a(k,4)));    %找第k个记录的被叫人编号
        g(i,j) = g(i,j)+1;
    end
end
sg = sum(g,"all")                         %求工作期间的总呼叫次数
writematrix(g,'tdata1_14.xlsx','Sheet',3)
```

# 第2章 函数与极限习题解答

**2.1** 设

$$f(x)=\begin{cases} 0, & x\leqslant 0, \\ x, & x\geqslant 0, \end{cases} \quad g(x)=\begin{cases} 0, & x\leqslant 0, \\ -x^2, & x>0, \end{cases}$$

求 $f[f(x)]$，$g[g(x)]$，$f[g(x)]$，$g[f(x)]$。

**解** $f[f(x)]=f(x)=\begin{cases} 0, & x\leqslant 0, \\ x, & x>0. \end{cases}$

$g[g(x)]=0$。 $f[g(x)]=0$。

$g[f(x)]=g(x)=\begin{cases} 0, & x\leqslant 0, \\ -x^2, & x>0. \end{cases}$

%程序文件 xt2_1.mlx

clc, clear, syms x

f(x)=piecewise(x>=0,x,0)

g(x)=piecewise(x>0,-x^2,0)

s1=compose(f,f), s2=compose(g,g)

s3=compose(f,g), s4=compose(g,f)

**注 2.1** MATLAB 把 $f[g(x)]$ 计算错了。

**2.2** Chebyshev 多项式的数学形式为 $T_1(x)=1$，$T_2(x)=x$，$T_n(x)=2xT_{n-1}(x)-T_{n-2}(x)$，$n=3,4,5,\cdots$，试计算 $T_3(x),T_4(x),\cdots,T_{10}(x)$。

**解** 计算结果见程序输出，这里不再赘述。

%程序文件 xt2_2.mlx

clc, clear, syms x

T{1}=1; T{2}=x;     %使用单元数组数据结构

for n=3:10

    T{n}=2*x*T{n-1}-T{n-2};

    expand(T{n})     %展开符号表达式

end

**2.3** 试判定函数 $f(x)=\sqrt{1+x+x^2}-\sqrt{1-x+x^2}$ 的奇偶性。

**解** 因为 $f(x)+f(-x)=0$，所以 $f(x)$ 为奇函数。

%程序文件 xt2_3.mlx

clc, clear, syms x

f(x)=sqrt(1+x+x^2)-sqrt(1-x+x^2)

F=f(x)+f(-x), G=f(x)-f(-x)

**2.4** 如果 $f(x)=\ln\dfrac{1+x}{1-x}(-1<x<1)$，试证明 $f(x)+f(y)=f\left(\dfrac{x+y}{1+xy}\right)(-1<x,y<1)$.

**解** 用 MATLAB 验证得 $f(x)+f(y)-f\left(\dfrac{x+y}{1+xy}\right)=0$.

%程序文件 xt2_4.mlx

clc, clear, syms x y

assume(-1<x<1), assume(-1<y<1)　　　%约束 x,y 取值范围

f(x)=log((1+x)/(1-x))

g1(x,y)=f(x)+f(y)-f((x+y)/(1+x*y))

g2=simplify(g1)　　　　　　　　　　　%对函数 g1(x,y)进行化简

**2.5** 试求解下面的极限问题。

(1) $\lim\limits_{x\to a}\dfrac{\ln x-\ln a}{x-a}(a>0)$.

(2) $\lim\limits_{x\to +\infty}\left[\sqrt[3]{x^3+x^2+x+1}-\sqrt{x^2+x+1}\dfrac{\ln(e^x+x)}{x}\right]$.

(3) $\lim\limits_{x\to a}\dfrac{\sin(a+2x)-2\sin(a+x)+\sin a}{x^2}$.

**解** 求得

(1) $\lim\limits_{x\to a}\dfrac{\ln x-\ln a}{x-a}=\dfrac{1}{a}$.

(2) $\lim\limits_{x\to +\infty}\left[\sqrt[3]{x^3+x^2+x+1}-\sqrt{x^2+x+1}\dfrac{\ln(e^x+x)}{x}\right]=-\dfrac{1}{6}$.

(3) $\lim\limits_{x\to a}\dfrac{\sin(a+2x)-2\sin(a+x)+\sin a}{x^2}=\dfrac{2\sin(2a)(\cos(a)-1)}{a^2}$.

%程序文件 xt2_5.mlx

clc, clear, syms x a

L1=limit((log(x)-log(a))/(x-a),x,a)

f2(x)=(x^3+x^2+x+1)^(1/3)-sqrt(x^2+x+1)*log(exp(x)+x)/x

L2=limit(f2,x,inf)

f3(x)=(sin(a+2*x)-2*sin(a+x)+sin(a))/x^2

L31=limit(f3,x,a), L32=simplify(L31)

**2.6** 试由下面已知的极限值求出 $a$ 和 $b$ 的值。

(1) $\lim\limits_{x\to +\infty}\left(ax+b-\dfrac{x^3+1}{x^2+1}\right)=0$.

(2) $\lim\limits_{x\to +\infty}\left(\sqrt{x^2-x+1}-ax-b\right)=0$.

**解** (1) $ax+b-\dfrac{x^3+1}{x^2+1}=x\left(a+\dfrac{b}{x}-\dfrac{x^3+1}{x(x^2+1)}\right)$，由于

$$\lim\limits_{x\to +\infty}\left(ax+b-\dfrac{x^3+1}{x^2+1}\right)=0,$$

所以
$$\lim_{x\to+\infty}\left(a+\frac{b}{x}-\frac{x^3+1}{x(x^2+1)}\right)=0,$$

得到 $a=1$，因而有
$$\lim_{x\to+\infty}\left(x+b-\frac{x^3+1}{x^2+1}\right)=0,$$

可以求得 $b=\lim_{x\to+\infty}\left(x-\frac{x^3+1}{x^2+1}\right)=0$。

```
%程序文件 gex2_6_1.mlx
clc, clear, syms x a b
f1(x,a,b)=a*x+b-(x^3+1)/(x^2+1)
f2=expand(f1/x), L1=limit(f2,x,inf)
sa=solve(L1==0)          %求 a 的值
f3=f1(x,sa,b),  L2=limit(f3,x,inf)
sb=solve(L2==0)          %求 b 的值
```

(2) 与 (1) 的求解方法类似，求得 $a=1$，$b=-\dfrac{1}{2}$。

```
%程序文件 gex2_6_2.mlx
clc, clear, syms x a b
f1(x,a,b)=sqrt(x^2-x+1)-a*x-b
f2=expand(f1/x), L1=limit(f2,x,inf)
sa=solve(L1==0)          %求 a 的值
f3=f1(x,sa,b)            %代入 a 的取值
L2=limit(f3,x,inf)
sb=solve(L2==0)          %求 b 的值
```

**2.7** 研究方程 $\sin(x^3)+\cos\left(\dfrac{x}{2}\right)+x\sin x-2=0$ 在区间 $\left[-\dfrac{\pi}{2},\dfrac{\pi}{2}\right]$ 上解的情况，并求出所有的解。

**解** 首先画出函数 $f(x)=\sin(x^3)+\cos\left(\dfrac{x}{2}\right)+x\sin x-2$ 的图形如图 2.1 所示，从图形可以看出在区间 $\left[-\dfrac{\pi}{2},\dfrac{\pi}{2}\right]$ 上有 3 个解，求得的 3 个解分别为 -1.4365、0.8055、1.4994。

```
%程序文件 xt2_7.m
clc, clear
f=@(x)sin(x.^3)+cos(x/2)+x.*sin(x)-2;
fplot(f,[-pi/2,pi/2])
hold on, fplot(0,[-pi/2,pi/2])
fprintf("请用鼠标点击三个交点！\n")
```

```
[x0,y0] = ginput(3)          %用鼠标点取近似解
for i = 1:length(x0)
    x(i) = fsolve(f,x0(i));  %用近似解作为初值条件
end
x                            %显示求得所有的解
y = f(x)                     %验证解的精度
```

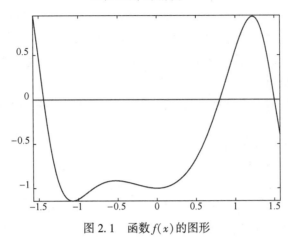

图 2.1　函数 $f(x)$ 的图形

# 第3章 导数与微分习题解答

**3.1** 设某工厂生产 $x$ 件产品的成本为
$$C(x)=2000+100x-0.1x^2(\text{元}),$$
函数 $C(x)$ 称为成本函数，成本函数 $C(x)$ 的导数 $C'(x)$ 在经济学中称为边际成本，试求

(1) 当生产 100 件产品时的边际成本；

(2) 生产第 101 件产品的成本，并与 (1) 中求得的边际成本做比较，说明边际成本的实际意义。

**解** (1) $C'(x)=100-0.2x$, $C'(100)=100-20=80$（元/件）.

(2) $C(101)=2000+100\times101-0.1\times101^2=11079.9$（元），

$C(100)=2000+100\times100-0.1\times100^2=11000$（元），

$\Delta C=C(101)-C(100)=11079.9-11000=79.9$（元）.

即生产第 101 件产品的成本为 79.9 元，与 (1) 中求得的边际成本比较，可以看出边际成本 $C'(x)$ 的实际意义是近似表达产量达到 $x$ 单位时再增加一个单位产品所需的成本。

```
%程序文件 xt3_1.mlx
clc, clear, syms x
C(x)=2000+100*x-0.1*x^2
dC=diff(C)              %求关于 x 的 1 阶导数
s1=dC(100)              %求边际成本
s2=C(101)               %求 101 件时的总成本
s3=C(100)               %求 100 件时的总成本
delta=s2-s3             %求增量
```

**3.2** 已知 $f(x)=\begin{cases}\sin x, & x<0,\\ x, & x\geq 0,\end{cases}$ 求 $f'(x)$.

**解** $f'_-(0)=\lim\limits_{x\to 0^-}\dfrac{f(x)-f(0)}{x-0}=\lim\limits_{x\to 0^-}\dfrac{\sin x}{x}=1,$

$f'_+(0)=\lim\limits_{x\to 0^+}\dfrac{f(x)-f(0)}{x-0}=\lim\limits_{x\to 0^+}\dfrac{x}{x}=1.$

由于 $f'_-(0)=f'_+(0)=1$, 故 $f'(0)=1$, 因此
$$f'(x)=\begin{cases}\cos x, & x<0,\\ 1, & x\geq 0.\end{cases}$$

```
%程序文件 xt3_2.mlx
clc, clear, syms x
f(x)=piecewise(x<0,sin(x),x)    %定义分段函数
df=diff(f)                      %计算 f 的 1 阶导数
```

f0m = limit((f-f(0))/x,x,0,"left") %计算 0 点的左导数
f0p = limit((f-f(0))/x,x,0,"right") %计算 0 点的右导数

**3.3** 求下列函数的导数：

(1) $y = \dfrac{\arcsin x}{\arccos x}$；

(2) $y = \dfrac{\sqrt{1+x}-\sqrt{1-x}}{\sqrt{1+x}+\sqrt{1-x}}$；

(3) $y = x\arcsin\dfrac{x}{2} + \sqrt{4-x^2}$；

(4) $y = \ln\operatorname{ch}x + \dfrac{1}{2\operatorname{ch}^2 x}$.

**解** (1) $y' = \dfrac{\pi}{2\sqrt{1-x^2}(\arccos x)^2}$；

(2) $y' = \dfrac{1-\sqrt{1-x^2}}{x^2\sqrt{1-x^2}}$；

(3) $y' = \arcsin\dfrac{x}{2}$；

(4) $y' = \operatorname{th}^3 x = \dfrac{(\mathrm{e}^{2x}-1)^3}{(\mathrm{e}^{2x}+1)^3}$.

%程序文件 xt3_3.mlx
clc, clear, syms x
f1(x) = asin(x)/acos(x), df1 = diff(f1)
df1 = simplify(df1), df1 = rewrite(df1,"acos")
f2(x) = (sqrt(1+x)-sqrt(1-x))/(sqrt(1+x)+sqrt(1-x))
f2 = simplify(f2)
df2 = diff(f2), df2 = simplify(df2)
f3(x) = x * asin(x/2) + sqrt(4-x^2)
df3 = diff(f3), df3 = simplify(df3)
f4(x) = log(cosh(x)) + 1/cosh(x)^2/2
df4 = diff(f4), df4 = simplify(df4)
df4 = rewrite(df4,"exp"), df4 = simplify(df4)

**3.4** 求下列函数所指定的阶的导数：

(1) $y = x^2 \mathrm{e}^{2x}$，求 $y^{(20)}$； (2) $y = x^2 \sin 2x$，求 $y^{(10)}$.

**解** (1) $y^{(20)} = 1048576\mathrm{e}^{2x}(x^2 + 20x + 95)$；

(2) $y^{(10)} = 23040\sin(2x) + 10240x\cos(2x) - 1024x^2\sin(2x)$.

%程序文件 xt3_4.mlx
clc, clear, syms x
f1(x) = x^2 * exp(2 * x), df1 = diff(f1,20)
df1 = simplify(df1)
f2 = x^2 * sin(2 * x), df2 = diff(f2,10)

**3.5** 求由方程 $x - y + \dfrac{1}{2}\sin y = 0$ 所确定的隐函数的二阶导数 $\dfrac{\mathrm{d}^2 y}{\mathrm{d}x^2}$.

**解** 应用隐函数的求导方法，得

$$1 - \frac{\mathrm{d}y}{\mathrm{d}x} + \frac{1}{2}\cos y \cdot \frac{\mathrm{d}y}{\mathrm{d}x} = 0,$$

于是

$$\frac{dy}{dx} = \frac{2}{2-\cos y}.$$

上市两边再对 $x$ 求导，得

$$\frac{d^2 y}{dx^2} = \frac{-2\sin y \dfrac{dy}{dx}}{(2-\cos y)^2} = \frac{-4\sin y}{(2-\cos y)^3}.$$

```
%程序文件 xt3_5.mlx
clc, clear, syms y(x) d1 d2
eq=x-y+sin(y)/2
eq1=diff(eq)                    %求默认变量 x 的 1 阶导数
%下面为了解代数方程,把 diff(y(x),x)替换为 d1
eq11=subs(eq1,diff(y(x),x),d1)
s1=solve(eq11,d1)               %求 1 阶导数
s2=diff(s1)                     %求 2 阶导数
s2=subs(s2,diff(y(x),x),s1)
%下面直接通过解方程组求 1 阶和 2 阶导数
eq2=diff(eq,2)                  %求 2 阶导数
eq22=subs(eq2,{diff(y(x),x,x),...
    diff(y(x),x)},{d2,d1})
[dy1,dy2]=solve([eq11,eq22],[d1,d2])
dy2=simplify(dy2)               %化简 2 阶导数
```

**3.6** 当正在高度 $H$ 飞行的飞机开始向机场跑道下降时，如图 3.1 所示，从飞机到机场的水平地面距离为 $L$。假设飞机下降的路径为三次函数 $y=ax^3+bx^2+cx+d$ 的图形，其中 $y|_{x=-L}=H$, $y|_{x=0}=0$。试确定飞机的降落路径。

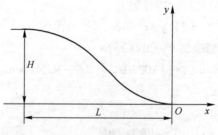

图 3.1 飞机降落路径

**解** 设立坐标系如图 3.1 所示。根据题意，可知

$$y|_{x=0}=0 \Rightarrow d=0,$$
$$y|_{x=-L}=H \Rightarrow -aL^3+bL^2-cL=H,$$

为使飞机平稳降落，尚需满足

$$y'|_{x=0}=0 \Rightarrow c=0,$$
$$y'|_{x=-L}=0 \Rightarrow 3aL^2-2bL=0.$$

解得 $a = \dfrac{2H}{L^3}$, $b = \dfrac{3H}{L^2}$, 故飞机的降落路径为

$$y = Hx^2 \dfrac{3L+2x}{L^3}.$$

```
%程序文件 xt3_6.mlx
clc, clear, syms a b c d x L H
y(x) = a*x^3+b*x^2+c*x+d
eq1 = y(0)                              %建立第1个方程
eq2 = y(-L)-H                           %建立第2个方程
dy = diff(y)
eq3 = dy(0)                             %建立第3个方程
eq4 = dy(-L)                            %建立第4个方程
[sa,sb,sc,sd] = solve([eq1,eq2,eq3,eq4],[a,b,c,d])
sy = subs(y,{a,b,c,d},{sa,sb,sc,sd})    %代入参数的值
sy = simplify(sy)
```

**3.7** 某商品的需求函数 $q = 200-2p$，$p$ 为产品价格（单位：元/吨），$q$ 为产品产量（单位：吨），总成本函数 $y(q) = 500+20q$，试求产量 $q$ 为 50 吨、80 吨和 100 吨时的边际利润，并说明其经济意义。

**解** 由 $q = 200-2p$，得 $p = 100-\dfrac{1}{2}q$，因而收益函数 $z(q) = pq = 100q - \dfrac{1}{2}q^2$。总利润函数为

$$L(q) = z(q) - y(q) = -500 + 80q - \dfrac{1}{2}q^2.$$

故边际利润 $L'(q) = 80-q$，且 $L'(50) = 30$，$L'(80) = 0$，$L'(100) = -20$。上述结果的经济学意义分别为 $L'(50)$ 表明当产量为 50 吨时，再多生产 1 吨，总利润增加 30 元；$L'(80)$ 表明当产量为 80 吨时，再多生产 1 吨，总利润不变；$L'(100)$ 表明当产量为 100 吨时，再多生产 1 吨，总利润减少 20 元。

```
%程序文件 xt3_7.mlx
clc, clear, syms p q
f1(p) = 200-2*p, f2 = finverse(f1)
f2 = f2(q), z(q) = f2*q, y(q) = 500+20*q
L = z-y, dL = diff(L)
s1 = dL(50), s2 = dL(80), s3 = dL(100)
```

# 第4章 微分中值定理与导数的应用习题解答

**4.1** 证明当 $x>0$ 时，$1+\dfrac{1}{2}x>\sqrt{1+x}$.

**证明** 取 $f(t)=1+\dfrac{1}{2}t-\sqrt{1+t}, t\in[0,x]$.

$$f'(t)=\dfrac{1}{2}-\dfrac{1}{2\sqrt{1+t}}=\dfrac{\sqrt{1+t}-1}{2\sqrt{1+t}}>0, \quad t\in(0,x).$$

因此，函数 $f(t)$ 在 $[0,x]$ 上单调增加，故当 $x>0$ 时，$f(x)>f(0)$，即

$$1+\dfrac{1}{2}x-\sqrt{1+x}>1+\dfrac{1}{2}\cdot 0-\sqrt{1+0}=0,$$

易知 $1+\dfrac{1}{2}x>\sqrt{1+x}\ (x>0)$.

%程序文件 xt4_1.mlx
clc, clear, syms x positive
flag=isAlways(1+x/2>sqrt(1+x))

**4.2** 求函数 $y=\dfrac{3x^2+4x+4}{x^2+x+1}$ 的极值。

**解** $y'=\dfrac{(6x+4)(x^2+x+1)-(2x+1)(3x^2+4x+4)}{(x^2+x+1)^2}=\dfrac{-x(x+2)}{(x^2+x+1)^2}.$

令 $y'=0$ 得驻点 $x_1=-2, x_2=0.$

当 $-\infty<x<-2$ 时，$y'<0$，因此函数在 $(-\infty,-2]$ 上单调减少；当 $-2<x<0$ 时，$y'>0$，因此函数在 $[-2,0]$ 上单调增加；当 $0<x<+\infty$ 时，$y'<0$，因此函数在 $[0,+\infty)$ 上单调减少。从而可知 $y(-2)=\dfrac{8}{3}$ 为极小值，$y(0)=4$ 为极大值。

%程序文件 xt4_2.mlx
clc, clear, syms x
y(x)=(3*x^2+4*x+4)/(x^2+x+1)
dy=diff(y), dy=simplify(dy)
s=solve(dy)                    %求驻点
assume(-inf<x<s(1)), flag1=isAlways(dy>0)
assume(s(1)<x<s(2)), flag2=isAlways(dy>0)
assume(s(2)<x), flag3=isAlways(dy>0)
sy=y(s)                        %计算对应的函数值

**4.3** 从一块半径为 $R$ 的圆铁片上挖去一个扇形做成一个漏斗（图4.1）。问留下的

扇形的中心角 $\varphi$ 取多大时,做成的漏斗的容积最大?

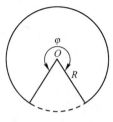

图 4.1 圆铁片图

**解** 如图 4.1 所示,设漏斗的高为 $h$,顶面的圆半径为 $r$,则漏斗的容积为 $V = \frac{1}{3}\pi r^2 h$,又

$$2\pi r = R\varphi, \quad h = \sqrt{R^2 - r^2}.$$

故

$$V = \frac{R^3}{24\pi^2}\sqrt{4\pi^2\varphi^4 - \varphi^6}, \quad 0 < \varphi < 2\pi,$$

$$V' = \frac{R^3}{24\pi^2} \cdot \frac{16\pi^2\varphi^3 - 6\varphi^5}{2\sqrt{4\pi^2\varphi^4 - \varphi^6}} = \frac{R^3}{24\pi^2} \cdot \frac{8\pi^2\varphi - 3\varphi^3}{\sqrt{4\pi^2 - \varphi^2}}.$$

令 $V' = 0$ 得 $\varphi = \frac{2\sqrt{6}}{3}\pi$。计算得 $V'' = \frac{R^3(16\pi^4 - 18\pi^2\varphi^2 + 3\varphi^4)}{12\pi^2(4\pi^2 - \varphi^2)^{3/2}}$,$V''\left(\frac{2\sqrt{6}}{3}\pi\right) = -\frac{\sqrt{3}R^3}{3\pi} < 0$,因此 $\varphi = \frac{2\sqrt{6}}{3}\pi$ 为极大值点,又驻点唯一,从而 $\varphi = \frac{2\sqrt{6}}{3}\pi$ 也是最大值点,即当 $\varphi$ 取 $\frac{2\sqrt{6}}{3}\pi$ 时,做成的漏斗的容积最大,最大容积为 $V = \frac{2\pi\sqrt{3}R^3}{27}$。

```
%程序文件 xt4_3.mlx
clc, clear, syms R t positive
assume(t<2*pi)                    %设置角度的取值范围
r=R*t/2/pi, h=sqrt(R^2-r^2)
V(t)=1/3*pi*r^2*h, V=simplify(V)
dV=diff(V), dV=simplify(dV)
st=solve(dV)                      %求驻点
d2V=diff(V,2), d2V=simplify(d2V)
d2=d2V(st(3)), d2=simplify(d2)    %计算驻点处二阶导数值
V0=V(st(3)), V0=simplify(V0)      %计算漏斗的最大体积
```

**4.4** 求函数 $f(x) = \sin(x^5) + \cos(x^2) + x^2\sin x$ 在区间 $[-1.8, 1.8]$ 上的最小值和最大值。

**解** 画出的函数 $f(x)$ 的图形如图 4.2 所示。在区间 $[-1.8, 1.8]$ 上有多个极小点和极大点。调用 MATLAB 函数 fminbnd 无法求得最小值和最大值。

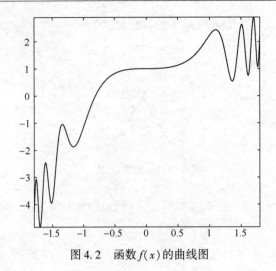

图 4.2 函数 $f(x)$ 的曲线图

我们使用 MATLAB 的 ginput 函数在函数曲线上选取 4 个点,用于确定最小点和最大点的较为准确的取值范围,再调用 fminbnd 函数求得的最小点为 $x_1 = -1.7007$,对应的最小值为 $y_1 = -4.8330$;求得的最大点为 $x_2 = 1.6998$,对应的最大值为 $y_2 = 2.8956$。

```
%程序文件 xt4_4.m
clc,clear
fx=@(x)sin(x.^5)+cos(x.^2)+x.^2.*sin(x)
fplot(fx,[-1.8,1.8])
[x1,y1]=fminbnd(fx,-1.8,1.8)              %求极小点
[x2,y2]=fminbnd(@(x)-fx(x),-1.8,1.8)      %求极大点
fprintf("请点击曲线上的两点,确定最小点范围!\n")
fprintf("再点击曲线上的两点,确定最大点范围!\n")
[x,y]=ginput(4)
[s1,f1]=fminbnd(fx,x(1),x(2))             %再求极小点
[s2,f2]=fminbnd(@(x)-fx(x),x(3),x(4))     %再求极大点
```

**4.5** 用二分法求 $f(x)=x^{600}-12.41x^{180}+11.41$ 在区间 $(1.0001,1.01)$ 内的一个零点。

**解** 求得的零点为 1.0049。计算的 MATLAB 程序如下:

```
%程序文件 xt4_5.m
clc,clear
y=@(x)x.^600-12.41*x.^180+11.41;   %定义匿名函数
a=1.0001;b=1.01;
ya=y(a);yb=y(b);n=0;               %迭代次数的初始值
while abs(b-a)>=0.000001
    x=(a+b)/2;yx=y(x);
    if yx==0
        break
    elseif ya*yx<0
```

```
            b=x; yb=yx;
        else
            a=x; ya=yx;
        end
        n=n+1;
end
x, yx, n                          %显示根的近似值,对应函数值及迭代次数
x2=fzero(y,[1.0001,1.1])          %直接用工具箱命令求解
```

**4.6** 用牛顿法求 $f(x)=x^3+x^2+x-1$ 在 $0.5$ 附近的零点,要求误差不超过 $10^{-6}$。

**解** 求得的零点为 $0.5437$。计算的 MATLAB 程序如下:

```
%程序文件 xt4_6.m
clc, clear
y=@(x)x.^3+x.^2+x-1;              %定义匿名函数
dy=@(x)3*x.^2+2*x+1;              %定义导数的匿名函数
x0=0.5; x1=x0-y(x0)/dy(x0); n=1;  %第一次迭代
while abs(x1-x0)>=1e-6
    x0=x1; x1=x0-y(x0)/dy(x0); n=n+1;
end
x1, n                             %显示根的近似值及迭代次数
x2=fzero(y,0.5)                   %直接用工具箱命令求解
```

**4.7** 用一般迭代法求 $f(x)=x^3-\cos x-10x+1=0$ 的一个根,误差 $\varepsilon=10^{-6}$。并求 $f(x)=0$ 在区间 $[-5,5]$ 上的所有实根。

**解** $f(x)$ 的图形如图 4.3 所示,从图中可以看出 $f(x)=0$ 有三个实根。

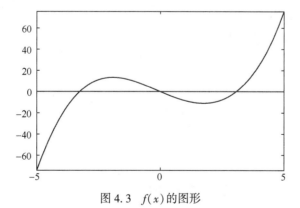

图 4.3 $f(x)$ 的图形

将原方程化成等价方程 $x=\sqrt[3]{\cos x+10x-1}$。取迭代序列

$$x_{n+1}=\sqrt[3]{\cos x_n+10x_n-1},$$

其中初值取 $x_0=3.5$,求得的根是 $3.0573$。

原方程也可以化成等价方程 $x=\dfrac{\cos x+10x-1}{x^2}$。取迭代序列

$$x_{n+1}=\frac{\cos x_n+10x_n-1}{x_n^2},$$

其中初值取 $x_0=0.1$,求得的根也是 3.0573。

最后求得 $f(x)=0$ 在区间 $[-5,5]$ 上的三个实根分别为 $-3.2576$、$0$、$3.0573$。

```
%程序文件 xt4_7.m
clc, clear
f=@(x)x.^3-cos(x)-10*x+1;          %定义匿名函数
fplot(f,[-5,5]), hold on, plot([-5,5],[0,0])
x1=iterate1(3.5)                   %取初值3.5进行迭代
x2=iterate2(0.1)                   %取初值0.1进行迭代

s1=fzero(f,[-4,-2])                %求[-4,-2]上的根
s2=fzero(f,[-1,1])                 %求[-1,1]上的根
s3=fzero(f,[1,4])                  %求[1,4]上的根


function x1=iterate1(x0);
g=@(x)(cos(x)+10*x-1).^(1/3);
x1=g(x0);
while abs(x0-x1)>=1e-6
    x0=x1; x1=g(x0);
end
end


function x1=iterate2(x0);
g=@(x)(cos(x)+10*x-1)./x.^2;
x1=g(x0);
while abs(x0-x1)>=1e-6
    x0=x1; x1=g(x0);
end
end
```

# 第 5 章　函数的积分习题解答

**5.1**　求下列不定积分

(1) $\int \dfrac{x^3}{(1+x^8)^2}\mathrm{d}x$;　　　(2) $\int \ln^2(x+\sqrt{1+x^2})\mathrm{d}x$;　　　(3) $\int \dfrac{\cot x}{1+\sin x}\mathrm{d}x$.

**解**　利用 MATLAB 软件，求得

(1) $\int \dfrac{x^3}{(1+x^8)^2}\mathrm{d}x = \dfrac{1}{8}\arctan x^4 + \dfrac{x^4}{8(1+x^8)} + C$;

(2) $\int \ln^2(x+\sqrt{1+x^2})\mathrm{d}x = 2x + x\ln^2(x+\sqrt{1+x^2}) - 2\sqrt{1+x^2}\ln(x+\sqrt{1+x^2}) + C$;

(3) $\int \dfrac{\cot x}{1+\sin x}\mathrm{d}x = \ln\left(\tan\dfrac{x}{2}\right) - 2\ln\left(1+\tan\dfrac{x}{2}\right) + C$.

```
%程序文件 xt5_1.mlx
clc, clear, syms x
I1=int(x^3/(1+x^8)^2)
I2=int(log(x+sqrt(1+x^2))^2)
I3=int(cot(x)/(1+sin(x)))
```

**5.2**　求下列定积分

(1) $\int_{-1}^{0} \dfrac{3x^4+3x^2+1}{x^2+1}\mathrm{d}x$;　　　(2) $\int_{0}^{\sqrt{3}a} \dfrac{\mathrm{d}x}{a^2+x^2}$;

(3) $\int_{0}^{2} f(x)\mathrm{d}x$，其中 $f(x)=\begin{cases} x+1, & x\leq 1, \\ \dfrac{1}{2}x^2, & x>1. \end{cases}$

**解**　利用 MATLAB 软件，求得

(1) $\int_{-1}^{0} \dfrac{3x^4+3x^2+1}{x^2+1}\mathrm{d}x = 1+\dfrac{\pi}{4}$;　　　(2) $\int_{0}^{\sqrt{3}a} \dfrac{\mathrm{d}x}{a^2+x^2} = \dfrac{\pi}{3a}$;　　　(3) $\int_{0}^{2} f(x)\mathrm{d}x = \dfrac{8}{3}$.

```
%程序文件 xt5_2.mlx
clc, clear, syms x a
I1=int((3*x^4+3*x^2+1)/(x^2+1),-1,0)
I2=int(1/(a^2+x^2),0,sqrt(3)*a)
f(x)=piecewise(x<=1,x+1,x^2/2)
I3=int(f,0,2)
```

**5.3**　设

$$f(x)=\begin{cases} \dfrac{1}{2}\sin x, & 0\leq x\leq \pi, \\ 0, & x<0 \text{ 或 } x>\pi. \end{cases}$$

求 $\Phi(x) = \int_0^x f(t)\mathrm{d}t$ 在 $(-\infty, +\infty)$ 内的表达式。

**解** 利用 MATLAB 软件，求得

$$\Phi(x) = \begin{cases} 0, & x<0, \\ (1-\cos x)/2, & 0 \leqslant x \leqslant \pi, \\ 1, & x > \pi. \end{cases}$$

%程序文件 xt5_3.mlx
clc, clear, syms x t
f(t) = piecewise(0<=t<=pi,sin(t)/2,0)
g(x) = int(f,t,0,x)

**5.4** 设 $F(x) = \int_0^x \dfrac{\sin t}{t}\mathrm{d}t$，求 $F'(0)$。

**解** $F'(0) = \lim\limits_{x \to 0} \dfrac{F(x) - F(0)}{x} = \lim\limits_{x \to 0} \dfrac{\int_0^x \frac{\sin t}{t}\mathrm{d}t}{x} = \lim\limits_{x \to 0} \dfrac{\frac{\sin x}{x}}{1} = 1.$

%程序文件 xt5_4.mlx
clc, clear, syms x t
F(x) = int(sin(t)/t,0,x)
s = limit((F(x)-F(0))/x)

**5.5** 计算下列定积分：

(1) $\int_0^1 (1-x^2)^{\frac{m}{2}}\mathrm{d}x, m \in \mathbf{N}_+$；  (2) $J_m = \int_0^\pi x\sin^m x\mathrm{d}x, m \in \mathbf{N}_+$.

**解** 利用 MATLAB 软件，求得

(1) $\int_0^1 (1-x^2)^{\frac{m}{2}}\mathrm{d}x = \dfrac{B\left(\dfrac{1}{2}, 1+\dfrac{m}{2}\right)}{2}$；  (2) $J_m = \int_0^\pi x\sin^m x\mathrm{d}x = \dfrac{\pi^2 \Gamma(1+m)}{2^{1+m}\Gamma^2\left(1+\dfrac{m}{2}\right)}.$

%程序文件 xt5_5.mlx
clc, clear, syms x m
assume(m,{'positive','integer'})
I1 = int((1-x^2)^(m/2),0,1)
I2 = int(x*sin(x)^m,0,pi)

**5.6** 计算下列反常积分的值：

(1) $\int_0^{+\infty} e^{-pt}\sin\omega t\mathrm{d}t, p>0, \omega>0$；  (2) $\int_0^{+\infty} \dfrac{\mathrm{d}x}{(1+x)(1+x^2)}.$

**解** 利用 MATLAB 软件求得

(1) $\int_0^{+\infty} e^{-pt}\sin\omega t\mathrm{d}t = \dfrac{\omega}{p^2+\omega^2}$；  (2) $\int_0^{+\infty} \dfrac{\mathrm{d}x}{(1+x)(1+x^2)} = \dfrac{\pi}{4}.$

%程序文件 xt5_6.mlx
clc, clear, syms t p w

assume(p>0), assume(w>0)
I1 = int(exp(-p*t)*sin(w*t),t,0,inf)
I2 = int(1/((1+t)*(1+t^2)),0,inf)

**5.7** 计算积分

$$\int_0^{+\infty} x^{2n+1} \mathrm{e}^{-x^2} \mathrm{d}x, n \in \mathbf{N}.$$

**解** 利用 MATLAB 软件求得

$$\int_0^{+\infty} x^{2n+1} \mathrm{e}^{-x^2} \mathrm{d}x = \frac{\Gamma(n+1)}{2}.$$

%程序文件 xt5_7.mlx
clc, clear, syms x n
I = int(x^(2*n+1)*exp(-x^2),0,inf)

# 第6章 定积分的应用习题解答

**6.1** 求 $y=\dfrac{1}{2}x^2$ 与 $x^2+y^2=8$ 所围图形的面积（两部分都要计算）。

**解** 如图6.1所示，先计算图形 $D_1$（阴影部分）的面积，容易求得 $y=\dfrac{1}{2}x^2$ 与 $x^2+y^2=8$ 的交点为 $(-2,2)$ 和 $(2,2)$。取 $x$ 为积分变量，则 $x$ 的变化范围为 $[-2,2]$，相应于 $[-2,2]$ 上的任一小区间 $[x,x+dx]$ 的窄条面积近似于高为 $\sqrt{8-x^2}-\dfrac{1}{2}x^2$、底为 $dx$ 的窄矩形的面积，因此图形 $D_1$ 的面积为

$$A_1 = \int_{-2}^{2}\left(\sqrt{8-x^2}-\dfrac{1}{2}x^2\right)dx = 2\pi + \dfrac{4}{3}.$$

图形 $D_2$ 的面积为

$$A_2 = \pi\left(2\sqrt{2}\right)^2 - \left(2\pi+\dfrac{4}{3}\right) = 6\pi - \dfrac{4}{3}.$$

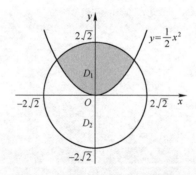

图6.1 抛物线与圆所围成的图形

```
%程序文件 xt6_1.mlx
clc, clear, syms x y
[sx,sy]=solve(y==x^2/2,x^2+y^2==8)
A1=int(sqrt(8-x^2)-x^2/2,sx(1),sx(2))
A2=pi*(2*sqrt(2))^2-A1
```

**6.2** 求由抛物线 $y^2=4ax$ 与过焦点的弦所围成的图形面积的最小值。

**解** 抛物线的焦点为 $(a,0)$，设过焦点的直线为 $y=k(x-a)$，则该直线与抛物线的交点的纵坐标为 $y_1=\dfrac{2a-2a\sqrt{1+k^2}}{k}$，$y_2=\dfrac{2a+2a\sqrt{1+k^2}}{k}$，面积为

$$A = \int_{y_1}^{y_2} \left( a + \frac{y}{k} - \frac{y^2}{4a} \right) dy = \frac{8a^2}{3} \left( 1 + \frac{1}{k^2} \right)^{3/2},$$

故面积是 $k^2$ 的单调减少函数，因此其最小值在 $k \to \infty$ 即弦为 $x = a$ 时取到，最小值为 $\frac{8}{3}a^2$。

```
%程序文件 xt6_2.mlx
clc, clear, syms x y a k
[sx,sy]=solve([y^2==4*a*x,y==k*(x-a)],[x,y])
A=int(a+y/k-y^2/4/a,sy(2),sy(1))
```

**6.3** 求圆盘 $x^2+y^2 \leq a^2$ 绕 $x=-b(b>a>0)$ 旋转所成旋转体的体积。

**解** 记由曲线 $x=\sqrt{a^2-y^2}$，$x=-b$，$y=-a$，$y=a$ 围成的图形绕 $x=-b$ 旋转所得旋转体的体积为 $V_1$，由曲线 $x=-\sqrt{a^2-y^2}$，$x=-b$，$y=-a$，$y=a$ 围成的图形绕 $x=-b$ 旋转所得旋转体的体积为 $V_2$，则所求体积为

$$\begin{aligned} V &= V_1 - V_2 \\ &= \int_{-a}^{a} \pi (\sqrt{a^2-y^2}+b)^2 dy - \int_{-a}^{a} \pi (-\sqrt{a^2-y^2}+b)^2 dy \\ &= \int_{-a}^{a} 4\pi b \sqrt{a^2-y^2} \, dy = 2\pi^2 a^2 b. \end{aligned}$$

```
%程序文件 xt6_3.mlx
clc, clear, syms y a b
assume(a>0)
V=int(4*pi*b*sqrt(a^2-y^2),-a,a)
```

**6.4** 计算半立方抛物线 $y^2 = \frac{2}{3}(x-1)^3$ 被抛物线 $y^2 = \frac{x}{3}$ 截得的一段弧的长度。

**解** 联立两个方程 $\begin{cases} y^2 = \frac{2}{3}(x-1)^3, \\ y^2 = \frac{x}{3}, \end{cases}$ 得到两条曲线的交点为 $\left(2, \frac{\sqrt{6}}{3}\right)$ 和 $\left(2, -\frac{\sqrt{6}}{3}\right)$，由于曲线关于 $x$ 轴对称，因此所求弧段长为第一象限部分的 2 倍，第一象限部分弧段为 $y = \sqrt{\frac{2}{3}(x-1)^3}$ $(1 \leq x \leq 2)$，$y' = \sqrt{\frac{3}{2}(x-1)}$，故所求弧的长度为

$$s = 2\int_1^2 \sqrt{1 + \frac{3}{2}(x-1)} \, dx = \frac{10\sqrt{10}}{9} - \frac{8}{9}.$$

```
%程序文件 xt6_4.mlx
clc, clear, syms x y
fimplicit(y^2-2*(x-1)^3/3,[1,3,-2,2]), hold on
fimplicit(y^2==x/3,[0,3,-2,2])    %画抛物线的隐函数图形
[sx,sy]=solve(y^2==2*(x-1)^3/3,y^2==x/3)
Y=sqrt(2/3*(x-1)^3), dy=diff(Y)
```

s = 2 * int(sqrt(1+dy^2),1,2)

**6.5** (1)证明：把质量为 $m$ 的物体从地球表面升高到 $h$ 处所作的功是

$$W = \frac{mgRh}{R+h},$$

其中 $g$ 是重力加速度，$R$ 是地球的半径。

(2)一颗人造地球卫星的质量为 173kg，在高于地面 630km 处进入轨道。问把这颗卫星从地面送到 630km 的高空处，克服地球引力要作多少功？已知 $g=9.8\text{m/s}^2$，地球半径 $R=6370\text{km}$。

**证明** 记地球的质量为 $M$，质量为 $m$ 的物体与地球中心相距 $x$ 时，引力为 $F=G\frac{mM}{x^2}$，根据条件 $mg=G\frac{mM}{R^2}$，因此有 $G=\frac{R^2 g}{M}$，从而作的功为

$$W = \int_R^{R+h} \frac{mgR^2}{x^2} dx = \frac{mgRh}{R+h}.$$

(2)作的功为 $W=\frac{mgRh}{R+h}=9.7197\times 10^5 (\text{kJ})$。

```
%程序文件 xt6_5.mlx
clc, clear, syms G m M x g R h
assume(R>0), assume(h>0)
F1(x,G) = G*m*M/x^2;  sG = solve(m*g==G*m*M/R^2,G)
F2(x) = F1(x,sG);  W1 = int(F2,R,R+h)
W2 = subs(W1,{R,h,g,m},{6370,630,9.8,173})    %代入具体值
W3 = vpa(W2)                                  %转换为浮点型的符号数
```

**6.6** 设星形线 $x=a\cos^3 t$，$y=a\sin^3 t$ 上每一点处的线密度的大小等于该点到原点距离的立方，在原点 $O$ 处有一单位质点，求星形线的第一象限的弧段对这质点的引力。

**解** 取参数 $t$ 为积分变量，变化范围为 $\left[0,\frac{\pi}{2}\right]$，对应区间 $[t,t+dt]$ 的弧长为

$$ds = \sqrt{x'^2(t)+y'^2(t)}\, dt.$$

记 $r=\sqrt{x^2+y^2}$，则该小弧段质量为 $r^3 ds$，该小弧段对质点的引力大小为 $G\frac{r^3}{r^2}ds = Grds$，因此该小弧段对这质点引力的水平方向分量 $\frac{x}{r}Grds = Gxds$，第一象限的弧段对这质点引力的水平方向分量

$$F_x = \int_0^{\frac{\pi}{2}} Gx\sqrt{x'^2(t)+y'^2(t)}\, dt = \frac{3}{5}Ga^2.$$

类似地求得第一象限的弧段对这质点引力的铅直方向分量为

$$F_y = \int_0^{\frac{\pi}{2}} Gy\sqrt{x'^2(t)+y'^2(t)}\, dt = \frac{3}{5}Ga^2.$$

因此所求引力 $\boldsymbol{F}=\left[\frac{3}{5}Ga^2,\frac{3}{5}Ga^2\right]$，即大小为 $\frac{3\sqrt{2}}{5}Ga^2$，方向角为 $\frac{\pi}{4}$。

```
%程序文件 xt6_6.mlx
clc, clear, syms a t G, assume(a>0)
x=a*cos(t)^3; y=a*sin(t)^3;
ds=sqrt(diff(x)^2+diff(y)^2)      %弧微分
r=sqrt(x^2+y^2)                   %到原点的距离
m=r^3*ds, F=G*m/r^2               %质量及受力
dFx=F*x/r                         %水平方向受力
Fx=int(dFx,0,pi/2)                %水平方向合力
dFy=F*y/r                         %垂直方向受力
Fy=int(dFy,0,pi/2)                %垂直方向合力
```

**6.7** 已知生产某产品的固定成本为 10 万元，边际成本 $y'(x)=x^2-5x+40$（单位：万元/吨），边际收益为 $z'(x)=50-2x$（单位：万元/吨）。求：
（1）总成本函数；（2）总收益函数；（3）总利润函数及总利润达到最大时的产量。

**解** （1）总成本函数

$$y(x)=y(0)+\int_0^x y'(t)\,\mathrm{d}t = 10+\int_0^x (t^2-5t+40)\,\mathrm{d}t = \frac{1}{3}x^3-\frac{5}{2}x^2+40x+10.$$

（2）总收益函数

$$z(x)=\int_0^x z'(t)\,\mathrm{d}t = \int_0^x (50-2t)\,\mathrm{d}t = 50x-x^2.$$

（3）总利润函数

$$L(x)=z(x)-y(x)=-\frac{x^3}{3}+\frac{3}{2}x^2+10x-10.$$

令 $\dfrac{\mathrm{d}L}{\mathrm{d}x}=-x^2+3x+10=0$，得驻点 $x=5$ 或 $x=-2$（舍去）。$L''(5)<0$，因此，当 $x=5$ 时，利润 $L(5)=\dfrac{215}{6}$ 最大。

```
%程序文件 xt6_7.mlx
clc, clear, syms x
dy=x^2-5*x+40, dz=50-2*x
y=10+int(dy,0,x)              %计算总成本
y=expand(y)
z=int(dz,0,x)                 %计算总收益
L(x)=simplify(z-y)            %计算总利润函数
dL(x)=dz-dy                   %求利润函数的一阶导数
xx=solve(dL)                  %求驻点
dL2=diff(dL)                  %求利润函数的二阶导数
check=dL2(xx)
ym=L(xx(2))                   %求最大利润
```

**6.8** 某企业投资 100 万元建一条生产线，并于一年后建成投产，开始获得经济效

益。设流水线的收入是均衡货币流,年收入为 30 万元,已知银行年利率为 10%,问该企业多少年后可收回投资?

**解** 设该企业 $T$ 年后可收回投资,投资总收益的现值为

$$F = \int_1^T 30\mathrm{e}^{-0.1t}\mathrm{d}t = 300(\mathrm{e}^{-0.1} - \mathrm{e}^{-0.1T}).$$

解方程

$$300(\mathrm{e}^{-0.1} - \mathrm{e}^{-0.1T}) = 100,$$

得 $T = -10\ln\left(\mathrm{e}^{-0.1} - \dfrac{1}{3}\right) = 5.5948$(年)。

%程序文件 xt6_8.mlx
clc, clear, syms t T
F=int(30*exp(-0.1*t),t,1,T)
T=solve(F-100), T=double(T)

# 第7章 常微分方程习题解答

**7.1** 一曲线通过点$(3,4)$，它在两坐标轴间的任一切线线段均被切点所平分，求该曲线方程。

**解** 设曲线方程为$y=y(x)$，切点为$(x,y)$。依条件，切线在$x$轴与$y$轴上的截距分别为$2x$与$2y$，于是切线的斜率

$$y'=\frac{2y-0}{0-2x}=-\frac{y}{x}.$$

因而得到$y(x)$的微分方程为

$$\begin{cases} y'=-\dfrac{y}{x}, \\ y(3)=4. \end{cases}$$

解之，得$y=12/x$。

```
%程序文件 xt7_1.mlx
clc,clear,syms y(x)
y=dsolve(diff(y)==-y/x,y(3)==4)
```

**7.2** 小船从河边点$O$处出发驶向对岸（两岸为平行直线）。设船速为$a$，船行方向始终与河岸垂直，又设河宽为$h$，河中任一点处的水流速度与该点到两岸距离的乘积成正比（比例系数为$k$）。求小船的航行路线。

**解** 设小船的航行路线为

$$C: \begin{cases} x=x(t), \\ y=y(t), \end{cases}$$

则在时刻$t$，小船的实际航行速度为$v(t)=[x'(t),y'(t)]$，其中$x'(t)=ky(h-y)$为水的流速，$y'(t)=a$为小船的主动速度。

由于小船航行路线的切线方向就是小船的实际速度方向（图7.1），故有

$$\frac{\mathrm{d}y}{\mathrm{d}x}=\frac{y'(t)}{x'(t)}=\frac{a}{ky(h-y)}.$$

即

$$\frac{\mathrm{d}x}{\mathrm{d}y}=\frac{ky(h-y)}{a}.$$

由于小船始发点$(0,0)$，有初值条件$x(0)=0$，求得小船航行的路线方程为

$$x=\frac{k}{6a}y^2(3h-2y).$$

```
%程序文件 xt7_2.mlx
clc,clear,syms x(y) a k h
```

x=dsolve(diff(x)==k/a*y*(h-y),x(0)==0)

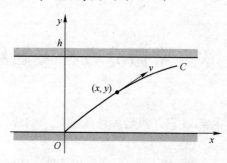

图 7.1 小船航行路线示意图

**7.3** 一个单位质量的质点在数轴上运动，开始时质点在原点 $O$ 处且速度为 $v_0$，在运动过程中，它受到一个力的作用，这个力的大小与质点到原点的距离成正比（比例系数 $k_1>0$）而方向与初速一致。又介质的阻力与速度成正比（比例系数 $k_2>0$）。求反映这质点的运动规律的函数。

**解** 设质点的位置函数为 $x=x(t)$。由题意得

$$x''=k_1 x - k_2 x',$$

即 $x''+k_2 x'-k_1 x=0$，且 $x(0)=0$，$x'(0)=v_0$。解之，得

$$x=\frac{v_0}{\sqrt{k_2^2+4k_1}}\left(e^{\frac{-k_2+\sqrt{k_2^2+4k_1}}{2}t}-e^{\frac{-k_2-\sqrt{k_2^2+4k_1}}{2}t}\right).$$

%程序文件 xt7_3.mlx
clc, clear, syms x(t) k1 k2 v0
dx=diff(x)
x=dsolve(diff(x,2)==k1*x-k2*dx,x(0)==0,dx(0)==v0)

**7.4** 大炮以仰角 $\alpha$，初速 $v_0$ 发射炮弹，若不计空气阻力，求弹道曲线。

**解** 取炮口为原点，炮弹前进的水平方向为 $x$ 轴，铅直向上为 $y$ 轴，设在时刻 $t$，炮弹位于 $(x(t),y(t))$。按题意，有

$$\begin{cases}\dfrac{d^2 y}{dt^2}=-g,\\ \dfrac{d^2 x}{dt^2}=0,\end{cases}$$

且满足初值条件

$$\begin{cases}y(0)=0, & y'(0)=v_0\sin\alpha,\\ x(0)=0, & x'(0)=v_0\cos\alpha.\end{cases}$$

解之，得弹道曲线为

$$\begin{cases}x=v_0 t\cos\alpha,\\ y=v_0 t\sin\alpha-\dfrac{1}{2}gt^2.\end{cases}$$

%程序文件 xt7_4.mlx

```
clc, clear, syms x(t) y(t) a v0 g
dx=diff(x), dy=diff(y)
[x,y]=dsolve(diff(y,2)==-g,diff(x,2)==0,...
    y(0)==0,dy(0)==v0*sin(a),x(0)==0,dx(0)==v0*cos(a))
```

**7.5** 一链条悬挂在一钉子上，启动时一端离开钉子 8m，另一端离开钉子 12m，分别在以下两种情况下求链条滑下来所需要的时间：

(1) 不计钉子对链条所产生的摩擦力；

(2) 摩擦力为 1m 长的链条的重量。

**解** 设链条的线密度为 $\rho$（kg/m），则链条的质量为 $20\rho$（kg）。又设在时刻 $t$，链条的一端离钉子 $x=x(t)$，则另一端离钉子 $20-x$（图 7.2），当 $t=0$ 时，$x=12$。

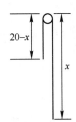

图 7.2　链条悬挂在钉子上示意图

(1) 不计摩擦力时，运动过程中的链条所受力的大小为 $[x-(20-x)]\rho g$，按牛顿定律，有

$$20\rho x''=[x-(20-x)]\rho g,$$

即

$$x''-\frac{g}{10}x=-g.$$

且有初值条件

$$x(0)=12, \quad x'(0)=0.$$

解之，得微分方程的特解为

$$x=e^{\frac{\sqrt{10g}}{10}t}+e^{-\frac{\sqrt{10g}}{10}t}+10.$$

令

$$e^{\frac{\sqrt{10g}}{10}t}+e^{-\frac{\sqrt{10g}}{10}t}+10=20,$$

得

$$t=\sqrt{\frac{10}{g}}\ln(5+2\sqrt{6})=2.3157(s).$$

(2) 摩擦力为 1m 长链条的重量即 $\rho g$ 时，运动过程中的链条所受力的大小为

$$[x-(20-x)]\rho g-\rho g,$$

按牛顿定律，有

$$20\rho x''=[x-(20-x)]\rho g-\rho g,$$

即

$$x'' - \frac{g}{10}x = -\frac{21}{20}g.$$

且有初值条件
$$x(0) = 12, \quad x'(0) = 0.$$

解之，得微分方程的特解为
$$x = \frac{3}{4}\left(e^{\frac{\sqrt{10g}}{10}t} + e^{-\frac{\sqrt{10g}}{10}t}\right) + \frac{21}{2}.$$

令
$$\frac{3}{4}\left(e^{\frac{\sqrt{10g}}{10}t} + e^{-\frac{\sqrt{10g}}{10}t}\right) + \frac{21}{2} = 20,$$

得
$$t = \sqrt{\frac{10}{g}}\ln\left(\frac{19}{3} + \frac{4}{3}\sqrt{22}\right) = 2.5584(\text{s}).$$

```
%程序文件 xt7_5.mlx
clc, clear, syms x(t) g
dx = diff(x)          %求 x(t) 的一阶导数
s1 = dsolve(20*diff(x,2) == (2*x-20)*g, x(0) == 12, dx(0) == 0)
t11 = solve(s1-20), t12 = double(subs(t11,g,9.8))
s2 = dsolve(20*diff(x,2) == (2*x-21)*g, x(0) == 12, dx(0) == 0)
t21 = solve(s2-20), t22 = double(subs(t21,g,9.8))
```

**7.6** 已知某车间的长宽高为 30m×30m×6m，其中的空气含 0.12% 的 $CO_2$。现以含 $CO_2$ 0.04% 的新鲜空气输入，问每分钟应输入多少，才能在 30min 后使车间空气中 $CO_2$ 的含量不超过 0.06%？（假定输入的新鲜空气与原有空气很快混合均匀后，以相同的流量排出。）

**解** 设每分钟输入 $v$（$m^3$）的空气。又设在时刻 $t$ 车间中 $CO_2$ 的浓度为 $x = x(t)$（%），则在时间间隔 $[t, t+dt]$ 内，车间内 $CO_2$ 的含量的改变量为
$$30 \times 30 \times 6 dx = 0.04 \times 10^{-2} v dt - vx dt,$$
即
$$x'(t) = \frac{v(0.0004-x)}{5400},$$

且有初值条件 $x(0) = 0.0012$。解之，得
$$x = 0.0004 + 0.0008 e^{-\frac{v}{5400}t}.$$

依题意，当 $t = 30$ 时，$x \leq 0.0006$，将 $t = 30$，$x = 0.0006$ 代入上式，解得
$$v = 360\ln 2 \approx 250(\text{m}^3).$$

故每分钟至少输入新鲜空气 $250\text{m}^3$。

```
%程序文件 xt7_6.mlx
clc, clear, syms x(t) v
x(t) = dsolve(diff(x) == v*(0.0004-x)/5400, x(0) == 0.0012)
v = solve(x(30)-0.0006), vpa(v,8)
```

**7.7** (1) 一架重 5000kg 的飞机以 800km/h 的航速开始着陆，在减速伞的作用下滑行 500 米后减速为 100km/h。设减速伞的阻力与飞机的速度成正比，并忽略飞机所受的其他外力，试计算减速伞的阻力系数。

(2) 将同样的减速伞配备在 8000kg 的飞机上，现已知机场跑道长度为 1200m，若飞机着陆速度为 600km/h，问跑道长度能否保障飞机安全着陆。

**解** 设飞机的质量为 $m$ kg，飞机接触跑道开始计时，在 $t$ 时刻飞机的滑行距离为 $x(t)$ m，速度为 $v(t)$ km/h。

(1) 减速伞的阻力系数模型。建立速度函数 $v$ 和距离函数 $x$ 的数学模型，由牛顿第二定律，得

$$m\frac{dv}{dt}=-kv,$$

由于

$$\frac{dv}{dt}=\frac{dv}{dx}\cdot\frac{dx}{dt}=v\frac{dv}{dx},$$

因此得到如下的初值问题

$$\begin{cases}\dfrac{dv}{dx}=-\dfrac{k}{m},\\ v(0)=800\times1000/3600,\end{cases}$$

解之，得

$$v(x)=\frac{2000}{9}-\frac{kx}{5000},$$

再由 $x=500$ 米时，$v=100$ km/h，代入上式，解方程得 $k=\dfrac{17500}{9}$ kg/s。

(2) 飞行滑行距离模型。由牛顿第二定律，得

$$m\frac{d^2x}{dt^2}=-k\frac{dx}{dt},$$

因而，得到如下的二阶常微分方程的初值问题：

$$\begin{cases}\dfrac{d^2x}{dt^2}+\dfrac{k}{m}\dfrac{dx}{dt}=0,\\ x\big|_{t=0}=0,\\ \dfrac{dx}{dt}\bigg|_{t=0}=600\times1000/3600.\end{cases}$$

代入 $k=\dfrac{17500}{9}$ kg/s，$m=8000$ kg，解之，得

$$x=\frac{4800}{7}\left(1-e^{-\frac{35}{144}t}\right)\text{(m)}.$$

所以 $s=\lim\limits_{t\to+\infty}x(t)=\dfrac{4800}{7}\approx 685.7143\text{m}<1200\text{m}$，因而跑道长度能保证飞机安全着陆。

%程序文件 xt7_7.mlx

```
clc, clear, syms v(x) k
m1 = 5000; m2 = 8000;
v(x) = dsolve(diff(v) = = -k/m1,v(0) = = 800*1000/3600)
k = solve(v(500) - 100*1000/3600)
syms x(t), dx = diff(x)
x = dsolve(diff(x,2)+k/m2*diff(x),x(0) = = 0,dx(0) = = 600*1000/3600)
xm = limit(x,inf), vpa(xm,7)
```

**7.8** 求方程

$$x^2y''-xy'+y=x\ln x, \quad y(1)=y'(1)=1$$

的解析解和数值解,并进行比较。

**解** 所求的解析解为 $y=x+\dfrac{x\ln^3 x}{6}$,解析解的图形如图 7.3(a)所示。

MATLAB 无法直接求解高阶常微分方程的数值解,必须先做变换,化成一阶常微分方程组,才能使用 MATLAB 求数值解。令 $y_1=y$,$y_2=y'$,则可以把原二阶微分方程化成一阶微分方程组

$$\begin{cases} y_1'=y_2, & y_1(1)=1, \\ y_2'=\dfrac{1}{x}y_2-\dfrac{1}{x^2}y_1+\dfrac{\ln x}{x}, & y_2(1)=1. \end{cases}$$

求得的数值解的图形如图 7.3(b)所示。

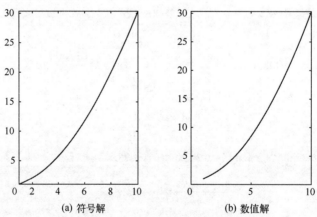

(a) 符号解  (b) 数值解

图 7.3 常微分方程解析解和数值解对比图

```
%程序文件 xt7_8.mlx
clc, clear,close all, syms y(x), dy = diff(y);
y1 = dsolve(x^2*diff(y,2)-x*dy+y = = x*log(x),y(1) = = 1,dy(1) = = 1)
dy = @(x,y)[y(2);y(2)/x-y(1)/x^2+log(x)/x];
[x,y2] = ode45(dy,[1,10],[1;1])
subplot(121), fplot(y1,[1,10])
subplot(122), plot(x,y2(:,1))
```

**7.9** 试求下列常微分方程组的解析解和数值解。

$$\begin{cases} x''(t) = -2x(t) - 3x'(t), & x(0) = 1, x'(0) = 2, \\ y''(t) = 2x(t) - 3y(t) - 4x'(t) - 4y'(t), & y(0) = 3, y'(0) = 4. \end{cases}$$

**解** 所求的解析解为

$$x(t) = 4\mathrm{e}^{-t} - 3\mathrm{e}^{-2t}, \quad y(t) = 30\mathrm{e}^{-2t} - \frac{29}{2}\mathrm{e}^{-t} - \frac{25}{2}\mathrm{e}^{-3t} + 12t\mathrm{e}^{-t}.$$

解析解的图形如图 7.4（a）所示。

求数值解时必须先做变换，化成一阶常微分方程组。令 $z_1 = x$，$z_2 = x'$，$z_3 = y$，$z_4 = y'$，则把原高阶常微分方程组化为一阶常微分方程组

$$\begin{cases} z_1' = z_2, & z_1(0) = 1, \\ z_2' = -2z_1 - 3z_2, & z_2(0) = 2, \\ z_3' = z_4, & z_3(0) = 3, \\ z_4' = 2z_1 - 3z_3 - 4z_2 - 4z_4, & z_4(0) = 4. \end{cases}$$

求得数值解的图形如图 7.4（b）所示。

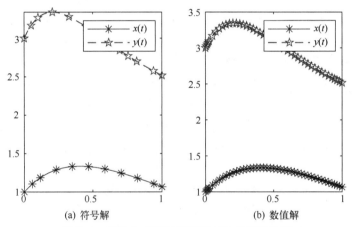

(a) 符号解  (b) 数值解

图 7.4 常微分方程组解析解与数值解对比图

```
%程序文件 xt7_9.mlx
clc, clear, close all, syms x(t) y(t)
dx = diff(x); dy = diff(y);
[x,y] = dsolve(diff(x,2) == -2*x-3*dx,...
    diff(y,2) == 2*x-3*y-4*dx-4*dy,...
    x(0) == 1, dx(0) == 2, y(0) == 3, dy(0) == 4)
subplot(121), fplot(x,[0,1],'*-')
hold on, fplot(y,[0,1],'--p')
legend(["$x(t)$","$y(t)$"],"Interpreter","latex")
dz = @(t,z)[z(2);-2*z(1)-3*z(2)
    z(4);2*z(1)-3*z(3)-4*z(2)-4*z(4)];
[t,z] = ode45(dz,[0,1],[1:4]')
subplot(122), plot(t,z(:,1),"*-",t,z(:,3),"--p")
legend(["$x(t)$","$y(t)$"],"Interpreter","latex")
```

# 第8章　向量代数与空间解析几何习题解答

**8.1** 求过$(1,1,-1)$，$(-2,-2,2)$和$(1,-1,2)$三点的平面方程。

**解** 设$(x,y,z)$为所求平面上的任一点，由

$$\begin{vmatrix} x-1 & y-1 & z+1 \\ -2-1 & -2-1 & 2+1 \\ 1-1 & -1-1 & 2+1 \end{vmatrix}=0,$$

得$x-3y-2z=0$，即为所求平面方程。

%程序文件 xt8_1.mlx
clc, clear, syms x y z, X=[x,y,z]
A=[1,1,-1]; B=[-2,-2,2]; C=[1,-1,2];
eq=det([X-A;B-A;C-A]), eq=factor(eq)

**注8.1** 设$M(x,y,z)$为平面上任一点，$M_i(x_i,y_i,z_i)$ $(i=1,2,3)$为平面上已知点，由

$$\overrightarrow{M_1M}\cdot(\overrightarrow{M_1M_2}\times\overrightarrow{M_1M_3})=0,$$

即

$$\begin{vmatrix} x-x_1 & y-y_1 & z-z_1 \\ x_2-x_1 & y_2-y_1 & z_2-z_1 \\ x_3-x_1 & y_3-y_1 & z_3-z_1 \end{vmatrix}=0,$$

它就表示过已知三点$M_i(i=1,2,3)$的平面方程。

**8.2** 求直线$\begin{cases}5x-3y+3z-9=0,\\3x-2y+z-1=0\end{cases}$与直线$\begin{cases}2x+2y-z+23=0,\\3x+8y+z-18=0\end{cases}$的夹角的余弦。

**解** 两已知直线的方向向量分别为

$$s_1=\begin{vmatrix} i & j & k \\ 5 & -3 & 3 \\ 3 & -2 & 1 \end{vmatrix}=[3,4,-1],\quad s_2=\begin{vmatrix} i & j & k \\ 2 & 2 & -1 \\ 3 & 8 & 1 \end{vmatrix}=[10,-5,10],$$

因此，两直线的夹角的余弦

$$\cos\theta=\frac{|s_1\cdot s_2|}{\|s_1\|\,\|s_2\|}=0.$$

%程序文件 xt8_2.m
clc, clear, a=[5,-3,3]; b=[3,-2,1];
c=[2,2,-1]; d=[3,8,1];
s1=sym(cross(a,b)), s2=sym(cross(c,d))   %转换为符号数
cost=abs(dot(s1,s2))/norm(s1)/norm(s2)

**8.3** 求过点$(3,1,-2)$且通过直线$\dfrac{x-4}{5}=\dfrac{y+3}{2}=\dfrac{z}{1}$的平面方程。

**解** 利用平面束方程，过直线$\dfrac{x-4}{5}=\dfrac{y+3}{2}=\dfrac{z}{1}$的平面束方程为

$$\dfrac{x-4}{5}-\dfrac{y+3}{2}+t\left(\dfrac{y+3}{2}-z\right)=0,$$

将点$(3,1,-2)$代入上式得$t=\dfrac{11}{20}$。因此所求平面方程为

$$\dfrac{x-4}{5}-\dfrac{y+3}{2}+\dfrac{11}{20}\left(\dfrac{y+3}{2}-z\right)=0,$$

即$8x-9y-22z-59=0$。

```
%程序文件 xt8_3.mlx
clc, clear, syms x y z t
f(x,y,z)=(x-4)/5-(y+3)/2+t*((y+3)/2-z)
t0=solve(f(3,1,-2))                    %求参数 t 的取值
eq=subs(f,t,t0), feq=factor(eq)        %因式分解
```

**8.4** 求点$P(3,-1,2)$到直线$\begin{cases}x+y-z+1=0,\\2x-y+z-4=0\end{cases}$的距离。

**解** 直线的方向向量

$$s=\begin{vmatrix}i & j & k\\ 1 & 1 & -1\\ 2 & -1 & 1\end{vmatrix}=[0,-3,-3].$$

在直线上取点$Q(1,-2,0)$，则点$P$到所求直线的距离

$$d=\dfrac{\|s\times\overrightarrow{QP}\|}{\|s\|}=\dfrac{3\sqrt{2}}{2}.$$

```
%程序文件 xt8_4.mlx
clc, clear, syms x y z
P=[3,-1,2]; n1=[1,1,-1]; n2=[2,-1,1];
s=cross(n1,n2)                              %求直线方向向量
[sx,sy]=solve(x+y-z+1,2*x-y+z-4,[x,y])      %求解变量 x, y 的方程
Q=[subs(sx,z,0),subs(sy,z,0),0]             %取 Q 点
QP=P-Q                                      %计算向量 QP
d=norm(sym(cross(s,QP)))/norm(sym(s))       %计算距离
d=simplify(d)
```

**8.5** 画出下列各方程所表示的曲面：

(1) $\dfrac{x^2}{9}+\dfrac{z^2}{4}=1$；　　(2) $z=2-x^2$。

**解** 所画的图形如图 8.1 所示。

%程序文件 xt8_5.m

```
clc, clear, close all
subplot(121), fimplicit3(@(x,y,z)x.^2/9+z.^2/4-1)
xlabel("$x$","Interpreter","latex"),ylabel("$y$","Interpreter","latex")
zlabel("$z$","Interpreter","latex","Rotation",0)
subplot(122), fmesh(@(x,y)2-x.^2)
xlabel("$x$","Interpreter","latex"),ylabel("$y$","Interpreter","latex")
zlabel("$z$","Interpreter","latex","Rotation",0)
```

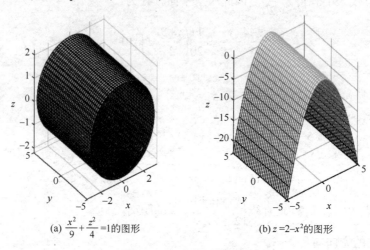

(a) $\dfrac{x^2}{9}+\dfrac{z^2}{4}=1$ 的图形　　　　(b) $z=2-x^2$ 的图形

图 8.1　二次曲面的图形

**8.6** 画出下列各曲面所围立体的图形：
$$x=0,\quad y=0,\quad z=0,\quad x^2+y^2=4,\quad y^2+z^2=4 \text{（在第一卦限内）}.$$

%程序文件 xt8_6.mlx
```
clc, clear, close all, syms x y z
f1(x,y,z)=x^2+y^2-4, f2(x,y,z)=y^2+z^2-4
f3(x,y,z)=x, f4(x,y,z)=y, f5(x,y,z)=z
fimplicit3(f1,[0,2,0,2,0,2]), hold on
fimplicit3(f2,[0,2,0,2,0,2]), fimplicit3(f3,[0,2,0,2,0,2])
fimplicit3(f4,[0,2,0,2,0,2]), fimplicit3(f5,[0,2,0,2,0,2])
xlabel("$x$","Interpreter","latex"),ylabel("$y$","Interpreter","latex")
zlabel("$z$","Interpreter","latex","Rotation",0)
```
曲面所围立体的图形如图 8.2 所示。

**8.7** 设一平面垂直于平面 $z=0$，并通过从点 $(1,-1,1)$ 到直线 $\begin{cases} y-z+1=0, \\ x=0 \end{cases}$ 的垂线，求此平面的方程。

**解** 直线 $\begin{cases} y-z+1=0, \\ x=0 \end{cases}$ 的方向向量为

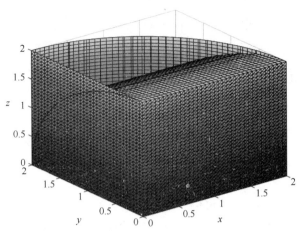

图 8.2　曲面所围立体的图形

$$s = \begin{vmatrix} i & j & k \\ 0 & 1 & -1 \\ 1 & 0 & 0 \end{vmatrix} = [0,-1,-1].$$

作过点 $P(1,-1,1)$ 且以 $s=[0,-1,-1]$ 为法向量的平面
$$-1(y+1)-(z-1)=0, \text{ 即 } y+z=0,$$

联立 $\begin{cases} y-z+1=0, \\ x=0, \\ y+z=0 \end{cases}$ 得垂足 $Q\left(0,-\dfrac{1}{2},\dfrac{1}{2}\right)$，$\overrightarrow{PQ}=\left[-1,\dfrac{1}{2},-\dfrac{1}{2}\right]$，则所求平面的法线向量为

$$n = \begin{vmatrix} i & j & k \\ 0 & 0 & 1 \\ -1 & 1/2 & -1/2 \end{vmatrix} = \left[-\dfrac{1}{2},-1,0\right].$$

因此所求平面方程为 $-\dfrac{1}{2}(x-1)-1(y+1)=0$，即 $x+2y+1=0$。

```
%程序文件 xt8_7.mlx
clc, clear, syms x y z, X=[x,y,z];
n1=[0,1,-1]; n2=[1,0,0];
s=cross(n1,n2), P=[1,-1,1]
eq1=dot(s,X-P)
Q=struct2array(solve(y-z+1,x,eq1))    %求垂足
n3=cross([0,0,1],Q-P)                  %求所求平面的法向量
eq2=dot(n3,X-P), eq2=factor(eq2)       %计算所求平面
```

**8.8**　求过点 $(-1,0,4)$，且平行于平面 $3x-4y+z-10=0$，又与直线 $\dfrac{x+1}{1}=\dfrac{y-3}{1}=\dfrac{z}{2}$ 相交的直线的方程。

**解**　设所求直线的方向向量 $s=[m,n,p]$。所求直线平行于平面 $3x-4y+z-10=0$，

故有
$$3m-4n+p=0, \tag{8.1}$$

又所求直线与直线 $\dfrac{x+1}{1}=\dfrac{y-3}{1}=\dfrac{z}{2}$ 相交，故有

$$\begin{vmatrix} -1-(-1) & 3-0 & 0-4 \\ 1 & 1 & 2 \\ m & n & p \end{vmatrix}=0,$$

即
$$10m-4n-3p=0. \tag{8.2}$$

联立式（8.1）和式（8.2）可得
$$n=\frac{19m}{16}, \quad p=\frac{7m}{4},$$

取 $m=16$，$n=19$，$p=28$. 因此所求直线方程为
$$\frac{x+1}{16}=\frac{y}{19}=\frac{z-4}{28}.$$

```
%程序文件 xt8_8.mlx
clc, clear, syms m n p, X=[m,n,p]
P=[-1,0,4], Q=[-1,3,0],
n=[3,-4,1], s=[1,1,2]
eq1=dot(n,X), eq2=det([Q-P;s;X])
sol=solve(eq1,eq2)   %分别求 n,p 的解
```

**注 8.2** 若两直线 $l_1:\dfrac{x-x_1}{m_1}=\dfrac{y-y_1}{n_1}=\dfrac{z-z_1}{p_1}$，$l_2:\dfrac{x-x_2}{m_2}=\dfrac{y-y_2}{n_2}=\dfrac{z-z_2}{p_2}$ 相交，则 $l_1$ 与 $l_2$ 必共面，故

$$\begin{vmatrix} x_2-x_1 & y_2-y_1 & z_2-z_1 \\ m_1 & n_1 & p_1 \\ m_2 & n_2 & p_2 \end{vmatrix}=0.$$

# 第9章  多元函数微分法及其应用习题解答

**9.1** 设 $z=x\ln(xy)$，求 $\dfrac{\partial^3 z}{\partial x^2 \partial y}$，$\dfrac{\partial^3 z}{\partial x \partial y^2}$ 及 $\dfrac{\partial^3 z}{\partial x \partial y^2}\bigg|_{(1,1)}$。

**解** 求得 $\dfrac{\partial^3 z}{\partial x^2 \partial y}=0$，$\dfrac{\partial^3 z}{\partial x \partial y^2}=-\dfrac{1}{y^2}$，$\dfrac{\partial^3 z}{\partial x \partial y^2}\bigg|_{(1,1)}=-1$。

%程序文件 xt9_1.mlx

clc, clear, syms x y

z(x,y) = x*log(x*y), d1=diff(z,x,x,y)

d2=diff(z,x,y,y), s2=d2(1,1)

**9.2** 求函数 $z=\mathrm{e}^{xy}$ 当 $x=1$，$y=1$，$\Delta x=0.15$，$\Delta y=0.1$ 时的全微分。

**解** $\mathrm{d}z=\dfrac{\partial z}{\partial x}\Delta x+\dfrac{\partial z}{\partial y}\Delta y=y\mathrm{e}^{xy}\Delta x+x\mathrm{e}^{xy}\Delta y.$

当 $x=1$，$y=1$，$\Delta x=0.15$，$\Delta y=0.1$ 时，全微分
$$\mathrm{d}z=\mathrm{e}\cdot 0.15+\mathrm{e}\cdot 0.1=0.25\mathrm{e}.$$

%程序文件 xt9_2.mlx

clc, clear, syms x y

z(x,y) = exp(x*y), gz=gradient(z)

dz=[0.15,0.1]*gz(1,1)

**9.3** 设 $z=\arctan\dfrac{x}{y}$，而 $x=u+v$，$y=u-v$，验证
$$\dfrac{\partial z}{\partial u}+\dfrac{\partial z}{\partial v}=\dfrac{u-v}{u^2+v^2}.$$

%程序文件 xt9_3.mlx

clc, clear, syms u v

x=u+v, y=u-v, z=atan(x/y)

s=diff(z,u)+diff(z,v), s=simplify(s)

**9.4** 设 $\mathrm{e}^z-xyz=0$，求 $\dfrac{\partial^2 z}{\partial x^2}$。

**解** 设 $F(x,y,z)=\mathrm{e}^z-xyz$，则 $F_x=-yz$，$F_z=\mathrm{e}^z-xy$。于是当 $F_z\neq 0$ 时，有
$$\dfrac{\partial z}{\partial x}=-\dfrac{F_x}{F_z}=\dfrac{yz}{\mathrm{e}^z-xy},$$
$$\dfrac{\partial^2 z}{\partial x^2}=\dfrac{\partial}{\partial x}\left(\dfrac{\partial z}{\partial x}\right)=\dfrac{2y^2z\mathrm{e}^z-2xy^3z-y^2z^2\mathrm{e}^z}{(\mathrm{e}^z-xy)^3}.$$

%程序文件 xt9_4.mlx

```
clc, clear, syms x y z
F = exp(z)-x*y*z, Fx = diff(F,x)
Fz = diff(F,z), d1 = -Fx/Fz            %求 z 关于 x 的偏导数
d2 = diff(d1,x)+diff(d1,z)*d1          %求 z 关于 x 的 2 阶偏导数
d2 = simplify(d2)
```

**9.5** 求曲线 $\begin{cases} x^2+y^2+z^2-3x=0 \\ 2x-3y+5z-4=0 \end{cases}$ 在点 $(1,1,1)$ 处的切线及法平面方程。

**解** 所求曲线的切线，也就是曲面 $x^2+y^2+z^2-3x=0$ 在点 $(1,1,1)$ 处的切平面与平面 $2x-3y+5z=4$ 的交线，利用曲面的切平面方程得所求切线为

$$\begin{cases} -(x-1)+2(y-1)+2(z-1)=0, \\ 2x-3y+5z=4. \end{cases}$$

即

$$\begin{cases} -x+2y+2z=3, \\ 2x-3y+5z=4. \end{cases}$$

这切线的方向向量为 $[16,9,-1]$，于是所求法平面方程为

$$16(x-1)+9(y-1)-(z-1)=0,$$

即

$$16x+9y-z-24=0.$$

```
%程序文件 xt9_5.mlx
clc, clear, syms x y z, X = [x,y,z]
P = ones(1,3), F(x,y,z) = x^2+y^2+z^2-3*x
G = gradient(F), n1 = G(1,1,1)         %求切平面的法线向量
Eq1 = (X-P)*n1                          %求切平面方程
s = cross(n1,[2;-3;5])                  %求切线的方向向量
Eq2 = (X-P)*s                           %求法平面方程
```

**9.6** 求椭球面 $x^2+2y^2+z^2=1$ 上平行于平面 $x-y+2z=0$ 的切平面方程。

**解** 设 $F(x,y,z)=x^2+2y^2+z^2-1$，则曲面在点 $(x,y,z)$ 的一个法向量 $\boldsymbol{n}=[F_x,F_y,F_z]=[2x,4y,2z]$。已知平面的法向量为 $[1,-1,2]$，由已知平面与所求切平面平行，得

$$\frac{2x}{1}=\frac{4y}{-1}=\frac{2z}{2}, \quad 即 \ x=\frac{1}{2}z, \quad y=-\frac{1}{4}z.$$

代入椭球面方程得

$$\left(\frac{z}{2}\right)^2+2\left(-\frac{z}{4}\right)^2+z^2=1.$$

解得

$$z=\pm 2\sqrt{\frac{2}{11}}$$

则

$$x=\pm\sqrt{\frac{2}{11}}, \quad y=\mp\frac{1}{2}\sqrt{\frac{2}{11}}.$$

所以切点为
$$\left(\pm\sqrt{\frac{2}{11}}, \mp\frac{1}{2}\sqrt{\frac{2}{11}}, \pm 2\sqrt{\frac{2}{11}}\right).$$
所求切平面方程为
$$\left(x\pm\sqrt{\frac{2}{11}}\right)-\left(y\mp\frac{1}{2}\sqrt{\frac{2}{11}}\right)+2\left(z\pm 2\sqrt{\frac{2}{11}}\right)=0,$$
即
$$x-y+2z=\pm\sqrt{\frac{11}{2}}.$$

```
%程序文件 xt9_6.mlx
clc, clear, syms x y z t
F=x^2+2*y^2+z^2-1, n=[1;-1;2];
G=gradient(F), eq1=G./n==t
[st,sx,sy,sz]=solve([eq1;F])    %求切点坐标 sx, sy, sz
eq2=[x-sx,y-sy,z-sz]*n          %计算切平面方程
```

**9.7** 求函数 $u=xyz$ 在点 $(5,1,2)$ 处沿从点 $(5,1,2)$ 到点 $(9,4,14)$ 的方向的方向导数。

**解** 按题意，方向 $l=[4,3,12]$，$e_l=\left[\dfrac{4}{13}, \dfrac{3}{13}, \dfrac{12}{13}\right]$。又
$$\frac{\partial u}{\partial x}=yz, \quad \frac{\partial u}{\partial y}=xz, \quad \frac{\partial u}{\partial z}=xy,$$
$$\left.\frac{\partial u}{\partial x}\right|_{(5,1,2)}=2, \quad \left.\frac{\partial u}{\partial y}\right|_{(5,1,2)}=10, \quad \left.\frac{\partial u}{\partial z}\right|_{(5,1,2)}=5,$$
故
$$\left.\frac{\partial u}{\partial l}\right|_{(5,1,2)}=2\cdot\frac{4}{13}+10\cdot\frac{3}{13}+5\cdot\frac{12}{13}=\frac{98}{13}.$$

```
%程序文件 xt9_7.mlx
clc, clear, syms x y z
P=sym([5,1,2]), Q=sym([9,4,14])    %使用符号数精确计算
PQ=Q-P, e=PQ/norm(PQ)              %计算单位向量
u(x,y,z)=x*y*z, G=gradient(u)
G0=G(5,1,2), s=e*G0                %计算方向导数
```

**9.8** 求函数 $f(x,y)=(6x-x^2)(4y-y^2)$ 的极值。

**解** 解方程组
$$\begin{cases} f_x=(6-2x)(4y-y^2)=0, \\ f_y=(6x-x^2)(4-2y)=0, \end{cases}$$
求得 5 个驻点：$(0,0),(0,4),(6,0),(3,2),(6,4)$。

再利用 Hessian 矩阵可以判断出只有 $(3,2)$ 为极大点，对应的极大值为 36；其他 4 个驻点都是非极值点。

```
%程序文件 xt9_8.mlx
clc, clear, syms x y
f(x,y)=(6*x-x^2)*(4*y-y^2), g=gradient(f)
[sx,sy]=solve(g)              %求驻点
H=hessian(f)                  %求 Hessian 矩阵
for i=1:length(sx)
    fv(i)=f(sx(i),sy(i)); H0{i}=H(sx(i),sy(i));
    L=eig(H0{i})              %求 Hessian 矩阵的特征值
    if all(L>0)               %H0 为正定矩阵时为极小值点
        fprintf("第%d 个驻点是极小值点.\n",i)
    elseif all(L<0)           %H0 为负定矩阵时为极大值点
        fprintf("第%d 个驻点是极大值点.\n",i)
    elseif all(L)             %所有特征值非零
        fprintf("第%d 个驻点非极值点!",i)
    else
        fprintf("第%d 个驻点需人工判断是否为极值点!\n",i)
    end
end
fv                            %显示 5 个驻点的函数值
```

**9.9** 抛物面 $z=x^2+y^2$ 被平面 $x+y+z=1$ 截成一椭圆，求这椭圆上的点到原点的距离的最大值与最小值。

**解** 设椭圆上的点为 $(x,y,z)$，则椭圆上的点到原点的距离平方为
$$d^2=x^2+y^2+z^2.$$
$x,y,z$ 满足条件：$z=x^2+y^2$，$x+y+z=1$。

作拉格朗日函数
$$L(x,y,z,\lambda,\mu)=x^2+y^2+z^2+\lambda(z-x^2-y^2)+\mu(x+y+z-1).$$

令
$$\begin{cases}L_x=2x-2\lambda x+\mu=0,\\ L_y=2y-2\lambda y+\mu=0,\\ L_z=2z+\lambda+\mu=0,\\ L_\lambda=z-x^2-y^2=0,\\ L_\mu=x+y+z-1=0,\end{cases}$$

求得 $(\lambda,\mu,x,y,z)$ 4 个驻点：
$$\left(\frac{5\sqrt{3}}{3}+3,-\frac{11\sqrt{3}}{3}-7,-\frac{\sqrt{3}}{2}-\frac{1}{2},-\frac{\sqrt{3}}{2}-\frac{1}{2},\sqrt{3}+2\right),$$
$$\left(3-\frac{5\sqrt{3}}{3},\frac{11\sqrt{3}}{3}-7,\frac{\sqrt{3}}{2}-\frac{1}{2},\frac{\sqrt{3}}{2}-\frac{1}{2},2-\sqrt{3}\right),$$
$$\left(1,0,\frac{3}{4}+\frac{\sqrt{13}}{4}i,\frac{3}{4}-\frac{\sqrt{13}}{4}i,-\frac{1}{2}\right)\text{（舍去）},$$

$$\left(1, 0, \frac{3}{4} - \frac{\sqrt{13}}{4}i, \frac{3}{4} + \frac{\sqrt{13}}{4}i, -\frac{1}{2}\right) \text{（舍去）}.$$

显然第 3，4 个驻点中 $z = -\dfrac{1}{2}$ 是不符合题意的，要舍去。于是得到两个可能的极值点

$$M_1\left(-\frac{\sqrt{3}}{2} - \frac{1}{2}, -\frac{\sqrt{3}}{2} - \frac{1}{2}, \sqrt{3} + 2\right), \quad M_2\left(\frac{\sqrt{3}}{2} - \frac{1}{2}, \frac{\sqrt{3}}{2} - \frac{1}{2}, 2 - \sqrt{3}\right),$$

由题意可知这种距离的最大值和最小值一定存在，所以距离的最大值和最小值分别在这两点取得，最大值与最小值分别为

$$d_{\max} = d_{M_1} = \sqrt{9 + 5\sqrt{3}}, \quad d_{\min} = d_{M_2} = \sqrt{9 - 5\sqrt{3}}.$$

```
%程序文件 xt9_9.mlx
clc, clear, syms x y z mu lambda
L(x,y,z,lambda,mu)=x^2+y^2+z^2+lambda*(z-x^2-y^2)+mu*(x+y+z-1)
G=gradient(L)                  %求梯度向量
[sl,sm,sx,sy,sz]=solve(G)      %求驻点
obj(x,y,z)=sqrt(x^2+y^2+z^2)   %定义距离函数
sobj=obj(sx,sy,sz), sobj=simplify(sobj)
```

**9.10** 求函数 $f(x, y) = e^x \ln(1 + y)$ 在点 $(0, 0)$ 的三阶泰勒公式。

**解** 求得 $f(x, y) = e^x \ln(1 + y) = y - \dfrac{y^2}{2} + \dfrac{y^3}{3} + xy - \dfrac{xy^2}{2} + \dfrac{x^2 y}{2} + R_3$，

其中 $R_3$ 为余项。

```
%程序文件 xt9_10.mlx
clc, clear, syms x y
f(x,y)=exp(x)*log(1+y)
T=taylor(f,[x,y],[0,0],"order",4)   %求f的三阶泰勒展开式
```

**9.11** 某种合金的含铅量百分比为 $p$（%），其熔解温度为 $\theta$（℃），由实验测得 $p$ 与 $\theta$ 的数据如表 9.1 所示，试用最小二乘法建立 $\theta$ 与 $p$ 之间的经验公式 $\theta = ap + b$。

表 9.1  $\theta$ 与 $p$ 的观测数据

| $p$ | 36.9 | 46.7 | 63.7 | 77.8 | 84.0 | 87.5 |
|---|---|---|---|---|---|---|
| $\theta$ | 181 | 197 | 235 | 270 | 283 | 292 |

**解** 记 $p$ 和 $\theta$ 的观测值分别为 $p_i, \theta_i (i = 1, 2, \cdots, 6)$。拟合参数 $a, b$ 的准则是最小二乘准则，即求 $a, b$，使得

$$\delta(a, b) = \sum_{i=1}^{6} (ap_i + b - \theta_i)^2$$

达到最小值，由极值的必要条件，得

$$\begin{cases} \dfrac{\partial \delta}{\partial a} = 2 \sum\limits_{i=1}^{6} (ap_i + b - \theta_i) p_i = 0, \\ \dfrac{\partial \delta}{\partial b} = 2 \sum\limits_{i=1}^{6} (ap_i + b - \theta_i) = 0, \end{cases}$$

化简,得到正规方程组

$$\begin{cases} a\sum_{i=1}^{6} p_i^2 + b\sum_{i=1}^{6} p_i = \sum_{i=1}^{6} \theta_i p_i, \\ a\sum_{i=1}^{6} p_i + 6b = \sum_{i=1}^{6} \theta_i. \end{cases}$$

解之,得 $a,b$ 的估计值分别为

$$\hat{a} = \frac{\sum_{i=1}^{6} (p_i - \bar{p})(\theta_i - \bar{\theta})}{\sum_{i=1}^{6} (p_i - \bar{p})^2},$$

$$\hat{b} = \bar{\theta} - \hat{a}\bar{p},$$

其中 $\bar{p} = \frac{1}{6}\sum_{i=1}^{6} p_i, \bar{\theta} = \frac{1}{6}\sum_{i=1}^{6} \theta_i$ 分别为 $p_i$ 的均值和 $\theta_i$ 的均值。

利用给定的观测值和 MATLAB 软件,求得 $a,b$ 的估计值为 $\hat{a}=2.2337$, $\hat{b}=95.3524$。所以经验公式为 $\theta=2.2337p+95.3524$。

```
%程序文件 xt9_11.m
clc, clear
p=[36.9, 46.7, 63.7, 77.8, 84.0, 87.5]';
y=[181, 197, 235, 270, 283, 292]';
pb=mean(p); yb=mean(y);
ah=sum((p-pb).*(y-yb))/sum((p-pb).^2)    %求 a 的估计值
bh=yb-ah*pb                              %求 b 的估计值
mat=[p,ones(6,1)]; ab=mat\y              %解超定线性方程组估计参数
T=array2table([p,y],"VariableNames",["p","y"]);
md=fitlm(T)                              %拟合线性模型
```

**9.12** 设有一小山,取它的底面所在的平面为 $xOy$ 坐标面,其底部所占的闭区域为 $D=\{(x,y)\mid x^2+y^2-xy\leqslant 75\}$,小山的高度函数为 $h=f(x,y)=75-x^2-y^2+xy$。

(1) 设 $M(x_0,y_0)\in D$,问 $f(x,y)$ 在该点沿平面上什么方向的方向导数最大?若记此方向导数的最大值为 $g(x_0,y_0)$,试写出 $g(x_0,y_0)$ 的表达式。

(2) 现欲利用此小山开展攀岩活动,为此需要在山脚找一上山坡度最大的点作为攀岩的起点,也就是说,要在 $D$ 的边界线 $x^2+y^2-xy=75$ 上找出 (1) 中的 $g(x,y)$ 达到最大值的点。试确定攀岩起点的位置。

**解** (1) 由梯度与方向导数的关系知, $h=f(x,y)$ 在点 $M(x_0,y_0)$ 处沿梯度

$$\mathrm{grad}f(x_0,y_0) = (y_0-2x_0)\boldsymbol{i}+(x_0-2y_0)\boldsymbol{j}$$

方向的方向导数最大,方向导数的最大值为该梯度的模,所以

$$g(x_0,y_0) = \sqrt{(y_0-2x_0)^2+(x_0-2y_0)^2} = \sqrt{5x_0^2+5y_0^2-8x_0y_0}.$$

(2) 欲在 $D$ 的边界上求 $g(x,y)$ 达到最大值的点,只需求 $F(x,y)=g^2(x,y)=5x^2+5y^2-8xy$ 达到最大值的点。因此,作拉格朗日函数

$$L(x,y,\mu) = 5x^2 + 5y^2 - 8xy + \mu(75 - x^2 - y^2 + xy).$$

令

$$\begin{cases} L_x = 10x - 8y + \mu(y - 2x) = 0, \\ L_y = 10y - 8x + \mu(x - 2y) = 0, \\ L_\mu = 75 - x^2 - y^2 + xy = 0. \end{cases}$$

求解上述方程组，得到四个可能的极值点：

$$M_1(5,-5), \quad M_2(-5,5), \quad M_3 = (5\sqrt{3}, 5\sqrt{3}), \quad M_4 = (-5\sqrt{3}, -5\sqrt{3}).$$

由于 $g(M_1) = g(M_2) = \sqrt{450}$，$g(M_3) = g(M_4) = \sqrt{150}$，故 $M_1(5,-5)$ 或 $M_2(-5,5)$ 可作为攀岩的起点。

```
%程序文件 xt9_12.mlx
clc, clear, syms x y z mu real
f(x,y) = 75-x^2-y^2+x*y, g = gradient(f)
ng = norm(g), ng = simplify(ng)         %求梯度向量的模并化简
L(x,y,mu) = ng^2+mu*f                   %构造拉格朗日函数
[sm,sx,sy] = solve(gradient(L))         %求驻点
sng = ng(sx,sy)                         %求模函数的值
```

# 第10章 重积分习题解答

**10.1** 画出积分区域,并计算下列二重积分:

$$\iint_D e^{x+y} d\sigma, \text{ 其中 } D = \{(x,y) \mid |x| + |y| \leq 1\}.$$

**解** 积分区域如图 10.1 所示。

$$\iint_D e^{x+y} d\sigma = \int_{-1}^{0} dx \int_{-x-1}^{x+1} e^{x+y} dy + \int_{0}^{1} dx \int_{x-1}^{-x+1} e^{x+y} dy = e - e^{-1}.$$

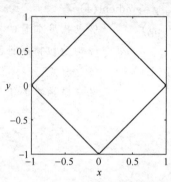

图 10.1 积分区域

% 程序文件 xt10_1.mlx

```
clc, clear, close all, syms x y
fimplicit(abs(x)+abs(y)-1), xlabel("$x$","Interpreter","latex")
ylabel("$y$","Interpreter","latex","Rotation",0), axis square
I1 = int(int(exp(x+y),y,-x-1,x+1),-1,0)
I2 = int(int(exp(x+y),y,x-1,-x+1),0,1)
I = I1+I2, I = simplify(I), I = rewrite(I,"exp")
```

**10.2** 画出曲面 $z = x^2 + 2y^2$ 及 $z = 6 - 2x^2 - y^2$ 所围成的立体,并求立体的体积。

**解** 两曲面所围成的立体如图 10.2 所示。由

$$\begin{cases} z = x^2 + 2y^2, \\ z = 6 - 2x^2 - y^2, \end{cases}$$

消去 $z$,得 $x^2 + y^2 = 2$,故所求立体在 $xOy$ 面上的投影区域为

$$D = \{(x,y) \mid x^2 + y^2 \leq 2\}.$$

所求立体的体积

$$V = \iint_D [(6 - 2x^2 - y^2) - (x^2 + 2y^2)] d\sigma = 6\pi.$$

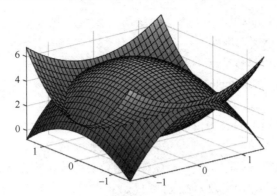

图 10.2 两曲面所围成的立体

%程序文件 xt10_2.mlx
clc, clear, close all, syms x y r theta
z1(x,y)=x^2+2*y^2, z2(x,y)=6-2*x^2-y^2
fsurf(z1,[-1.5,1.5,-1.5,1.5]), hold on
fsurf(z2,[-1.5,1.5,-1.5,1.5]), z=z2-z1
f(r,theta)=z(r*cos(theta),r*sin(theta))
f=simplify(f), I=2*pi*int(f*r,r,0,sqrt(2))

**10.3** 选用适当的坐标计算

$$\iint_D \sqrt{\frac{1-x^2-y^2}{1+x^2+y^2}}\,\mathrm{d}\sigma,$$

其中 $D$ 是由圆周 $x^2+y^2=1$ 及坐标轴所围成的在第一象限内的闭区域。

**解** 根据积分区域 $D$ 的形状和被积函数的特点，选用极坐标为宜。

$$D=\left\{(\rho,\theta)\,\Big|\,0\leqslant\rho\leqslant 1, 0\leqslant\theta\leqslant\frac{\pi}{2}\right\},$$

故

$$\text{原式}=\int_0^{\frac{\pi}{2}}\mathrm{d}\theta\int_0^1\sqrt{\frac{1-\rho^2}{1+\rho^2}}\rho\,\mathrm{d}\rho=\frac{\pi(\pi-2)}{8}.$$

%程序文件 xt10_3.mlx
clc, clear, syms x y r theta
f(x,y)=sqrt((1-x^2-y^2)/(1+x^2+y^2))
g(r,theta)=f(r*cos(theta),r*sin(theta))*r
g=simplify(g), I=int(int(g,r,0,1),0,pi/2)

**10.4** 计算 $\iiint_\Omega z\sqrt{x^2+y^2+z^2+1}\,\mathrm{d}x\mathrm{d}y\mathrm{d}z$ 的符号解和数值解，其中 $\Omega$ 为柱面 $x^2+y^2=4$ 与 $z=0$、$z=6$ 两平面所围成的空间区域。

**解** 符号解 $\iiint_\Omega z\sqrt{x^2+y^2+z^2+1}\,\mathrm{d}x\mathrm{d}y\mathrm{d}z=\dfrac{2\pi(1+1681\sqrt{41}-1369\sqrt{37}-25\sqrt{5})}{15}$，

数值解 $\iiint_\Omega z\sqrt{x^2+y^2+z^2+1}\,\mathrm{d}x\mathrm{d}y\mathrm{d}z=997.5387$.

```
%程序文件 xt10_4.mlx
clc, clear, syms x y z r theta
f(x,y,z) = z*sqrt(x^2+y^2+z^2+1)
g(r,theta,z) = f(r*cos(theta),r*sin(theta),z)*r
g = simplify(g)
I1 = int(int(int(g,z,0,6),r,0,2),0,2*pi)
vpa(I1)                              %显示浮点形式的符号数
h = matlabFunction(f);               %符号函数转换为匿名函数
y1 = @(x)-sqrt(4-x.^2); y2 = @(x)-y1(x);
I2 = integral3(h,-2,2,y1,y2,0,6)     %求数值解
```

**10.5** 选用适当的坐标计算三重积分

$$\iiint_\Omega \sqrt{x^2+y^2+z^2}\,dv,$$

其中 $\Omega$ 是由球面 $x^2+y^2+z^2=z$ 所围成的闭区域。

**解** 在球面坐标系中，球面 $x^2+y^2+z^2=z$ 的方程为 $r^2=r\cos\varphi$，即 $r=\cos\varphi$。$\Omega$ 可表示为

$$0\leqslant r\leqslant \cos\varphi,\quad 0\leqslant \varphi\leqslant \frac{\pi}{2},\quad 0\leqslant \theta\leqslant 2\pi.$$

于是

$$\iiint_\Omega \sqrt{x^2+y^2+z^2}\,dv = \int_0^{2\pi}d\theta\int_0^{\frac{\pi}{2}}d\varphi\int_0^{\cos\varphi} r\cdot r^2\sin\varphi\,dr = \frac{\pi}{10}.$$

```
%程序文件 xt10_5.mlx
clc, clear, syms x y z r theta phi, assume(r>0)
f(x,y,z) = sqrt(x^2+y^2+z^2)
g(r,theta,z) = f(r*sin(phi)*cos(theta),...
    r*sin(phi)*sin(theta),r*cos(phi))*r^2*sin(phi)
g = simplify(g)
I = int(int(int(g,r,0,cos(phi)),phi,0,pi/2),0,2*pi)
```

**11.6** 一均匀物体（密度 $\rho$ 为常量）占有的闭区域 $\Omega$ 由曲面 $z=x^2+y^2$ 和平面 $z=0$，$|x|=a$，$|y|=a$ 所围成。（1）求物体的体积；（2）求物体的质心；（3）求物体关于 $z$ 轴的转动惯量。

**解** （1）由 $\Omega$ 的对称性可知

$$V = 4\int_0^a dx\int_0^a dy\int_0^{x^2+y^2} dz = \frac{8}{3}a^4.$$

（2）由对称性可知，质心位于 $z$ 轴上，故 $\bar{x}=\bar{y}=0$。

$$\bar{z} = \frac{1}{V}\iiint_\Omega z\,dv = \frac{4}{V}\int_0^a dx\int_0^a dy\int_0^{x^2+y^2} z\,dz = \frac{7}{15}a^2.$$

（3）$I_z = \iiint_\Omega \rho(x^2+y^2)\,dv = 4\rho\int_0^a dx\int_0^a dy\int_0^{x^2+y^2}(x^2+y^2)\,dz = \frac{112}{45}\rho a^6.$

%程序文件 xt10_6.mlx

clc, clear, syms x y z rho a

V=4*int(int(int(1,z,0,x^2+y^2),y,0,a),x,0,a)

zb=4*int(int(int(z,z,0,x^2+y^2),y,0,a),x,0,a)/V

Iz=4*rho*int(int(int(x^2+y^2,z,0,x^2+y^2),y,0,a),x,0,a)

**11.7** 求由抛物线 $y=x^2$ 及直线 $y=1$ 所围成的均匀薄片（面密度为常数 $\mu$）对于直线 $y=-1$ 的转动惯量。

**解** 闭区域 $D=\{(x,y)\mid -\sqrt{y}\leqslant x\leqslant\sqrt{y},0\leqslant y\leqslant 1\}$，所求的转动惯量为

$$I=\iint\limits_{D}\mu\ (y+1)^2\mathrm{d}\sigma=\mu\int_0^1\mathrm{d}y\int_{-\sqrt{y}}^{\sqrt{y}}(y+1)^2\mathrm{d}x=\frac{368}{105}\mu.$$

%程序文件 xt10_7.mlx

clc, clear, syms x y mu

f(x,y)=mu*(y+1)^2, I1=int(f,x,-sqrt(y),sqrt(y))

I2=int(I1,0,1)

# 第 11 章 曲线积分与曲面积分习题解答

**11.1** 计算下列对弧长的曲线积分

$$\int_L y^2 \mathrm{d}s,$$

其中 $L$ 为摆线的一拱 $x=a(t-\sin t)$，$y=a(1-\cos t)$（$0 \leqslant t \leqslant 2\pi$）。

**解** 计算得 $\int_L y^2 \mathrm{d}s = 8a^3 \int_0^{2\pi} \sin^5 \dfrac{t}{2} \mathrm{d}t$，MATLAB 无法直接求 $[0,2\pi]$ 上积分，但转换为 $\left[0, \dfrac{\pi}{2}\right]$ 上的积分后，求得

$$\int_L y^2 \mathrm{d}s = \frac{256}{15} a^3 。$$

```
%程序文件 xt11_1.mlx
clc, clear, syms t a u, assume(a>0)
x(t)=a*(t-sin(t)), y(t)=a*(1-cos(t))
f=y^2*sqrt(diff(x)^2+diff(y)^2)
f=simplify(f), f=rewrite(f,"sin")
I1=int(f,0,2*pi)
I2=int(f(2*u),u,0,pi/2)*4
```

**11.2** 设螺旋形弹簧一圈的方程为 $x=a\cos t$，$y=a\sin t$，$z=kt$，其中 $0 \leqslant t \leqslant 2\pi$，它的线密度 $\rho(x,y,z)=x^2+y^2+z^2$，求：

(1) 它关于 $z$ 轴的转动惯量 $I_z$；

(2) 它的质心。

**解** (1) $I_z = \int_L (x^2+y^2) \rho(x,y,z) \mathrm{d}s = \dfrac{2}{3} \pi a^2 \sqrt{a^2+k^2} (3a^2+4\pi^2 k^2)$。

(2) 设质心位置为 $(\bar{x}, \bar{y}, \bar{z})$。

$$M = \int_L \rho(x,y,z) \mathrm{d}s = \frac{2}{3} \pi \sqrt{a^2+k^2} (3a^2+4\pi^2 k^2),$$

$$\bar{x} = \frac{1}{M} \int_L x\rho(x,y,z) \mathrm{d}s = \frac{6ak^2}{3a^2+4\pi^2 k^2},$$

$$\bar{y} = \frac{1}{M} \int_L y\rho(x,y,z) \mathrm{d}s = \frac{-6\pi a k^2}{3a^2+4\pi^2 k^2},$$

$$\bar{z} = \frac{1}{M} \int_L z\rho(x,y,z) \mathrm{d}s = \frac{3\pi k(a^2+2\pi^2 k^2)}{3a^2+4\pi^2 k^2}.$$

%程序文件 xt11_2.mlx

```
clc, clear, syms a t k
x(t)=a*cos(t), y(t)=a*sin(t), z(t)=k*t
rho=x^2+y^2+z^2
ds=sqrt(diff(x)^2+diff(y)^2+diff(z)^2)
Iz=int((x^2+y^2)*rho*ds,t,0,2*pi)      %求转动惯量
M=int(rho*ds,t,0,2*pi)                  %求质量
xb=int(x*rho*ds,t,0,2*pi)/M
yb=int(y*rho*ds,t,0,2*pi)/M
zb=int(z*rho*ds,t,0,2*pi)/M
```

**11.3** 计算 $\int_L (x+y)dx + (y-x)dy$，其中 $L$ 是抛物线 $y^2=x$ 上从点 $(1,1)$ 到点 $(4,2)$ 的一段弧。

**解** 化为对 $y$ 的定积分。$L: x=y^2$，$y$ 从 1 变到 2.

$$原式 = \int_1^2 [(y^2+y) \cdot 2y + (y-y^2)]dy = \frac{34}{3}.$$

%程序文件 xt11_3.mlx
```
clc, clear, syms y, x=y^2
f=(x+y)*diff(x,y)+(y-x)
I=int(f,y,1,2)
```

**11.4** 利用曲线积分，求星形线 $x=a\cos^3 t$，$y=a\sin^3 t$ 所围成的图形的面积。

**解** 正向星形线的参数方程中的参数 $t$ 从 0 变到 $2\pi$。因此所围图形的面积

$$A = \frac{1}{2}\oint_L xdy - ydx = \frac{3}{8}\pi a^2.$$

%程序文件 xt11_4.mlx
```
clc, clear, syms t a
x=a*cos(t)^3, y=a*sin(t)^3
f=1/2*(x*diff(y)-y*diff(x))
f=simplify(f), A=int(f,t,0,2*pi)
```

**11.5** 计算曲线积分 $\oint_L \dfrac{ydx - xdy}{2(x^2+y^2)}$，其中 $L$ 为圆周 $(x-1)^2+y^2=2$，$L$ 的方向为逆时针方向。

**解** 在 $L$ 所围的区域内的点 $(0,0)$，函数 $P(x,y)=\dfrac{y}{2(x^2+y^2)}$，$Q(x,y)=-\dfrac{x}{2(x^2+y^2)}$ 均无意义。现取 $r$ 为适当小的正数，使圆周 $l$（取逆时针方向）：$x=r\cos t$，$y=r\sin t$ 位于 $L$ 所围的区域内，则在由 $L$ 和 $l^-$ 所围成的复连通区域 $D$ 上（图 11.1），可应用格林公式，在 $D$ 上，

$$\frac{\partial Q}{\partial x} = \frac{x^2-y^2}{2(x^2+y^2)^2} = \frac{\partial P}{\partial y},$$

于是由格林公式得

$$\oint_L \frac{y\mathrm{d}x - x\mathrm{d}y}{2(x^2+y^2)} + \oint_{l^-} \frac{y\mathrm{d}x - x\mathrm{d}y}{2(x^2+y^2)} = \iint_D \left(\frac{\partial Q}{\partial x} - \frac{\partial P}{\partial y}\right)\mathrm{d}x\mathrm{d}y = 0,$$

从而

$$\oint_L \frac{y\mathrm{d}x - x\mathrm{d}y}{2(x^2+y^2)} = \oint_l \frac{y\mathrm{d}x - x\mathrm{d}y}{2(x^2+y^2)} = -\pi.$$

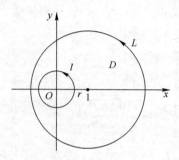

图 11.1 $L$ 和 $l^-$ 所围成的闭区域

```
%程序文件 xt11_5.mlx
clc, clear, syms x y r t
P(x,y) = y/(2*(x^2+y^2)), Q(x,y) = -x/(2*(x^2+y^2))
Py = diff(P,y), Qx = diff(Q,x), check = simplify(Py-Qx)
f = P(r*cos(t),r*sin(t))*diff(r*cos(t)) + ...
    Q(r*cos(t),r*sin(t))*diff(r*sin(t))
f = simplify(f), I = int(f,0,2*pi)
```

**11.6** 证明下列曲线积分在整个 $xOy$ 面内与路径无关，并计算积分值。

$$\int_{(1,2)}^{(3,4)} (6xy^2 - y^3)\mathrm{d}x + (6x^2y - 3xy^2)\mathrm{d}y.$$

**解** 函数 $P = 6xy^2 - y^3$，$Q = 6x^2y - 3xy^2$ 在 $xOy$ 面这个单连通区域内具有一阶连续偏导数，且

$$\frac{\partial Q}{\partial x} = 12xy - 3y^2 = \frac{\partial P}{\partial y},$$

故曲线积分在 $xOy$ 面内与路径无关。求得 $[P,Q]$ 的势函数 $u(x,y) = xy^2(3x-y)$，则积分值为

$$u(3,4) - u(1,2) = 236.$$

```
%程序文件 xt11_6.mlx
clc, clear, syms x y
P(x,y) = 6*x*y^2-y^3, Q(x,y) = 6*x^2*y-3*x*y^2
Py = diff(P,y), Qx = diff(Q,x)
u = potential([P,Q])        %求向量场的势函数
I = u(3,4)-u(1,2)           %求积分值
```

**11.7** 计算曲面积分 $\iint_\Sigma (x^2+y^2)\mathrm{d}S$，其中 $\Sigma$ 为抛物面 $z = 2-(x^2+y^2)$ 在 $xOy$ 面上方的

部分。

**解** $\iint\limits_{\Sigma}(x^2+y^2)\mathrm{d}S = \iint\limits_{D_{xy}}(x^2+y^2)\sqrt{1+4x^2+4y^2}\mathrm{d}x\mathrm{d}y = \int_0^{2\pi}\mathrm{d}\theta\int_0^{\sqrt{2}}r^2\sqrt{1+4r^2}r\mathrm{d}r = \dfrac{149}{30}\pi.$

%程序文件 xt11_7.mlx

clc,clear,syms x y r theta,z=2-(x^2+y^2)

f(x,y)=(x^2+y^2)*sqrt(1+diff(z,x)^2+diff(z,y)^2)

g(r,theta)=f(r*cos(theta),r*sin(theta))*r

g=simplify(g),I=int(int(g,r,0,sqrt(2)),0,2*pi)

**11.8** 求面密度为 $\mu$ 的均匀半球壳 $x^2+y^2+z^2=a^2(z\geq 0)$ 对于 $z$ 轴的转动惯量。

**解** $I_z = \iint\limits_{\Sigma}(x^2+y^2)\mu\mathrm{d}S = \mu\iint\limits_{x^2+y^2\leq a^2}(x^2+y^2)\sqrt{1+\dfrac{x^2+y^2}{a^2-x^2-y^2}}\mathrm{d}x\mathrm{d}y = \dfrac{4}{3}\pi a^4\mu.$

%程序文件 xt11_8.mlx

clc,clear,syms x y a mu r t

z=sqrt(a^2-x^2-y^2)

f(x,y)=mu*(x^2+y^2)*sqrt(1+diff(z,x)^2+diff(z,y)^2)

g(r,t)=f(r*cos(t),r*sin(t))*r,g=simplify(g)

I=int(int(g,r,0,a),0,2*pi)

**11.9** 计算 $\oiint\limits_{\Sigma}xy\mathrm{d}y\mathrm{d}z+yz\mathrm{d}z\mathrm{d}x+xz\mathrm{d}x\mathrm{d}y$，其中 $\Sigma$ 是平面 $x=0$，$y=0$，$z=0$，$x+y+z=1$ 所围成的空间区域的整个边界曲面的外侧。

**解法一** 在坐标平面 $x=0$，$y=0$ 和 $z=0$ 上，积分值均为零，因此只需计算在 $\Sigma': x+y+z=1$（取上侧）上的积分值。

将 $\iint\limits_{\Sigma'}xy\mathrm{d}y\mathrm{d}z$ 和 $\iint\limits_{\Sigma'}yz\mathrm{d}z\mathrm{d}x$ 均化为关于坐标 $x$ 和 $y$ 的曲面积分计算。

$$\iint\limits_{\Sigma'}xy\mathrm{d}y\mathrm{d}z = \iint\limits_{\Sigma'}xy\begin{vmatrix}y_x & y_y \\ z_x & z_y\end{vmatrix}\mathrm{d}x\mathrm{d}y = \iint\limits_{\Sigma'}xy\mathrm{d}x\mathrm{d}y,$$

$$\iint\limits_{\Sigma'}yz\mathrm{d}z\mathrm{d}x = \iint\limits_{\Sigma'}yz\begin{vmatrix}z_x & z_y \\ x_x & x_y\end{vmatrix}\mathrm{d}x\mathrm{d}y = \iint\limits_{\Sigma}yz\mathrm{d}x\mathrm{d}y,$$

因此

$$\iint\limits_{\Sigma'}xy\mathrm{d}y\mathrm{d}z+yz\mathrm{d}z\mathrm{d}x+xz\mathrm{d}x\mathrm{d}y$$

$$=\iint\limits_{\Sigma'}(xy+yz+xz)\mathrm{d}x\mathrm{d}y$$

$$=\int_0^1\mathrm{d}x\int_0^{1-x}[xy+y(1-x-y)+x(1-x-y)]\mathrm{d}y$$

$$=\dfrac{1}{8}.$$

于是原式 $=\dfrac{1}{8}$。

```
%程序文件 xt11_9_1.mlx
clc, clear, syms x y, z=1-x-y
f(x,y)= x * y * det(jacobian([y,z],[x,y]))+...
    y * z * det(jacobian([z,x],[x,y]))+x * z
I=int(int(f,y,0,1-x),0,1)
```

**解法二** 利用高斯公式计算得

$$\oiint_{\Sigma} xy\mathrm{d}y\mathrm{d}z + yz\mathrm{d}z\mathrm{d}x + xz\mathrm{d}x\mathrm{d}y$$
$$= \iiint_{\Omega}(y+z+x)\mathrm{d}v$$
$$= \int_0^1 \mathrm{d}x \int_0^{1-x}\mathrm{d}y \int_0^{1-x-y}(y+z+x)\mathrm{d}z$$
$$= \frac{1}{8}.$$

```
%程序文件 xt11_9_2.mlx
clc, clear, syms x y z
A=[x * y,y * z,x * z], f(x,y,z)= divergence(A)
I=int(int(int(f,z,0,1-x-y),y,0,1-x),x,0,1)
```

**11.10** 求力 $F=y\boldsymbol{i}+z\boldsymbol{j}+x\boldsymbol{k}$ 沿着有向闭曲线 $\Gamma$ 所作的功，其中 $\Gamma$ 为平面 $x+y+z=1$ 被三个坐标面所截成的三角形的整个边界，从 $z$ 轴正向看去，沿顺时针方向。

**解** $W = \int_{\Gamma} \boldsymbol{F} \cdot \mathrm{d}\boldsymbol{r} = \int_{\Gamma} y\mathrm{d}x + z\mathrm{d}y + x\mathrm{d}z.$

下面利用斯托克斯公式计算上面这个积分。取 $\Sigma$ 为平面 $x+y+z=1$ 的下侧被 $\Gamma$ 所围的部分，则 $\Sigma$ 在任一点处的单位法向量为 $\boldsymbol{n}=[\cos\alpha,\cos\beta,\cos\gamma]=\left[-\frac{1}{\sqrt{3}},-\frac{1}{\sqrt{3}},-\frac{1}{\sqrt{3}}\right]$，由斯托克斯公式得

$$\int_{\Gamma} y\mathrm{d}x + z\mathrm{d}y + x\mathrm{d}z = \iint_{\Sigma} \begin{vmatrix} -\frac{1}{\sqrt{3}} & -\frac{1}{\sqrt{3}} & -\frac{1}{\sqrt{3}} \\ \frac{\partial}{\partial x} & \frac{\partial}{\partial y} & \frac{\partial}{\partial z} \\ y & z & x \end{vmatrix} \mathrm{d}S = \sqrt{3}\iint_{\Sigma}\mathrm{d}S = \frac{3}{2}.$$

```
%程序文件 xt11_10.mlx
clc, clear, syms x y z
n=-sym([1/sqrt(3),1/sqrt(3),1/sqrt(3)])    %法线向量
A=[y,z,x]; cA=curl(A), f=n * cA            %求旋度和被积函数
a=sqrt(sym(2)); b=a; c=a; L=(a+b+c)/2
s=sqrt(L * (L-a) * (L-b) * (L-c))          %海伦公式计算三角形面积
W=f * s                                    %计算所作的功
```

# 第 12 章  无穷级数习题解答

**12.1** 求下列级数的和

(1) $\sum\limits_{n=1}^{\infty} \dfrac{n^2}{3^n}$;  (2) $\sum\limits_{n=1}^{\infty} \dfrac{1}{n^2(n+1)^2(n+2)^2}$;  (3) $\sum\limits_{n=1}^{\infty} \dfrac{1}{9n^2-1}$.

**解** (1) $\sum\limits_{n=1}^{\infty} \dfrac{n^2}{3^n} = \dfrac{3}{2}$;

(2) $\sum\limits_{n=1}^{\infty} \dfrac{1}{n^2(n+1)^2(n+2)^2} = \dfrac{\pi^2}{4} - \dfrac{39}{16}$;

(3) $\sum\limits_{n=1}^{\infty} \dfrac{1}{9n^2-1} = \dfrac{1}{2} - \dfrac{\sqrt{3}}{18}\pi$.

%程序文件 xt12_1.mlx

```
clc, clear, syms n
s1=symsum(n^2/3^n,n,1,inf)
s2=symsum(1/(n^2*(n+1)^2*(n+2)^2),n,1,inf)
s3=symsum(1/(9*n^2-1),n,1,inf)
```

**12.2** 求下列幂级数的和:

(1) $\sum\limits_{n=1}^{\infty} \dfrac{x^n}{n \cdot 3^n}$;  (2) $\sum\limits_{n=1}^{\infty} (-1)^n \dfrac{x^{2n+1}}{2n+1}$;  (3) $\sum\limits_{n=1}^{\infty} (n+2)x^{n+3}$.

**解** (1) $\sum\limits_{n=1}^{\infty} \dfrac{x^n}{n \cdot 3^n} = -\ln\left(1 - \dfrac{x}{3}\right)$, $-3 \leqslant x < 3$;

(2) $\sum\limits_{n=1}^{\infty} (-1)^n \dfrac{x^{2n+1}}{2n+1} = \arctan x - x$, $-1 < x < 1$;

(3) $\sum\limits_{n=1}^{\infty} (n+2)x^{n+3} = \dfrac{x^2}{(x-1)^2} - x^2 - 2x^3$, $-1 < x < 1$.

%程序文件 xt12_2.mlx

```
clc, clear, syms n x
s1=symsum(x^n/n/3^n,n,1,inf)
s2=symsum((-1)^n*x^(2*n+1)/(2*n+1),n,1,inf)
s3=symsum((n+2)*x^(n+3),n,1,inf)
```

**12.3** 求下列幂级数的收敛半径:

(1) $\sum\limits_{n=1}^{\infty} \dfrac{2^n}{n^2+1}x^n$;  (2) $\sum\limits_{n=1}^{\infty} \dfrac{2n-1}{2^n}x^{2n-2}$.

**解** (1) $\lim\limits_{n\to+\infty} \dfrac{|a_{n+1}|}{|a_n|} = \lim\limits_{n\to+\infty} 2 \dfrac{n^2+1}{(n+1)^2+1} = 2$, 故收敛半径为 $\dfrac{1}{2}$。

(2) 根据比值审敛法来求收敛半径。

$$\lim_{n\to+\infty}\left|\frac{\frac{2n+1}{2^{n+1}}x^{2n}}{\frac{2n-1}{2^n}x^{2n-2}}\right|=\frac{x^2}{2},$$

当$|x|<\sqrt{2}$时，级数绝对收敛；当$|x|>\sqrt{2}$时，级数发散，故级数收敛半径为$\sqrt{2}$。

%程序文件 xt12_3.mlx

clc, clear, syms n x

a(n)= 2^n/(n^2+1), L1=limit(abs(a(n+1)/a(n)),n,inf)

b(n)=(2*n-1)/2^n*x^(2*n-2)

L2=limit(abs(b(n+1)/b(n)),n,inf)

**12.4** 在一个图形界面，分别绘制$f(x)=x$，$g(x)=-x$，$x\in[-\pi,\pi]$的1~6阶傅里叶展开式的曲线。

**解** 绘制的12条曲线叠加的效果如图12.1所示。

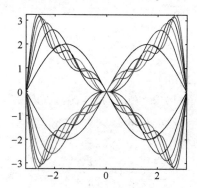

图12.1 曲线叠加效果图

先编写傅里叶展开的函数 myfourier2，保存在文件 myfourier2.m 中，代码如下：

function [F,A,B]=myfourier2(f,x,a,b,p)

L=(b-a)/2; A=int(f,x,a,b)/L; B=[]; F(x)=A/2;

for n = 1:p

    an=int(f*cos(n*pi*x/L),x,a,b)/L; A=[A,an];

    bn=int(f*sin(n*pi*x/L),x,a,b)/L; B=[B,bn];

    F=F+an*cos(n*pi*x/L)+bn*sin(n*pi*x/L);

end

end

调用上述函数的 MATLAB 程序如下：

%程序文件 xt12_4.mlx

clc, clear, syms x, f(x)=x

for p=1:6

    F=myfourier2(f,x,-pi,pi,p);

```
    F1{p} = F; F2{p} = -F;
end
fplot([F1,F2],[-pi,pi])
```

**12.5** 设 $f(x)$ 是周期为 $2\pi$ 的周期函数，它在 $[-\pi,\pi)$ 内的表达式为

$$f(x) = \begin{cases} -\dfrac{\pi}{2}, & -\pi \leqslant x < -\dfrac{\pi}{2}, \\ x, & -\dfrac{\pi}{2} \leqslant x < \dfrac{\pi}{2}, \\ \dfrac{\pi}{2}, & \dfrac{\pi}{2} \leqslant x < \pi, \end{cases}$$

将 $f(x)$ 展开成傅里叶级数。

**解** $f(x)$ 是奇函数，故

$$a_n = 0, \quad n = 0, 1, 2, \cdots,$$

$$b_n = \frac{2}{\pi}\int_0^\pi f(x)\sin nx\,dx = \frac{2}{n^2\pi}\sin\frac{n\pi}{2} + \frac{1}{n}\left(2\sin^2\frac{n\pi}{2} - 1\right) = \frac{2}{n^2\pi}\sin\frac{n\pi}{2} + \frac{(-1)^{n+1}}{n},$$

$$n = 1, 2, \cdots.$$

故

$$f(x) = \sum_{n=1}^\infty \left[\frac{(-1)^{n+1}}{n} + \frac{2}{n^2\pi}\sin\frac{n\pi}{2}\right]\sin nx, \quad x \neq (2k+1)\pi (k \in \mathbf{Z}).$$

%程序文件 xt12_5.mlx

```
clc, clear, syms n x, assume(n,{'positive','integer'})
f(x) = piecewise(-pi<=x<-pi/2,-pi/2,-pi/2<=x<pi/2,x,...
    pi/2<=x<pi,pi/2)
bn = int(f(x)*sin(n*x),x,-pi,pi)/pi, bn = simplify(bn)
```

**12.6** 周期函数 $f(x)$ 在一个周期内的表达式为

$$f(x) = \begin{cases} x, & -1 \leqslant x < 0, \\ 1, & 0 \leqslant x < \dfrac{1}{2}, \\ -1, & \dfrac{1}{2} \leqslant x < 1, \end{cases}$$

将 $f(x)$ 展开成傅里叶级数。

**解** 函数 $f(x)$ 的半周期 $L=1$。

$$a_0 = \int_{-1}^1 f(x)\,dx = -\frac{1}{2},$$

$$a_n = \int_{-1}^1 f(x)\cos(n\pi x)\,dx = \frac{1}{n^2\pi^2}[1-(-1)^n][1-n\pi(-1)^{\frac{n+1}{2}}], \quad n=1,2,\cdots,$$

$$b_n = \int_{-1}^1 f(x)\sin(n\pi x)\,dx = \frac{1}{n\pi}(-1)^{1-\frac{n}{2}}[1+(-1)^n-(-1)^{\frac{n}{2}}], \quad n=1,2,\cdots.$$

因 $f(x)$ 满足收敛定理的条件，其间断点为 $x=2k, 2k+\dfrac{1}{2}, k\in\mathbf{Z}$，故有

$$f(x) = -\frac{1}{4} + \sum_{n=1}^{\infty} \left\{ \frac{1}{n^2\pi^2}[1-(-1)^n]\left[1 - n\pi(-1)^{\frac{n+1}{2}}\right]\cos n\pi x \right.$$
$$\left. + \frac{1}{n\pi}(-1)^{1-\frac{n}{2}}\left[1+(-1)^n-(-1)^{\frac{n}{2}}\right]\sin n\pi x \right\},$$

其中，$x \in \mathbf{R} \backslash \left\{ 2k, 2k+\frac{1}{2} \,\middle|\, k \in \mathbf{Z} \right\}$。

%程序文件 xt12_6.mlx

```
clc, clear, syms n x, assume(n,{'positive','integer'})
f(x)=piecewise(-1<=x<0,x,0<=x<1/2,1,1/2<=x<1,-1)
a0=int(f,-1,1)
an=int(f*cos(n*pi*x),x,-1,1), an=simplify(an)
bn=int(f*sin(n*pi*x),x,-1,1), bn=simplify(bn)
```

**12.7** 设 $f(x)$ 是周期为 2 的周期函数，它在 $[-1,1)$ 内的表达式为 $f(x)=\mathrm{e}^{-x}$。试将 $f(x)$ 展开成复数形式的傅里叶级数。

**解** $f(x)$ 满足收敛定理的条件，且除了点 $x=2k+1(k\in \mathbf{Z})$ 外处处连续。

$$c_n = \frac{1}{2}\int_{-1}^{1} \mathrm{e}^{-x}\mathrm{e}^{-in\pi x}\mathrm{d}x = \frac{(-1)^n \sinh 1}{1-n\pi i}, \quad n=0,\pm 1,\pm 2,\cdots,$$

故

$$f(x) = \sum_{n=-\infty}^{\infty} \frac{(-1)^n \sinh 1}{1-n\pi i}\mathrm{e}^{in\pi x}, \quad x \in \mathbf{R}\backslash\{2k+1 \mid k \in \mathbf{Z}\}.$$

%程序文件 xt12_7.mlx

```
clc, clear, syms x, syms n integer
cn=int(exp(x)*exp(-i*n*pi*x),x,-1,1)/2
cn=simplify(cn)
```

# 参 考 文 献

［1］薛定宇．MATLAB 程序设计［M］．北京：清华大学出版社，2019．
［2］史家荣，郑秀云．MATLAB 程序设计及数学实验与建模［M］．西安：西安电子科技大学出版社，2019．
［3］薛定宇．MATLAB 微积分运算［M］．北京：清华大学出版社，2019．
［4］同济大学数学系．高等数学［M］．7 版．北京：高等教育出版社，2014．
［5］同济大学数学系．高等数学习题全解指南［M］．7 版．北京：高等教育出版社，2014．
［6］李雪枫，袁涛．傅里叶级数图案设计初探［J］．湖南工程学院学报，2010，20（1）：21-23．